大飞机出版工程

总主编 顾诵芬

U0367083

航空航天导论

Introduction to Aerospace Engineering

刘 洪 余 彬 孔维梁 来姝玥 等 编著

上海交通大学出版社
SHANGHAI JIAO TONG UNIVERSITY PRESS

内容提要

本书是一本介绍航空航天工程学科的教材，它涵盖了广泛而有特色的主题，从航空航天工程的历史、机构成就和教训，到航空航天器发展等方面。本书通过综述讲解的方式介绍航空航天工程与科学的历史、现状和未来，以及学习航空航天专业的基本要求，培养读者的专业热情和航空航天学科的正确学习方法。同时，本书结合国际前沿，注重对当前科研热点（如国产民用飞机和先进高超声速飞行器等）的分析，通过案例探究的方式激发读者的思考，帮助读者把握航空航天专业的发展方向，推动读者积极参与航空航天的前沿科学研究。

本书深入浅出地介绍了航空航天工程的基础知识和实践应用，适合作为航空航天工程学科的导论教材；既有较高的学术研究价值，可供航空航天专业领域的科技人员学习、查阅和参考，也可作为对该领域感兴趣的普通读者了解和学习的参考资料。

图书在版编目(CIP)数据

航空航天导论 / 刘洪等编著. —上海：上海交通大学出版社，2025.1 -- ISBN 978 - 7 - 313 - 31791 - 9

Ⅰ. Ⅴ

中国国家版本馆 CIP 数据核字第 2024PP0887 号

航空航天导论

HANGKONG HANGTIAN DAOLUN

编 著 者：刘 洪 余 彬 孔维梁 来姝玥 等

出版发行	上海交通大学出版社		地　址	上海市番禺路 951 号
邮政编码	200030		电　话	021 - 64071208
印　制	上海颛辉印刷厂有限公司		经　销	全国新华书店
开　本	710 mm×1000 mm　1/16		印　张	25.25
字　数	453 千字		插　页	6
版　次	2025 年 1 月第 1 版		印　次	2025 年 1 月第 1 次印刷
书　号	ISBN 978 - 7 - 313 - 31791 - 9			
定　价	98.00 元			

前　　言

航空航天工程是一门研究如何设计、开发、制造和运行航空器及航天器的学科,它涉及多学科的理论知识交叉融合和综合运用,如力学、材料科学、控制工程、电子工程、计算机科学等。近年来,航空航天工程领域取得了重大进展,航空器的速度、高度、精度等都得到了大幅提高,其中"旅行者"1号正朝着太阳系外的深空——无尽的宇宙飞去,拓宽了人类探索的疆域,以回答人类的终极问题:"我们是谁""我们从哪里来""我们将去向何处"。此外,航空航天工程还涉及航空和宇宙旅游、太空探索、气候研究、军事防御等多个领域,为人类社会的发展做出了巨大的贡献,与现代社会方方面面形成了紧密的联系。本书的编写宗旨是为有志于投身我国航空航天工程的学生梳理人类航空航天发展脉络,激发他们的学习热情,推动他们积极参与航空航天的前沿科学研究。

本书着重介绍了航空航天发展成就与教训、军用和民用飞机设计理念、先进推进技术及与航空航天相关的关键问题,阐述其中的核心关键技术及应用研究成果。本书的特点是结合了国内外航空航天工程领域的重要前沿进展和核心关键问题,结合了与航空航天工程相关的新兴学科知识,结合了多年来本书作者及其众多博士研究生在航空航天前沿领域的诸多重要前沿研究方向的科学研究与教学成果,结合了本书作者参与中国大型商用飞机减阻、防结冰、高超声速推进等技术领域理论研究和技术开发的成果。

本书主要内容分为四大部分。

第一部分为绪论:航空航天发展成就与教训(第1章～第3章),包括航空航天发展成就与教训、航空航天发展简史、世界及中国航空航天工业格局。

第二部分为上篇：航空航天系统原理概述（第4章～第8章），包括太空探索（上、下）、军用和民用飞机分代（级）与先进技术、大型飞机设计方案与分工、空天推进系统。本部分侧重介绍与航空航天技术相关的重要基础概念与系统知识架构。

第三部分为下篇：航空航天前沿技术专题（第9章～第15章），包括彗星探测——NASA"深度撞击"号、飞机自然结冰适航符合性验证、异常结冰的微观机理、大型客机减阻设计与机理、高超声速飞机设计及挑战、未来飞机趋势、高效推进流动结构。本部分侧重介绍航空航天领域前沿技术发展中所面临的挑战和难题。

第四部分为结篇：继往开来，勇攀高峰（第16章及附录），包括开创航空航天新篇章——致敬未来精细、精确、精致的总师及附录（名人传记、航空航天小知识、航空航天在其他领域的应用）。

本书由上海交通大学的刘洪教授等统筹编著。编著团队都是多年从事航空航天相关领域科研和教学的资深教授和优秀的青年教师。第1章、第2章、第3章由刘洪、余彬编写，第4章～第8章由来姝玥、何淼生、向阳编写，第9章～第15章由孔维梁、秦苏洋编写，第16章由刘洪编写，附录由陈欣伟、陈伦炳编写。全书由刘洪、余彬、孔维梁统一规划并最终定稿，陈伦炳、陈欣伟等进行统稿和排版工作。同时，本书的贡献者还包括韩旭（第4章）、谢名云（第5章）、陈伦炳（第6章）、吴奕铭（第7章）、王巍（第8章）、陈欣伟（第13章）、牟奕赪（第14章）、王文昶（第15章）等同学。特别感谢黄小彬、徐辉、李高华等老师的大力支持，本书得以完成离不开他们细致的审核、校对与宝贵的意见。

撰写本书的初心是为上海交通大学航空航天学院（简称"交大空天院"）低年级本科生的"航空航天概论"课程服务，本书即由课程讲义及教案逐渐发展而来。上海交通大学于1935年首开中国航空高等教育先河，涌现了如钱学森、顾诵芬、吴自良等近180位获得杰出成就的精英总师。交大空天院于2002年复建后，本书作者刘洪教授作为飞行器设计学科建设负责人，推动"飞行器设计"入选首批国防特色学科，并迅速恢复了"航空航天概论"课程教学。"航空航天概论"课程秉承上海交通大学"起点高、基础厚、要求严、重实践"的培养宗旨，学生均为上海交通大学"工科试验班"的优秀本科生，以及具有国际化视野的"莫航国际班"（与莫斯科航空学院联合培养）学生。近年来，课程教学组坚持精英教学,扎实融入思政引领教学,以培育学生的专业基础素养以及空天报国情怀为宗旨,以期达到"传承交大总师辉煌历史,培养一等空天精英学子"的教学效果,为实现唐文治校长"做一等学问"的寄托而奋斗。"航空航天概论"课程总共设有 32 学时,其中包含了三大块课程内容建设。① 动之以情,空天情怀:通过对世界和我国航空航天历史进行剖析,同时参观钱学森图书馆、校史纪念馆等,让学生走进航空航天历史,厚植爱国情怀,砥砺强国之志。② 晓之以理,总师引导:将"总师请进来"与"学生走出去"相结合,让学生与总师面对面,深刻体会到运-20、C919 等大国重器背后久久为功的艰难研制历程,并在实践中领悟航空知识,点燃航空梦想。③ 授之以渔,专业启蒙:通过科研引领教学和问题导向的思维训练,引导学生踏入魅力学术大门,以学生长期学习效果为中心,使其感受到"毕业 20 年后都有用"。目前课程已经得到广大学子和同行的认可,于 2013—2014 入选上海交通大学"985"三期优质课程;2020 年获评"新华思政示范课程";2021 年入选上海高校"党史学习教育与课程融合示范课程";2021 年上海交通大学"课程思政专项基金"结题获评优秀;2021 年入选"上海交通大学校级一流课程"。同时,本课程思政教学资源于 2021 年 3 月开始在新华网线上展播(全国高校课程思政教学资源服务平台网:xhsz. news. cn/curriculum/detail/65),向全社会开放共享,学习人数超过 2 万人次,已经产生一定影响。

在教育的浩瀚海洋中,一位教师的成长之路就像是一叶小舟在起伏不定的波涛中缓缓前行。初始的时候,他可能一无所知,像是在茫茫大海中迷失了方向。但随着时间的推移和经验的积累,他逐渐领会到教育的真谛,就像是船上的舵手逐渐熟悉了驾驶技巧,开始稳健地航行。他逐渐拓展了教学的视野,就像是小舟航行着进入了广袤无垠的海域。教师不再满足于只传授知识,他开始启发学生的思维,引导他们自主学习,就像船长带领船员共同探索未知的领域。他意识到教育不仅仅是传递信息,更是激发学生内心的火花,让他们在学习的海洋中自由航行。渐渐地,教师的影响力和教学成果开始显现,就像是一叶小舟逐渐演变成一艘庞大的航母,载着无数学子扬帆远航。他的教学方法得到了学生的认可和尊敬,他的教育理念成为激励学子不断追求卓越的船帆。上海交通大学的"航空航天概论"课程自 2011 年复课以来,课程负责人就像上面的那位教师,深感任务艰巨,并始终坚持思考如何培养航空航天的创新人才,经过十余年的艰苦摸索,本书初稿得以形成,希望能够以此点燃学生空天报国的梦想。

本书紧密贴合"航空航天概论"课程的教学内容,深入浅出地介绍了航空航天工程的基础知识和实践应用,适合作为航空航天工程学科的导论教材。本书既有较高的学术研究价值,可供航空航天专业领域的科技人员学习、查阅和参考,也可作为对该领域感兴趣的读者了解和学习的参考资料。读者在学习和研究本书介绍的航空航天基础知识、理论与方法的同时,应该经常意识到,从事航空航天事业需要有责任感与空天情怀,以史为鉴,保持爱国热情和使命意识;同时也要意识到,只有实践才能创新,要在飞机总体设计、飞机结冰机理及防除冰原理、飞机减阻与推进、高超声速飞行器设计等前沿课题上,积极投身我国航空航天"卡脖子"问题的学术前沿研究。

编著者

目　　录

第 1 章　航空航天发展成就与教训

　　走进航空航天,首先需要认识到人类在航空航天发展中所经历的艰辛历程以及所取得的辉煌成就。航空航天从诞生之初便是一门挑战人类极限的学科。从希腊神话和鲁班造木鸢开始,千年来,人类在征服大自然的漫长岁月中,早就产生了翱翔天空、遨游宇宙的愿望。1903 年,莱特兄弟首次实现载人飞行,标志着人类脱离了地面物种所无法克服的引力问题。至如今,人类作为这个星球中一个平凡的物种开始雄心勃勃地进军火星也不过百年,这相比于人类 5 万年的历史只是极短的瞬间。在这一瞬中,诞生了一批人类航空航天器中的"璀璨明珠",挑战着航空航天飞行器设计的极限。本章将从伟大的航空和航天发展成就两方面切入,在航空方面,以洛克希德・马丁公司作为开始,其被誉为飞机界的"黄埔军校",其次着重介绍隐身飞机的横空出世,改变了现代战争的"游戏规则";在航天方面,从在轨时间"最长"的 X - 37 航天飞机、人类深空探测"最远"的"勇气"号火星探测器及历时"最久"的"卡西尼"土星探测器三个标志性之最,着重介绍挑战人类极限的航天大事件。人类在追梦过程中并不是一帆风顺,对于航空航天学科尤为如此,本章第三部分介绍航空航天历史上所遇到的挫折和教训,选取三个典型的案例进行分析。最后阐述新时代的空天青年学子成为未来航空航天领域科学家所需的技能培养和思维训练。

1.1　航空发展成就

1.1.1　从 DARPA‐臭鼬工厂说起

　　洛克希德・马丁公司是全球航空飞机设计领域中最为知名的企业之一。该公司的完整名称为洛克希德・马丁航天系统公司(Lockheed Martin Space Systems Company)。它的前身可以追溯到 1912 年由阿伦・洛克希德和马尔科姆・洛克希德两兄弟在美国加利福尼亚州圣巴巴拉创立的 Alco 水上飞机公司。

随后,该公司更名为"洛克希德飞行器制造公司",并逐渐发展成为一家美国航空航天飞行器的制造商。1995 年,洛克希德飞行器制造公司与马丁·玛丽埃塔公司合并,并正式更名为"洛克希德·马丁公司"(简称"洛马公司")。到了 2015 年 7 月 19 日,根据路透社的报道,洛马公司完成了对联合技术公司旗下西科斯基飞机公司(Sikorsky Aircraft)的收购,交易金额超过 80 亿美元。

1) 世界大战期间

在第二次世界大战(简称"二战")初期,洛克希德公司成功设计并生产了 P-38 战斗机,这是一款具有双发动机和双尾桁机身结构的高速拦截机(见图 1-1)。P-38 战斗机的战场应用广泛,包括执行对地攻击任务、为轰炸机护航以及争夺空中优势等。其中,它最著名的战绩是成功击落了日本海军大将山本五十六所乘坐的飞机。

图 1-1　臭鼬工厂的诞生及大量领先于时代的"惊人之作"时间历程

在整个二战期间,洛克希德公司的飞机产量达到了 19 278 架,占到了美国飞机总产量的 60%。这些飞机包括 2 600 架"文图拉"、2 700 架 B-17"飞行堡垒"(由波音公司授权制造)、2 900 架"哈德逊"和 10 037 架 P-38 战斗机等。

同时,洛克希德公司还与跨世界航空公司合作,开发了 L-049 星座型客机。这款客机设计用于运输 43 名乘客,能够以 300 mi①/h 的速度飞行,从纽约飞往伦敦只需 13 h。然而,由于战争的需要,所有在战争期间生产的 L-049 星座型客机均被军方采购,直到战争结束,民航市场才得以获得这些飞机。

1943 年,洛克希德公司设计了美国空军首款服役的喷气战斗机——P-80。这款飞机是由公司内部一个昵称为"臭鼬工厂"(Skunk Works)的高级开发部门

---

① mi,英里,1 mi≈1.609 km。

所研发。臭鼬工厂以其在有限的时间和资源条件下,能够突破技术限制,创造出令人惊叹的飞机而闻名于世。臭鼬工厂后续还设计了包括 U‐2 侦察机、SR‐71"黑鸟"和 F‐117"夜鹰"在内的多款著名飞机,如图 1‐1 所示。

2)"冷战"期间

洛克希德公司在 1953 年成功研发了 C‐130"大力神"运输机,这款飞机因其卓越的性能和广泛的用途而一直被大规模使用至今。3 年后,即 1956 年,公司又开发了"北极星"潜射弹道导弹,并继续在导弹技术领域取得进展,随后推出了"海神"和"三叉戟"导弹。

到了 1976 年,洛克希德的臭鼬工厂启动了一项具有里程碑意义的研究计划,开发了第一代低可侦测性飞机——海弗蓝(Have Blue),这是隐身技术在军事航空领域的一个重大突破。

除了上述成就外,洛克希德公司的产品线还包括了 F‐104 两倍声速战斗机、L‐1011"三星"宽体喷射客机,以及美国最大的 C‐5"银河"喷射运输机,这些产品都体现了公司在航空和航天技术领域的深厚实力和创新能力。

3)"冷战"后

1995 年,洛克希德公司与马丁·玛丽埃塔公司完成了合并,从而正式成立了洛克希德·马丁公司。这次合并后的公司规模庞大,员工总数达到了160 000 人。

到了 2001 年,洛马公司的年销售额达到了 240 亿美元,员工人数近 125 000人。在那一年,洛马公司在美国航空航天工业 100 强企业中排名第 3 位。在240 亿美元的销售额中,美国国防部的订单金额占据了 57%,美国国家航空航天局(NASA)和其他政府机构的订单金额占 20%,国际销售额占 17%,而其他国内商业销售额则占 6%。

2002 年,洛马公司在《财富》世界 500 强公司中排名第 182 位,同时在美国500 强企业中排名第 77 位。洛马公司在全球 30 多个国家拥有超过 250 个政府和工业界的合作伙伴,这体现了其在全球范围内广泛的影响力和合作网络。

拓展阅读

美国洛马公司发展历程大事记

在航空历史上,1909 年有一个重要的里程碑,航空先锋格伦·卢瑟·马丁在加利福尼亚州圣安娜进行了首架由丝绸和竹子制成的飞机的首次飞行。

　　紧接着,1912年,艾伦和马尔科姆·洛克希德兄弟在圣巴巴拉成立了Alco水上飞机公司,同年,格伦·卢瑟·马丁公司也在洛杉矶正式成立。2年后(即1914年),格伦·卢瑟·马丁公司向美国信号部队交付了其首架TT型号的教练机。

　　第一次世界大战期间,洛克希德公司的F-1飞行船于1918年进行了首次飞行,并且公司完成了其首次军售——将Curtiss HS-2L飞行船卖给了美国海军。

　　进入20世纪30年代,洛克希德公司的XP-900战斗机于1930年首飞,引领了世界战斗机设计的新趋势。1932年,马丁公司的YB-10轰炸机问世,成为当时世界上最快的轰炸机,并因此获得了科利尔奖。

　　1934年,洛克希德公司的"伊莱克特拉"L-10进行了首飞,这款全金属运输机是首架采用增压技术的飞机,为今天商用飞机的发展奠定了基础。

　　1940年,马丁公司的B-26掠夺者轰炸机进行了首次飞行,并在第二次世界大战中以高存活率著称,总共生产了超过5 200架飞机。

　　1943年,洛克希德公司在加利福尼亚州伯班克的运营中心秘密启动了为美国空军研制新型喷气式战斗机的项目,这个研发团队后来称为"臭鼬工厂"。

　　1954年,洛克希德公司的C-130"大力神"运输机进行了首飞,这款飞机至今仍在生产,是世界上运行时间最长的军用运输机项目。

　　1955年,洛克希德公司的U-2侦察机进行了首飞,1956年,公司开始与美国海军合作,领导了"北极星"舰队弹道导弹的研制工作,随后又发展了"海神"和"三叉戟"导弹。同年,通用动力公司的B-58"浪子"轰炸机进行了首飞,作为首架超声速(马赫数2)轰炸机,它在速度、海拔和截击方面创造了多项纪录。

　　1958年,洛克希德公司的F-104"星球战士"飞机不仅保持了海拔和速度的纪录,还是首架能够以2倍声速持续飞行的作战飞机,并因此获得了科利尔奖。

　　1962年,洛克希德公司的单座A-12(著名的SR-71"黑鸟"的前身)飞机进行了首次亮相,该机型是为美国中央情报局(CIA)建造的,并获得了1963年的科利尔奖。

　　1995年,洛克希德公司与马丁·玛丽埃塔公司合并,正式成立了洛克希德·马丁公司。

1996 年,洛马公司收购了劳拉(Loral)公司的防务电子和系统集成业务。

2008 年 3 月 29 日,洛马公司宣布击败波音公司,赢得了为美国国防部设计、建造新无线电通信系统的价值 7.662 亿美元的合同。

2013 年 11 月 1 日,洛马公司提出 SR-71 的继承项目,即 SR-72 下一代高超声速飞行器研制计划,计划以马赫数大于 6 的速度飞行。

通过对洛马公司发展历程的总结可以看出,洛马公司在二战期间以及在成立臭鼬工厂之后取得了巨大的成功。随着冷战的结束,洛马合并后逐渐走向衰退,虽然很大程度上是由于美国经济不景气以及已经形成美国一家独大的世界格局,但从侧面也可以反映出洛马公司在核心技术上开始转向网络战、电子战、导弹以及卫星航天方面,因此在 2013 年提出 SR-72 不仅是为了使得公司能够有新的突破,更是对前有技术积累(包括航天方面技术)的总结和全面提升。

那么洛马公司及臭鼬工厂的需求从哪里来呢? 这里必须提到,臭鼬工厂的管理模式及与美国国防高级研究计划局(Defense Advanced Research Projects Agency,DARPA)的合作模式。

以 F-117 隐身飞机(前身为"海弗蓝")为例,就可以发现洛马公司的臭鼬工厂从设计到生产飞机与 DARPA 的合作是非常紧密的。其新项目的管理周期与一般国防项目类似,可分为 4 个阶段。

一是通过需求分析,下发下一阶段预研计划。在越南战争期间,随着雷达技术的发展,美国军机被击落的次数大幅增加,高损失率不得不提高战斗机的隐身性能指标。而这就是"海弗蓝"计划开始的初衷。美国国防部把相关需求下发,不同科研生产单位开始竞标。

二是国防部竞标,开展方案论证。当 DARPA 最初确定开始研制具有极低雷达和红外可探测性隐身飞机后,共有 5 家单位参与了研究,其中就有洛马公司的臭鼬工厂。通过提交设计和研制 XST 的计划建议书后,进入了初步设计和分析,以及风洞试验和初步飞控模拟的第一阶段。

三是开展试制试飞,完成设计定型。通过臭鼬工厂的技术攻关和验证,洛马公司在 5 家单位内获胜,顺利进入 2 架飞机的设计制造和飞行试验阶段。在

DARPA 和美国空军的资助下,首飞标准提高,并确定名称为"海弗蓝"。

四是生产部署与实战。1981 年,"海弗蓝"技术验证机被正式命名为 F-117,第二年开始正式装备部队,并作战使用。F-117 先后参加了巴拿马战争和海湾战争,发挥了重要的作用。

F-117 隐身飞机最终成为一种采用了新型隐身技术的战斗机,能够在雷达和红外线探测器的监测下保持低可探测性。该飞机在 1981 年首次飞行,称为"幽灵"(Ghost),并在 1983 年正式列装美国空军。F-117 隐身飞机的成功在于其采用了创新的隐身技术和设计方案。该飞机的外形采用了非常独特的锐角三角形设计,使其在被雷达监测时能够呈现出极小的反射面积。此外,F-117 还采用了特殊的材料和涂层,以进一步降低其可探测性。F-117 隐身飞机在各种军事行动中都得到了成功的应用,包括海湾战争和科索沃战争等。该项目的成功在于洛马公司与 DARPA 之间紧密的合作和创新技术的应用,为其他创新颠覆性隐身技术的开发提供了重要的启示。

总结而言,DARPA-臭鼬工厂的合作模式开创了美国航空工业蓬勃发展的先河,从第二次世界大战开始到"冷战"期间,创造了如 U-2、SR-71、F-117 及 F-22 等令人惊叹的超时代产物,可谓是飞机界的"黄埔军校",其成功的飞机设计创新模式值得我们深思(见图 1-2)。

DARPA-臭鼬工厂的杰出代表作

U-2(1954—1955年)　SR-71(1963—1964年)　F-117(1973—1981年)　SR-72(2013年至今)

图 1-2　DARPA 领导下的洛马公司的航空辉煌成就及飞行器设计师的杰出代表

1.1.2　航空发展的伟大成就——隐身飞机

五代隐身飞机是航空设计领域的伟大成就之一。隐身飞机,或者称为"隐形飞机"或"隐形战斗机",是一种具有特殊外形和材料设计,能够减少雷达反射和红外信号的飞机。这种飞机在战场上的作用是能够在敌人未发现的情况下进行突袭,从而改变现代战争的"游戏规则"。依然以 F-117 为例,美国在伊拉克战争中使用了 F-117 隐身战斗机对伊拉克的军事目标进行打击。由于 F-117 的隐身能力,伊拉克的防空系统无法及时发现并攻击这些飞机,使得美国能够成功摧毁多个重要目标,包括伊拉克的通信中心和军用机场,隐身飞机也因此轰动世界。以下介绍几款典型的隐身飞机,分别靠着不同的"本领"实现其所处时代的隐身特性。

1) SR-71"黑鸟":靠速度隐身

SR-71(见图 1-3)是由洛马公司的臭鼬工厂开发的一种长程、超声速侦察机,由美国空军运营,主要用于侦察任务,拍摄照片和收集其他情报数据。它能够在高海拔和高速下飞行,使敌方防御系统难以追踪或拦截。这架飞机是首款成功克服热障并投入使用的喷气式飞机,在实际战斗中,它保持了未被任何敌方飞机或防空导弹击落的卓越纪录。它能够以超过马赫数 3 的速度飞行,服役高度超过 85 000 ft①,在其运营期间创下了许多速度和高度纪录。SR-71 在"冷战"和其他冲突期间用于情报收集。当时,苏联战机即使发现了 SR-71,也由于其出色的速度性能而无法追击拦截。

图 1-3 洛马公司设计的 SR-71"黑鸟"侦察机

---

① ft,英尺,1 ft≈0.305 m。

SR-71 于 1964 年首飞,为了承受持续超声速飞行时因空气摩擦产生的高温,需要采用一系列专门研制的新材料,包括耐高温燃油、密封剂、润滑油以及其他组件。机身大量采用低质量、高强度的钛合金作为结构材料(同时有助于飞机快速飞行和快速升高),其质量占机体质量的 93%,因此可承受 230℃的气动摩擦温度,发动机尾喷管周围区域的温度更是高达 510℃,座舱盖的特殊耐热玻璃可承受 340℃的高温。机翼等重要部位采用了能适应受热膨胀的设计。它还具有独特的形状,尖锐的机头和独特的"拐角"机翼可减少阻力并提高稳定性。采用低安装的二角翼、无尾带边的三角翼、翼身融合体双垂尾布局,机身棱角分明,双鳍向内倾斜,发动机装在半翼展的 1/2 处。该机采用雷达吸波材料,并设计内倾的双垂尾布局,以避免直角内角导致雷达波反射面积过大的问题。

2) F-117"夜鹰":靠构型隐身

F-117"夜鹰"(见图 1-4)是一种隐身战斗机,由洛马公司开发,是美国一型单座双发飞翼亚声速喷气式多功能隐身攻击机,是世界上第一型完全以隐身技术设计的飞机,于 1981 年首飞。它于 1988 年开始服役,主要用于执行隐身轰炸任务。F-117 使用低可探测性材料和隐身技术,使其难以被雷达探测到,凭其隐形性能突破敌军火力网,压制敌军防空系统,摧毁严密防守的指挥所、战略要地、工业目标,也可执行侦察任务。它早期的设计基于"飞行翼"原理,即通过控制飞机的表面形状来控制飞行。F-117 的机组人员为一名飞行员和一名武器系统官员。F-117 于 2008 年退役,主要原因是隐身技术的发展和成本。

图 1-4 F-117"夜鹰"

F-117 最大的设计特点就是隐身性,为了达到隐身的目的,设计要求不能仅从常规气动力(如升力和阻力)角度来考虑,还必须把外形与隐身联系起来并尽可能做到两者统一。整架飞机几乎全由直线构成,采用三角形飞翼式前三点起落架布局,机翼下表面与机身上表面是由许多块小平面组成为一体的三角面锥(前锥、上锥、后锥),机翼前缘就是机身前缘的延伸,垂直尾翼采用 V 字形双重尾,机翼和尾翼均采用无曲线的菱形翼剖面形状,这些都是与常规飞机相异的,采用这种多面外形和尖锐前缘,肯定会增加飞行阻力,使飞机速度下降。为此安装双发动机,以保证飞机在高亚声速飞行时所需的推力。

F-117 的雷达截面积(radar cross section,RCS,见第 16 页"拓展阅读")只有 0.001 m²、0.01 m²,比一个飞行员头盔的 RCS 还要小。其采用了独特的多面体外形和锯齿状的机体结构,并采用了一对高展弦比机翼;由于需要向两侧折射雷达波,因此采用了后掠角很大的双翼;为了减少电磁波的发散,减小雷达截面积,没有配备火控雷达;机身表面和转折处还设计成使反射波集中于水平面内的几个窄波束,而不是像常规飞机那样的全向散射,这样就能使两波束之间的微弱信号与背景噪声难以区别,这种波束很窄,以至于雷达不能得到足够连续的回波信号,而难以确定是目标飞机还是瞬变噪声。此外,F-117 还牺牲了 30% 的引擎效率,采用了 V 形尾翼(全动式)、埋入式武器舱、可伸缩的天线,大量使用各种吸波(或透波)材料和表面涂料等。在理论上,F-117 允许在设防空间的任何高度飞行,不必进行地形跟随低空飞行来躲避敌方雷达的探测;不像常规战斗机那样在实施对地攻击时采取以躲避敌方地面火力为主,以主动攻击为辅的战术。因而它比常规战斗机更适合于攻击地面目标。

3)B-2"幽灵":靠材料隐身

B-2 轰炸机(见图 1-5),也称为"幽灵",是由诺斯罗普·格鲁曼(Northrop Grumman)公司联合波音公司和麻省理工学院为美国空军设计的一种低可侦测性飞翼式轰炸机,专门用于执行战略核打击和常规打击任务。作为全球唯一一种隐身战略轰炸机,B-2 的主要特点在于其卓越的隐

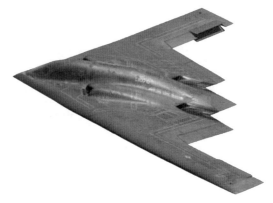

图 1-5　B-2"幽灵"侦察机

身能力,这不仅包括雷达隐身,还涵盖了红外线、可见光和噪声等多个方面的隐身,使其能够以极低的被侦测和被锁定的风险穿越敌方的防空系统。

B-2的设计非常独特,它采用了纯粹的飞翼布局,没有传统的垂尾或方向舵。从上方看,B-2的外形类似于一个大尺寸的螺旋飞镖。其平面图由12根平行直线构成,翼尖进行了切尖处理以与前缘平行,整个外翼段没有锥度变化,保持了等弦长设计。中央机身隆起,以容纳座舱、弹舱和电子设备,而发动机舱则位于机身两侧的隆起部分,进气口采用锯齿状设计,以增强隐身性能。

B-2的中央机身设计既要有足够的深度来容纳必要的设备,又要尽量缩短长度以减少高亚声速飞行时的阻力。其翼型设计使得其在高亚声速飞行时,机翼上表面的气流速度能够达到超声速。B-2的操纵翼面包括9块大型的操纵面,其中最后方的"海狸尾"用于低空飞行时的稳定性控制,而最外侧的一对翼面则兼具减速板和方向舵的功能。

与传统飞机不同,B-2没有垂尾,而是通过机翼外段后缘的减速板-方向舵进行偏航控制。这些控制面在正常飞行中保持5°的张开位置,以便随时进行控制操作。然而,为了保持最佳隐身效果,当B-2接近战区时,这些控制面会完全闭合。

B-2的表面覆盖了一层特殊的弹性材料,这种材料能够保持表面均匀的电导率,从而减少对雷达波的反射。对于那些无法仅通过外形设计实现隐身的部分,如进气口,则涂上了雷达吸波材料。这是一种多层喷涂涂料,能够将雷达波能量转换成热能,其具体成分至今仍然是高度机密。通过厚度适当的涂层,可以实现特定波长的雷达波在涂层两面反射后相互抵消,类似于光学镜头的镀膜技术,以消除不必要的光线,进一步提升B-2的隐身性能。

4) F-22"猛禽":现代综合隐身战斗机雏形

F-22战斗机(见图1-6),也称为"猛禽",是美国研制的单座双发第五代高隐身性战斗机,它是世界上首种服役的第五代战斗机。这款战斗机以其出色的隐身性能、高度的机动性、精准的打击能力和先进的态势感知能力而闻名,在空中优势和对地攻击任

图1-6　F-22"猛禽"战斗机

务中展现了卓越的综合性能,被广泛认为是世界上最先进的战斗机之一。

F-22 的设计采用了外倾双垂尾的常规气动布局,其中垂尾向外倾斜 27°,这一设计在隐身性能的边缘进行了优化。飞机的进气口位于翼前缘延伸面(边条翼)下方,喷嘴也经过特殊设计以减少红外辐射,从而增强隐身效果。F-22 的主翼和水平安定面具有相同的后掠角和后缘前掠角,形成了小展弦比的梯形平面形状。水泡型的座舱盖位于前机身的上部,而所有的武器系统都隐藏在飞机的 4 个内部弹舱中。

在水平面上,F-22 拥有高梯形机翼和一体化尾翼的综合气动力外形,配备了间隔宽阔且向外倾斜的垂尾,这些尾翼还整合了方向舵。此外,其水平安定面紧贴机翼布置,整个飞机的设计都遵循了最小化雷达反射面的技术标准,最小雷达反射面为 0.005~0.01 m^2。在结构材料上,F-22 大量使用热加工塑胶(占 12%)和人造纤维(占 10%)等聚合物基复合材料(KM),量产型飞机的复合材料使用比例(按质量)更是高达 35%。

F-22 的发动机进气道采用在 F/A-18E/F"超级大黄蜂"上已经成熟应用的嘉莱特(CARET)进气道,与 F-15"鹰"战斗机上使用的可调外压四波系超声速进气道相比,其优势在于超声速飞行时能够通过激波使气流在进入进气道后更加均匀,从而提升进气效率。这种进气道设计为不可调节,有助于减少雷达截面积(RCS)。

发动机部分,F-22 从压气机到进气口之间的通道设计为 S 形,以进一步提高隐身性能。其 F-119 型发动机配备了二维向量喷嘴,具有固定的侧壁和可调节喷管横截面积,以及可俯仰±20°的可动上下调节板,用以偏转推力方向。

综合来看,F-22 在航空电子设备、机动性能和武器配置等方面均领先于世界其他各种先进战斗机。它的超声速巡航能力和隐身性能是许多其他战斗机尚未实现的,这使得 F-22 在性能指标上难以与大多数战斗机进行量化对比。

5) F-35"闪电Ⅱ":现代综合隐身战斗机集合

F-35 战斗机(见图 1-7),是美国一型单座单发战斗机/联合攻击机,属于第五代战斗机,是世界上最大的单发单座舰载战斗机和世界上仅有的一种已服役的第五代舰载战斗机。

F-35 战斗机具备较成熟的隐身设计、先进的电子系统以及一定的超声速巡航能力,主要用于前线支援、目标轰炸、防空截击等多种任务。

F-35 没有 F-22 的升限,也没有 F-22 的飞行速度,但它能在隐身性能方

图 1-7 F-35"闪电 II"战斗机

面胜过 F-22。F-35 的隐身设计借鉴了 F-22 的很多技术与经验,其 RCS 分析和计算采用整机计算机模拟(综合了进气道、吸波材料/结构等的影响),比 F-117 的分段模拟后合成更先进、全面和精确,同时可以保证飞机表面采用连续曲面设计。该型的头向 RCS 约为 0.065 m²,比苏-27、F-15(空机前向 RCS 均超过 10 m²)低 2 个数量级。由于 F-35 武器采用内挂方式,不会引起 RCS 增加,因此隐身优势更明显。

根据可获得的资料,F-35 战斗机在红外隐身技术方面取得了显著成就。具体来说,在仅损失 2%～3% 推力的情况下,该战斗机成功地使尾喷管在 3～5 μm 中波波段的红外辐射强度降低了 80%～90%。此外,F-35 还实现了红外辐射波瓣宽度的显著减小,有效降低了红外制导空空导弹的可攻击区域,从而增强了其在现代战场上的生存能力和隐蔽性。

F-35 的隐身设计不仅减小了其被发现的距离,还使全机雷达散射及红外辐射中心发生改变,导致来袭导弹的脱靶率增加,这样 F-35 的主动干扰机、光纤拖曳雷达诱饵、先进的红外诱饵弹等对抗设备也更容易奏效。根据有关模型进行计算,取 F-35 的前向 RCS 为 0.1 m²,与 10 m² 的情况比较,在其他条件相同的情况下,前者的超视距空战效能比后者高出 5 倍左右。

上述五种隐身飞机参数对比如表 1-1 所示。

表 1-1 五种隐身飞机参数对比

参 数	型 号				
	SR-71	F-117	B-2	F-22	F-35
乘员/人	2	1		1	1
机长/m	32.74	20.09	21.0	18.90	15.67
翼展/m	16.94	13.20	52.4	13.56	10.7

（续表）

参　数	型　号				
	SR-71	F-117	B-2	F-22	F-35
机高/m	5.64	3.78	5.18	5.08	4.33
机翼面积/m²	167.23	84.8	478	78.04	42.7
整体空重/kg	33 500	13 380	71 700	19 700	13 154
最大起飞重量/kg	77 110	23 815	170 600	38 000	31 800
最大飞行马赫数	3.2	0.9	0.95	2.25	1.6
实用升限/m	26 600	13 716	15 200	19 812	18 288
最大航程/km	4 830	1 720	11 100	2 963	2 220
作战半径/km	1 930	1 056	—	759	1 160
发动机	2 台普惠 J58-1 涡轮喷气发动机	2 台 F404-F1D2 非加力涡轮风扇发动机	4 台通用电气公司 F118-GE-100 涡轮风扇发动机	2 台普惠 F119-PW-100 涡轮风扇发动机	1 台普惠 F135 加力涡轮风扇发动机
推力/kN	145	96	274.6	最大推力：208 加力推力：312	最大推力：125 加力推力：191
翼载荷/(kg/m²)	—	326	329	375	526
推重比	—	0.41	0.205	0.84	0.61
武器配备	—	AGM-65 "小牛"空对地导弹、AGM-88 "哈姆"反辐射导弹、GBU-10 炸弹、GBU-27 激光制导炸弹、BLU-109B 激光制导炸弹、B61 自由落体核炸弹	—	4 个外挂点，2 个内置弹舱（载弹量为 2 270 kg），空对空挂载 6 枚 AIM-120＋2 枚 AIM-9 导弹 辅助武器：1 门 20 mm M61A2 "火神"机炮，备弹 480 发	空对空导弹：AIM-120 "AMRAAM" 先进中程空对空导弹、AIM-9X "超级响尾蛇"空对空导弹、AIM-132 "ASRAAM" 先进近距离空对空导弹、"流星"导弹 空对地导弹：

(续表)

参　数	型　号				
	SR - 71	F - 117	B - 2	F - 22	F - 35
					JASSM 联合空对地远距攻击导弹、小直径炸弹、风偏修正弹药洒布器(wind corrected munitions dispenser)、AGM - 158C 远程反舰导弹 辅助武器：1 具 GAU - 22/A 25 mm 机炮

6) 歼-20 战斗机：最新一代双发重型隐身战斗机

歼-20(见图 1-8)是一款具备高隐身性、高态势感知、高机动性等能力的第五代隐身制空战斗机,是中国人民解放军研制的最新一代(欧美旧标准为第四代,俄罗斯新标准为第五代)双发重型隐身战斗机,用于接替歼-10、歼-11 等第

图 1-8　歼-20 战斗机

三代空中优势/多用途歼击机的未来重型歼击机型号,该机将担负中国空军未来对空、对海的主权维护任务。歼-20 机长为 20.3 m,翼展为 12.88 m,机高为 4.45 m,最大平飞速度为马赫数 2.6,航程大于 4 000 km,作战半径大于 1 500 km,具备超声速巡航能力。

歼-20 战斗机隐身性能主要靠以下几个方面来实现:① 采用菱形机头且机体横截面基本保持菱形,机头段上下部分之间具有明显的折线,发动机进气道侧壁具有明显的倾斜,能够向各个方向散射雷达波,减少雷达波的直线回返。② 采用翼身融合和垂直尾翼外倾设计,机身和机翼平滑过渡,看不出明显的分界线,主要机体部件相互平行。该设计通过将雷达反射波束限制在数个狭窄的波束之中,有效减少了飞机在其他方向上的雷达散射截面,从而实现了在非主要威胁轴向上的最小化雷达探测概率。③ 采用无边界层隔道超声速进气道(DIS),取消了传统超声速进气道的复杂结构、降低了结构质量,还有助于降低正前方的雷达散射截面。④ 采用 S 形进气道,屏蔽了迎头发动机叶片雷达波反射。⑤ 腹鳍完美遮挡发动机,减少了侧向红外特征。⑥ 采用新型的吸波涂层,减少了雷达波的反射。

歼-20 采用了上反鸭翼布局,在飞行过程中鸭翼的动作会使迎头 RCS 增加。据悉,歼-20 的迎头雷达截面积(RCS)约为 0.05 m²,大于 F-22 的,侧向隐身性能基本上与 F-22 的相当。歼-20 采用了基于涡流控制技术的升力体机构,其机身、鸭翼、边条、机翼、后机身边条、外倾双腹鳍和外倾全动双垂尾均采用了一体化非常规气动布局。歼-20 战机的受控涡流至少包含机头鳍角涡流、进气道鳍角涡流、鸭翼涡流、边条涡流和机翼前缘涡襟翼涡流等,升力系数约为 2.1,是目前世界上升力系数最高的战机。

名人小记

彼得·雅科夫列维奇·乌菲莫切夫

谈到彼得·雅科夫列维奇·乌菲莫切夫这个名字,绝大多数中国人应当感到十分陌生,但一提到 F-117“夜鹰”战斗轰炸机,懂一点航空知识的人都知道。这架飞机就与此人有密切的关系。乌菲莫切夫是苏联时期的科学家,是全球第一个提出隐身战斗机技术原理的苏联人,被认为是现代隐身飞机技术的创意推动者、现代隐身理论的奠基人。

1964 年,他在《莫斯科学院无线电工程学报》上发表了一篇颇有创意的论文《物理衍射理论中的边缘波行为》。在这篇文章中,他提出,物体对雷达电磁波的反射强度与物体的尺寸无关,而与边缘布局有比例关系。乌菲莫切夫说明了如何计算飞机表面和边缘的雷达反射面。从他的理论可以得出一个结论,即使一架很大的飞机,仍然可以设计成能够"匿踪"。

他的大部分研究成果已翻译成英语,到了 20 世纪 70 年代,美国科学家发展了一些乌菲莫切夫的理论,发明了飞机"隐身"的概念。洛克希德公司开发的隐身技术,就是利用了乌菲莫切夫的理论,将其用在了 F-117 隐身战斗机上。

拓展阅读

1) 雷达反射截面积(RCS)

雷达截面积(RCS)是指雷达的反射截面积,是度量飞机雷达回波强弱的物理量。雷达探测的原理是电磁波照射到物体表面会再反射回接收天线,而雷达波照射到物体表面依原路径返回的电磁波越少,雷达截面积越小,雷达接收到的目标信号特征就越小,探测距离也越短。

降低 RCS 的方法主要有三种:改变物体反射电磁波的方向、降低反射性和增加吸收率、减少物体的几何截面积。在飞行器设计中,一般通过改变飞行器的外形和结构,采用能吸收雷达波的涂覆材料和结构材料,采用阻抗加载技术(指在金属物体上附加集中参数或分布参数的阻抗,以减少其 RCS 值的技术)等方式来降低 RCS。

在飞行器结构中,机翼或弹翼的前后缘是飞行器的强散射点之一,需要对其进行隐身处理。对机翼前缘的隐身处理主要有两种手段。

一种是对机翼的外部及内部使用涂覆型或结构型吸波材料。F-22 对翼面结构的前后缘等结构采用先进的宽频、高性能吸波结构复合材料,对其 RCS 进行减缩。X-47B 采用碳纤维复合吸波涂层材料。这些单纯的吸波材料都具有质量大、不易维护等缺点。

另一种是将整个机翼设计为隐身结构,即在保持原有气动外形的条件下,将吸波材料与机翼中的承力结构结合。它是一种既能满足气动外形和结构要求,又能有效减少电磁波反射的多功能一体化结构。如 B-2 隐身轰炸机机翼蒙皮最外层涂覆磁损耗吸波涂层,蒙皮采用一种六角形蜂窝夹芯

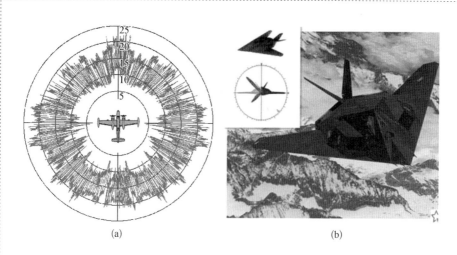

(a)　　　　　　　　　　　(b)

（a）飞机不同方位雷达截面积强度示意图；（b）B-2"幽灵"侦察机 RCS 强度模拟

碳/环氧吸波结构材料,前后缘采用蜂窝夹芯结构,蜂窝网格内填充有磁损耗和电损耗的吸波物质,夹芯上下为吸波波纹板。

2）隐身结构与布局

隐身结构是指由蒙皮和多种内部材料组成的、能满足承载要求并具有明显降低雷达散射截面的结构。它是一种既能满足外形和结构要求,又能有效减少电磁波反射的多功能一体化结构。与外形隐身和材料隐身措施相比,这种隐身措施不会因过分强调修改外形而降低飞行器的机动性和敏捷性,同时也扩大了吸波材料在机体上的应用范围。

外形隐身和材料隐身技术是提高飞行器隐身性能的两个基本方法。但单纯的外形隐身和材料隐身技术都有其局限性。过分依赖于外形隐身技术会导致飞行器的飞行性能下降。吸波材料有效工作频段一般较窄,如果想进一步提高吸收率和拓宽频带,则要受到材料厚度和质量等方面的限制。因此,单从外形和材料入手来提高飞行器隐身性能,代价太大。

3）隐身吸波材料

隐身飞行器往往通过外形或结构的隐身设计、采用吸波材料等多种措施,以降低其雷达、红外或目视信号特征,从而实现其隐身性能。雷达吸波材料是隐身材料中发展最快的材料,它可广泛应用于军用设施,以降低目标的雷达散射截面,从而大大降低目标被雷达发现的可能性。

吸波材料按其成形工艺承载能力分为涂覆型和结构型两种。涂覆型吸波材料具有工艺简单、使用方便、容易调节等优点。结构型吸波材料具有承载和吸波双重功能，它既能减轻结构质量，又能提高有效载荷，应用前景更为广阔。

理想的吸波材料应具有吸收频带宽、频段多、轻薄、物理机械性能好、成本低等特点。从电磁波与介质相互作用的角度看，多层吸波结构材料更有利于达到频段多、频带宽的目标，也有利于充分利用各层吸波材料的性能，达到最优的吸波效果。吸波材料优化设计具有多参数、多目标的全局优化特点。随着优化技术在材料科学与工程研究中的应用，使得进行吸波材料的优化设计成为可能。优化设计包括吸波机理分析、计算模型建立、目标函数构造及优化方法选取等内容。

4）分布式传感器

分布式传感器是以分布式计算机为参考建立的一种多传感器数据处理方式。在分布式传感器网络中，每个传感器都可独立地处理其自身信息，提供大量数据，还能进一步获得目标的分类特征，以及避免电子对抗造成单个传感器系统性能严重下降。

1.2　航天发展成就

1.2.1　航天发展的伟大成就（一）——X‑37航天飞机

X‑37航天飞机（见图1‑9），是美国波音公司研制的无人且可重复使用

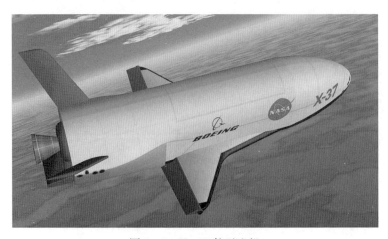

图1‑9　X‑37航天飞机

的太空飞机。该机由火箭发射进入太空,是第一架既能在地球卫星轨道上飞行又能进入大气层的航天器,同时结束任务后还能自动返回地面,被认为是未来太空战斗机的雏形。其最高速度能达到声速的 25 倍以上,常规军用雷达技术无法捕捉。X-37 的整体设计类似于现在已经退役的航天飞机,但尺寸更小,它长约为 8.8 m、高为 2.9 m、翼展为 4.6 m,可在 240~805 km 的任何高度范围内灵活变轨,具有全自动再入大气层和着陆能力。波音公司将其称为"世界上最新、最先进的再入航天器之一"。

美国东部时间 2022 年 11 月 12 日,美国军方的 X-37 无人航天飞行器结束最新一次任务返回地球,在轨时间 908 天,再次打破自身纪录。

1.2.2　航天发展的伟大成就(二)——"勇气"号着陆火星

"勇气"号火星探测器(见图 1-10)是 NASA 研制的系列火星探测器之一,于 2004 年 1 月 4 日在火星南半球的古谢夫陨石坑着陆,预定的科学考察使命为 90 天,实际上考察时间大大延长。火星上沙尘暴和尘卷风并没有预计的严重,探测器的除尘功能有效发挥,使得探测器太阳能帆板的寿命大大延长,能量吸收非常良好,为科学考察提供了至关重要的充足电源。

图 1-10　"勇气"号火星探测器

"勇气"号于 2003 年 6 月 10 日发射,2004 年 1 月 4 日着陆火星表面。根据原本的设计,其工作寿命只有 3 个月。

因为太阳能电池板蒙尘,"勇气"号的电力供应一直在持续下降,2005 年 3

月 12 日和 2009 年 2 月 6 日两次大风吹散了尘埃,使电力得到恢复。

2006 年,6 个车轮中的右前轮失灵。

2009 年 5 月,在通过特洛伊沙地时,车轮陷入软土,其中一个故障又使"勇气"号无法动弹,之后一直被限制在原地观测,此后有过几次解救行动但都失败。

2010 年 1 月 26 日 NASA 宣布放弃拯救,"勇气"号从此转为静止观测平台。

2011 年 3 月 22 日,NASA 最后一次联络上"勇气"号;2011 年 5 月 25 日,NASA 在最后一次尝试联络后结束了"勇气"号的任务。

1.2.3　航天发展的伟大成就(三)——土星探测("卡西尼"号)

"卡西尼-惠更斯"号探测器是由 NASA、欧洲航天局(ESA)和意大利航天局共同合作的深空探测项目,旨在对土星系统进行全面的空间探测。该探测器的"卡西尼"部分是以意大利出生的法国天文学家乔瓦尼·多美尼科·卡西尼的名字命名的,他在 1675 年发现了土星环中的一条狭窄的缝隙,即现在所称的"卡西尼环缝";"惠更斯"部分是以荷兰科学家克里斯蒂安·惠更斯的名字命名的,他在 1655 年发现了土星最大的卫星——土卫六(泰坦)。

"卡西尼"号作为"卡西尼-惠更斯"号的一部分,于 1997 年 10 月 15 日发射升空(见图 1-11),标志着 20 世纪最后一艘大型行星际探测器的启程。为了避免直接使用火箭推进导致大量燃料消耗,"卡西尼"号采用了引力弹弓效

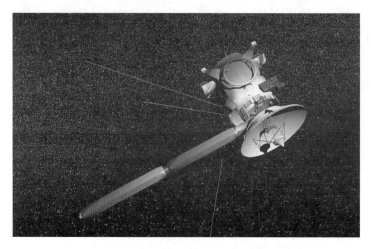

图 1-11　土星探测:"卡西尼"号土星探测器飞行约 20 年后到达
(1997. 10. 15—2017. 9. 15)

应,利用金星和地球的引力进行多次加速,最终在 2000 年 12 月获得木星引力的加速,以超过 30 km/s 的速度向土星进发。

经过近 7 年、35 亿千米的太空旅行,"卡西尼"号于 2004 年 7 月 1 日成功进入土星轨道,开始了为期 4 年的科学考察。2017 年 4 月 26 日,"卡西尼"号开始了其任务的"大结局",首次穿越土星和土星环之间进行近距离观测。随着燃料的耗尽,科学家们控制"卡西尼"号于 2017 年 9 月 15 日坠入土星大气层,结束了其长达近 20 年的太空探索使命(见图 1-12),"卡西尼"号最终化为土星的一部分,为人类对土星系统的认识做出了巨大贡献。

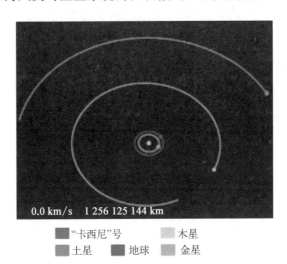

2 次金星引力加速—1 次地球引力加速—1 次木星引力加速

图 1-12 "卡西尼"号探测器轨迹模拟(1997.10.15—2008.5.4)
(见附图中彩图 1)

1.3 发展挫折与教训

1.3.1 2009 布法罗空难:不知道自己不知道,飞机结冰的谜题

布法罗空难发生在 2009 年 2 月 12 日(见图 1-13),当时科尔根航空公司 3407 航班坠毁在纽约克拉伦斯中心的一所房子里,机上 49 人和地面上 1 人遇难。这是自 2006 年以来美国商业客运航空公司发生的第一起致命事故。

该航班是从纽瓦克自由国际机场飞往布法罗尼亚加拉国际机场的定期国内客运航班。这架庞巴迪 Dash-8 Q400 飞机由科尔根航空公司运营,科尔根航空

图 1 - 13　2009 年布法罗空难现场图

公司是一家支线航空公司,当时是美国尖峰航空的子公司。

美国国家运输安全委员会(NTSB)调查了这起事故,事故发生时天气寒冷且有结冰条件,确定可能的原因是机组人员未能对飞机在结冰时导致的失速警告系统做出适当反应,从而导致空气动力失速和失控。调查还确定了其他促成因素,包括机组人员训练不足、疲劳以及缺乏处理此类情况的经验,飞机结冰问题自此引起航空界的真正重视。

该事件促使对航空公司安全法规和培训要求进行审查,特别是针对与主要承运人签订合同运营的支线航空公司。布法罗空难的遇难者家属组成了一个团体——空难受害者家属国际联合会(ACVFFI),致力于促进全球范围内对航空事故受害者及其家属的援助和支持,并与国际民航组织(ICAO)等机构合作,以提高对航空事故受害者家属的关怀和治疗水平。

至今,2009 年布法罗空难仍然是美国历史上最致命的航空事故之一,它持续影响着航空公司的安全运营,也为后面的适航审定提供了宝贵的参考。

1.3.2 "挑战者"号航天飞机爆炸:人类太空探索的里程"悲"

"挑战者"号航天飞机是美国航天计划中正式投入使用的第二架航天飞机。

最初,"挑战者"号是作为一个高度仿真的结构测试体(STA-099)进行开发的,但在完成初期的测试任务后,它被改造成了一架正式的轨道载具(OV-099),并于 1983 年 4 月 4 日执行了它的首次太空任务。

然而,在 1986 年 1 月 28 日执行 STS-51-L 任务时,"挑战者"号遭遇了灾难性的事故。在升空过程中,其右侧固态火箭推进器上的一个 O 形环由于气温过低而失效,这一问题触发了一系列的连锁反应。在发射台上,低温已经导致结冰现象,使得固定右副燃料舱的 O 形环硬化并失效。在点火过程中,火焰本应由上往下燃烧以促使 O 形环膨胀,但由于 O 形环已经失效,因此火焰开始外溢,形成了断断续续的黑烟。幸运的是,燃料中添加了铝,燃烧产生的铝渣暂时堵住了裂缝,起到了一定的密封作用。

在爆炸发生的前十几秒,"挑战者"号遭受了一股强度相当于卡特里娜飓风的强气流冲击,导致凝结尾形成了异常的 Z 字形状。随后的震动使铝渣脱落,移除了阻止明火泄漏的最后一个障碍。火焰随后直接喷射在主燃料舱上,导致在爆炸前 1 s,主燃料舱的 O 形环脱落,底部结构也随之脱落。助推器的顶端撞击到主燃料舱顶部,使得灼热气体进入充满氧气的舱室,引发了灾难性的大爆炸。最终,在发射后 73 s,"挑战者"号在 40 000 L 燃料的爆炸中解体,化为数千块碎片。这次事故导致机上 7 名宇航员全部丧生,成为世界航天史上一次悲痛的事件。

由于当时发射时是全球直播,因此该事故对后续美国民众及官方太空计划带来很大影响,包括暂停太空计划、重新审查 NASA 的工作方式、对事故宇航员的纪念等。随着时间的推移,美国太空计划得以恢复,并继续进行多次成功的航天任务。然而,"挑战者"号事件作为一次令人痛心的教训,永远留在了航天史册中。"挑战者"号航天飞机爆炸事故原因分析如图 1-14 所示。"挑战者"号及航天员如图 1-15 所示。

1.3.3　苏联"联盟 MS-11"号飞船:飞行器人因工程学科的建立

"联盟 MS-11"号是苏联发射的载人宇宙飞船,属于苏联第三代飞船"联盟"系列。"联盟 MS-11"号完成了航天史上的几项重要创举,但在返回地球的过程中不幸发生事故,造成 3 名宇航员丧生。此次事故深刻地说明了即使飞行器能够安全返航,也不意味着安全,该事故直接促进了飞行器人为因素工程学科的建立。

"联盟 MS-11"号于莫斯科时间 1971 年 6 月 6 日 7 时 55 分在拜科努尔航

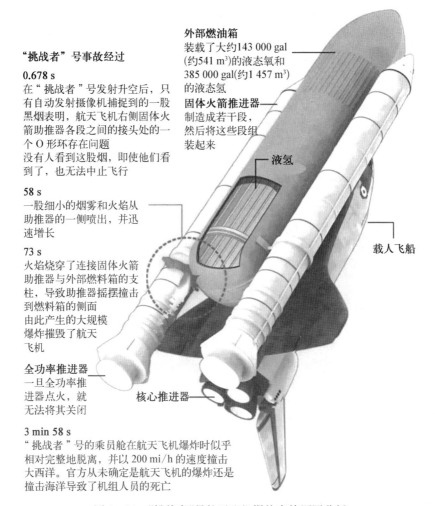

"挑战者"号事故经过

0.678 s
在"挑战者"号发射升空后，只有自动发射摄像机捕捉到的一股黑烟表明，航天飞机右侧固体火箭助推器各段之间的接头处的一个O形环存在问题
没有人看到这股烟，即使他们看到了，也无法中止飞行

58 s
一股细小的烟雾和火焰从助推器的一侧喷出，并迅速增长

73 s
火焰烧穿了连接固体火箭助推器与外部燃料箱的支柱，导致助推器摇摆撞击到燃料箱的侧面
由此产生的大规模爆炸摧毁了航天飞机

全功率推进器
一旦全功率推进器点火，就无法将其关闭

3 min 58 s
"挑战者"号的乘员舱在航天飞机爆炸时似乎相对完整地脱离，并以200 mi/h的速度撞击大西洋。官方从未确定是航天飞机的爆炸还是撞击海洋导致了机组人员的死亡

外部燃油箱
装载了大约143 000 gal（约541 m³）的液态氧和385 000 gal（约1 457 m³）的液态氢

固体火箭推进器
制造成若干段，然后将这些段组装起来

液氢

载人飞船

核心推进器

图1-14 "挑战者"号航天飞机爆炸事故原因分析

图1-15 "挑战者"号及航天员

天发射中心点火升空。该飞船执行的任务十分重要：按计划，应与苏联发射的世界上第一个长期在轨的空间站"礼炮"1 号对接，并让 3 名宇航员进入空间站。飞船于 1971 年 6 月 7 日与"礼炮"1 号成功对接；6 月 7 日 10 时 45 分，3 名宇航员成功进入空间站；6 月 29 日 21 时，3 名宇航员离开"礼炮"1 号返回，但是飞船（见图 1-16）上的 3 人都未穿宇航服。飞船离开空间站后飞行了 4 个多小时，并保持着与地面的联系。

图 1-16　"联盟 MS-11"号飞船实物图及其从"礼炮"1 号空间站返回

同年 6 月 30 日 1 时 35 分，飞船按程序启动制动火箭。在再入大气层前，返回舱与轨道舱分离。但连接两舱的分离插头分离后，返回舱的压力阀门被震开，密封性能被破坏，返回舱内的空气从该处泄漏，舱内迅速减压，致使宇航员因急性缺氧、体液沸腾而死亡。

返回舱失压事故时间线如下。0 秒：当着陆返回舱与轨道服务舱分离时，连接轨道舱和返回舱的换气阀门被震开，原因是本应先后引爆的爆炸螺栓同时引爆了。此时飞船高度为 168 km，开始失压。几秒：气压已经下降到致命的程度，且气阀位于宇航员座椅的下方，无法定位和封堵。40 秒：飞行数据记录器中的生物传感器显示宇航员死亡。212 秒：舱内气压降到 0。

尽管返回程序都是正常的，返回舱也在降落伞的减速下安然着陆。但当人们打开舱门时，看到的却是已经遇难的 3 名宇航员的尸体。

这次事故的原因是飞船设计不合理，内部座舱拥挤（见图 1-17），只有脱掉臃肿的航天服才能坐下。当时"联盟"号返回程序就明确规定,宇航员在返回前必须脱掉宇航服。对该设计和程序,不少科学家当时就反对,但航天部门的领导人不接受正确意见。为此,苏联航天负责人卡马宁将军被撤职。

这一事故是苏联载人航天活动中最为悲惨的一次。事故发生后,又一次推迟了苏联空间站的使用计划,"礼炮"1号此后再无人进入。飞控中心不得已,于发射后175天,忍痛发出空间站降轨指令,使其退回到太平洋上空烧毁。

"联盟"号又一次中断飞行达2年3个月,以改进安全性能,将乘员从3人减为2人,并增加了1套生命保障设备,规定宇航员在上升、返回段必须穿上宇航服等。

当时的航天器设计师并没有意识到,"人是人因工程研究最重要的核心,同时也是系统中最不稳定的因素"。因此,在飞行器人因工程中,需要深入研究人的行为、认知、生理和心理需求等方面的特点,同时结合先进的工程技术手段,才能实现人与飞行器的最优配合,提高飞行器的性能和安全性。

吸取了"联盟 MS-11"号飞船事故的教训,中国航天员舱内压力航天服有了很好的改进,如图1-18所示。

图1-17　"联盟 MS-11"号飞船内部座舱拥挤　　　　图1-18　中国航天员舱内
压力航天服

科技创新能力的培养

在今天,航空航天事业不断蓬勃发展。从热气球、飞艇、飞机、直升机、火箭、飞船到卫星,各种航空器与航天器层出不穷。看着这些琳琅满目的飞行器,我们或许会产生这样的疑问:人类为什么要探索天空?

早在远古时代,人类就开始了对大自然的征服。当我们成为陆地上的霸主后,继而转向了对深海和天空的探索。在我们看来,天空是一个神秘莫测的地方,那里充满着我们的无数想象,浩瀚无垠的宇宙也承载着我们无尽的向往。

与现在的人们一样,我们的先辈抬头便可以望到大雁南飞、鹰击长空这样宏伟的景象。于是古人便开始幻想驾鹤西游、腾云驾雾,乃至生出肉翅、翱翔天空。飞鸟的高速已经足以让人艳羡,空中飞行的无障碍、广阔无垠尤其令人向往。长久以来,天空及飞鸟成为自由的象征,人类从来没有停止过追求与飞鸟一样自在飞行的梦想。

科幻小说是西方近代文学的一种新体裁,主要描写想象的科学或技术对社会或个人的影响。它的情节不可能发生在人们已知的世界上,但它的基础是有关人类或宇宙起源的某种设想,以及有关科技领域(包括假设性的科技领域)的某种虚构出来的新发现。在当代,科幻小说是最受人欢迎的通俗读物之一。作为对未来的合理推断、预测与想象,科幻小说对于近代飞机、火箭等飞行器的产生与发展有什么样的作用?指导作用在哪里?如何做出准确或者靠谱的预测?它们是否建立在对自然科学的一定理解及自然科学的一定发展之上?

此外,在实用飞行器发明制造以前,人们就曾经对飞行器的构造进行过设想。有一些设想还比较系统,比如说达·芬奇设想的扑翼机。更加模仿鸟类的扑翼机有什么优势?人类最早设想的飞行器就是扑翼机,为什么未能最早实现?

为什么在20世纪初会有那么多的航空成就?促使人类向更高、更远探索的动力是什么?

以上问题都吸引着我们不停地探索未知,寻找答案。只有坚持航空航天的发展,才能有源源不断的创新思想出现,才能有在科技创新能力培养下的未来科学家。

"阿波罗"8号绕月飞行的启示

1) 20世纪最伟大发明是地球本身

"阿波罗"8号拍摄了许多壮观的照片,其中最著名的是"地球升起"。这张照片展示了地球的美丽和宝贵,使人们更加意识到我们生活在一个独特而美好的星球上,也进一步推动了地球环保运动的发展。

"阿波罗"登月照片中的地球,20世纪最伟大的"发现"是地球本身

2) 航空航天是伟大的科学革命

"阿波罗"8号绕月飞行需要许多先进的技术和设备,这些技术和设备的研发促进了科技的发展。这些技术包括航天器的设计、火箭的发射、人类生命维持系统等。

3) 人类探索的伟大精神

"阿波罗"8号是人类首次执行绕月飞行任务,是人类探索太空的一个重要里程碑。这次任务展示了人类的勇气、毅力和冒险精神,鼓舞了整个世界的人们去探索更远的领域。

"从这里看去，地球是太空中一个宏伟的绿洲。"——吉姆·洛弗尔，"阿波罗"8号宇航员

(a)　　　　　　　　　　(b)

(a) 弗兰克·博尔曼，吉姆·洛弗尔，比尔·安德斯　(b) "阿波罗"8号发回的地球照片

拓展阅读

乔布斯与马斯克的传承

　　苹果公司创始人史蒂夫·乔布斯，是一个具有远见卓识的商人和创新者，他在青年时代对当时的航空航天技术发展充满热情。1969 年，正值 NASA 成功地使"阿波罗"11 号登陆月球，并在全球范围内引起了轰动。这次事件对 14 岁的乔布斯产生了深远影响，他被这个科技发展的壮举所吸引，对计算机科学和技术的未来充满了无限的想象力。

　　在 20 世纪 70 年代，青年乔布斯开始涉足计算机领域，并在 1976 年年仅 21 岁时便创办了苹果公司，这标志着个人计算机革命的开始。苹果公司的第一款计算机 Apple I 是他在家里组装的，并且主要使用了一些来自其他行业的技术，例如当时新兴的集成电路和高端的航空航天技术。这些技术的运用帮助乔布斯和他的团队打造了一款创新的个人计算机，它的设计简洁，并且比其他竞争产品更加易于操作，特别是相比于 Windows 系统而言，苹果产品的出现在当时来看是颠覆性的。

　　航空航天技术发展对乔布斯的思维方式和创新理念产生了深远的影响，促使他创建了苹果公司，并带领这个公司成为世界上最具影响力的科技公司之一。这个故事说明航空航天对其他科技领域巨大的溢出价值。

　　而受到乔布斯影响的还有当今最炙手可热的"科技明星"之一埃隆·马

斯克。他们都是在科技领域取得巨大成功的人物,虽然他们并没有直接合作,但可以说乔布斯对马斯克的创业生涯产生了一定影响,例如追求卓越、创业精神和决心、用户体验和设计、革命性的产品愿景。马斯克的终极目标是将人类送上火星,因此他创办 SpaceX 公司来实现,如今取得了举世瞩目的成就。从这些案例中或可以总结,要成为未来的科学家或者是成功的创业者,需要具备的基本素质是思考与实践。

参考文献

[1]　Blank S,杨留原."臭鼬工厂"要死了?![J].销售与市场,2015(35):14-15.

[2]　佚名.臭鼬工厂的14条规定[J].军工文化,2015(6):84-85.

[3]　佚名.臭鼬工厂的发展历程[J].航空世界,2015(7):10-27.

[4]　佚名."天高皇帝远"的自由度:臭鼬工厂的成功之道[J].军工文化,2015(6):82-83.

[5]　佚名.臭鼬工厂的掌门人[J].航空世界,2015(8):26-38.

[6]　聂海涛,桑建华.揭秘"臭鼬工厂"(下)[J].航空世界,2015(8):2-38.

[7]　黄瑜璋.臭鼬工厂的统治者:记美国著名飞机设计师"凯利"·约翰逊[J].国际展望,2005(14):86-89.

[8]　龙腾日月.幽灵利喙隐身战机对中国的实质优势[J].航空档案,2009(4):32-47.

[9]　张进乐.F-117A的隐身技术和火控系统[J].火力与指挥控制,1992(2):69-72.

[10]　宇骅.洛克希德的"黑鸟":A-12,YF-12和SR-71(四)[J].航空档案,2008(10):34-41.

[11]　佚名.臭鼬工厂的管理秘籍[J].航空世界,2015(7):28-57.

[12]　李志.美国"夜鹰"的苏联教父　现代隐身理论的奠基人乌菲莫切夫的传奇经历[J].航空世界,2014(8):4-9.

[13]　陈娜.射频识别与传感系统中的新型无源标签研究[D].南京:东南大学,2020.

[14]　徐含乐,祝小平,周洲,等.基于左手材料的翼面隐身结构设计及优化[J].航空学报,2014,35(12):3331-3340.

[15]　聂毅,余雄庆.翼面隐身结构电磁散射特性稳健优化设计研究[J].航空学报,2007(S1):104-108.

[16]　聂毅,余雄庆,黄爱凤.低成本翼面隐身结构的设计和RCS测试分析[J].系统工程与电子技术,2005(9):1594-1596.

[17]　贾杰,谢宇,李明俊,等.飞行器隐身结构材料优化设计与分析[J].航空科学技术,2010(2):44-46.

[18]　秦笃烈.火星探测器勇气号成功"生存"1 000天[J].太空探索,2007(4):30-31.

[19]　佚名."机遇"号火星十年行[J].太空探索,2014(3):38-41.

[20]　云英.为了让航天员平安回家[J].太空探索,2013(8):26-29.

[21]　至浩.人类挑战太空在奋进中前行[J].科学咨询,2005(11):59-60.

[22]　刘辉. 论作品独创性认定的一般原则[J]. 上海政法学院学报(法治论丛),2011,26(5)：34 – 40.

[23]　未来. 宇宙神秘现象未解之谜全集[M]. 赤峰：内蒙古科技出版社,2009.

[24]　韦晓宝. 全球神秘事件回顾[J]. 今日科苑,2011(22)：68 – 71.

第 2 章 航空航天发展简史

本章对航空发展简史、航天发展简史以及中国航空航天的发展历程进行介绍。在航空发展方面，以飞机飞行速度的提升为故事线，分别讲述航空先驱、声速之前和声速之后的飞机发展历程。在航天发展方面，分别讲述火箭、探测器和载人航天的发展历程。最后详细介绍我国航空工业诞生的艰辛历程及重要人物。

2.1 人类航空发展简史

2.1.1 航空先驱：因为他们，飞行从不可能到终于实现

早在古希腊神话中，人类就表现出了对天空的向往。年轻的伊卡洛斯和他的父亲代达罗斯为了获得自由，用蜡和羽毛制作了一双翅膀，想要戴着这双翅膀逃离克里特岛。在动身之前，代达罗斯警告儿子不要飞得太高，否则太阳的温度会使蜡熔化，毁坏羽毛。刚开始的时候，伊卡洛斯很小心。但是，自由自在地在空中飞翔的感觉让他着迷。他忘记了父亲的叮嘱，越飞越高，太阳灼热的温度使蜡熔化，羽毛慢慢地脱落，离开伊卡洛斯的身体。最终，伊卡洛斯坠入了茫茫大海（见图 2-1）。

而同样在中国古代春秋时期，鲁班就曾"制木鸢以窥宋城"（见图 2-2）；在汉朝王莽时代，有人"取大鸟翮为两翼，头与身皆著毛，通引环纽，飞数百步坠"；在明朝，万户为了实现自己的航天梦想，坐在绑上了 47 支火箭的椅子上，手里拿着风筝，飞向天空，但是火箭在高空爆炸了，万户也为此献出了生命。

到了中世纪，达·芬奇将飞行设计上升至科学的高度。达·芬奇的手稿《论鸟的飞行》于 1505 年在意大利佛罗伦萨完成，如图 2-3 所示。《论鸟的飞行》是科学与艺术结合的杰作，达·芬奇设计的扑翼机从科学来讲意义不大，但从机械学角度看，是天才设计。尽管扑翼机没有成功，达·芬奇仍给后人留下了丰厚的

图 2-1　希腊神话中的"伊卡洛斯坠落"

图 2-2　鲁班"制木鸢以窥宋城"

科学遗产,那就是他的科学思想与科学精神。他把富有传奇色彩的达索的名言呈现给我们:"一架漂亮的飞机,飞起来一定是很美的。"

英国的凯利爵士为重于空气的航空器创立了必要的飞行原理,他的论文《论空中航行》(发表于 1809 年)被认为是现代航空学诞生的标志。德国人李林塔尔最早设计和制造出滑翔机,是探索天空的先驱。兰利曾开发装有蒸汽机的飞机,可惜错失首飞机会。

人类历史上第一次有动力、持续的、可操纵的飞行由莱特兄弟[见图 2-4(a)]于 1903 年 12 月 17 日清晨实现,这次具有历史意义的飞行进行了 12 s,飞行距离约 120 ft(36.58 m)。

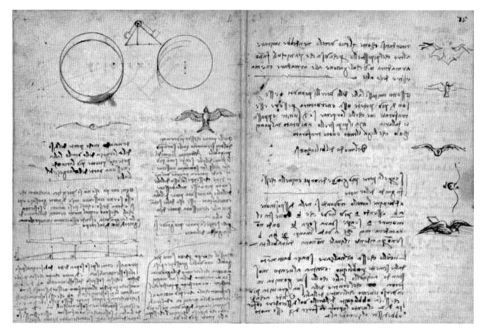

图 2-3 达·芬奇手稿《论鸟的飞行》

图 2-4 莱特兄弟(a)和他们设计的飞机"飞行者一号"(b)

"飞行者一号"本身没有机身结构可言(见图 2-5),位于机翼前方的鸭翼和机翼后方的垂尾表面都由纵向的木条支撑着。飞机的结构也是没有遮蔽的骨架式,这就好比今天的飞机没有蒙皮。但"飞行者一号"是可以正常工作的。它采用了桁架式的双翼构型。桁架式如同建筑的脚手架,双翼结构是为了增加升力,而且强度高、升力面积大。同时还可以通过拉绳改变双翼对角拉线张力,卷起翼尖,从而能够适度地控制飞机。这感觉比现在的飞机还先进,因为其实这是副翼、襟翼的雏形。

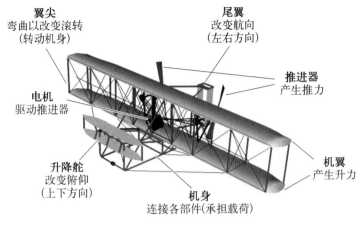

翼尖
弯曲以改变滚转
(转动机身)

尾翼
改变航向
(左右方向)

推进器
产生推力

电机
驱动推进器

机翼
产生升力

升降舵
改变俯仰
(上下方向)

机身
连接各部件(承担载荷)

图 2-5 "飞行者一号"的结构

2.1.2 声速之前:战争推动了航空发展

起初,飞机不过是个玩具,用于表演、娱乐。在第一次世界大战初期,参战各国约有飞机 1 500 架,而到战争末期,各国在前线作战的军用飞机达到 8 000 多架。4 年中,交战各方用于作战的飞机有十几万架之多。可以说由于战争的驱动,飞机经历了迅速的发展。

第一次世界大战期间,典型的战机之一是福克 Dr. Ⅰ 战斗机(见图 2-6)。它采用薄翼型、开放式座舱,结构仍是木质的,起落架固定,可载重几百千克。这

图 2-6 福克 Dr. Ⅰ 战斗机

款飞机比同时期的战斗机要慢,却有着非常强的机动性,转弯半径很小,三层机翼使它在飞行中能更容易地翻滚和盘旋,其飞行员里希特霍芬将这架战机全部涂成了红色。

1916 年 4 月 26 日,里希特霍芬第一次单飞就干掉了一名法国新手。他在日记里写道,"我敬重我的对手,我为他修建了美丽的坟墓,还放了一块石头"。这种绅士做派在 2008 年上映的电影《红男爵》中被浪漫化,最终他驾驶着战斗机为对手投下了一束鲜花。

此外,另一架典型的战机便是西科斯基飞机公司于 1913 年底制成的世界公认的第一架重型轰炸机,名为"伊里亚·穆罗梅茨"(见图 2 - 7)。这架轰炸机可以携带 800 kg 炸弹,能够利用电动投弹器和轰炸瞄准器,对地面目标展开攻击。

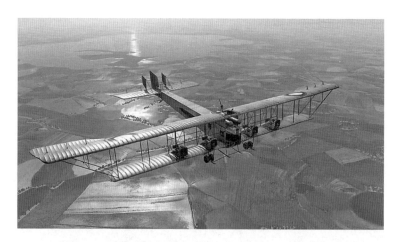

图 2 - 7　世界上第一架重型轰炸机"伊里亚·穆罗梅茨"

第一次世界大战充分探索了飞机的使用,第一次世界大战到第二次世界大战之间的一段时间是航空技术积累的阶段,航空航天科学逐渐形成"力学—流体力学—空气动力学"的发展模式,民用航空也得到了很大的发展。那一时期民用飞机的主要特征是翼型厚,采用铝合金材料、封闭座舱,飞行速度接近500 km/h。

1919 年,德国航空企业家胡戈·容克斯设计的 F 13(见图 2 - 8)真正超越了时代。F 13 是第一架全金属飞机,其干净简洁的线条和悬臂单翼的设计启发了现代大型客机的设计。当时大多数的飞机不过是由木头和布做成的,相比之下,F 13 甚至拥有封闭的加温机舱。

图 2-8　容克斯 F 13

Ju 52 是容克斯公司的又一产品,这一德国机型昵称为"Ju 阿姨",早在 20 世纪 30 年代初期就作为民用客机投入使用。在第二次世界大战期间由纳粹德国空军,战后由多国空军和航空公司将该机型作为运输飞机广泛应用于军事服务。其标示性的三电机配置和波纹金属皮肤很容易识别。直到今天,德国汉莎航空公司依然拥有一架适航的 Ju 52(见图 2-9),以供特殊场合使用。

图 2-9　容克斯 Ju 52

此外,邮政和客运航空蓬勃发展,该时期建立了多个航空公司,如美国著名航空公司"泛美"。20 世纪 30 年代,现代民航客机终于出现,即波音 247 飞机

（见图 2 - 10）。

图 2 - 10　波音 247 飞机

1927 年 5 月 21 日，将近 10 万巴黎人冲到布尔歇机场上为一个新的世界英雄——查尔斯·林德伯格的到来而欢呼。他驾驶单引擎飞机"圣路易斯精神"号无停歇地跨过了大西洋，共用了 33.5 h 安全着陆，完成了第一次独自一人从纽约到巴黎的直达飞行，如图 2 - 11 所示。

图 2 - 11　查尔斯·林德伯格及其驾驶的"圣路易斯精神"号

第二次世界大战是航空发展的黄金时期,新型飞机层出不穷。此阶段的飞机主要采用椭圆机翼,配有成熟的活塞发动机,喷气发动机出现,飞行速度最高可接近 800 km/h。

第二次世界大战中使用的典型战机之一便是英国的"喷火"战斗机(见图 2-12),它采用了液冷发动机和椭圆形机翼,在第二次世界大战中的飞行性能属于当时欧洲先进水平,具有不错的机动能力,可以在高速的时候接近敌方飞机进行机枪扫射然后逃离,在欧洲战场对英国维持制空权以及扭转战局起到了重要作用,可谓立下了赫赫战功。

图 2-12　"喷火"战斗机

另一架典型战机便是 Fw-190 战斗机(见图 2-13),它是第二次世界大战期间德国一型单座单发平直单翼全金属活塞式战斗机,是第二次世界大战中后期最好的战斗机之一,它采用了气冷发动机和梯形机翼。作为一款多用途战斗机,它性能出色,优秀的高速机动能力使得其在与"喷火"战斗机 Ⅸ 型的战斗中不落下风,甚至与后来的"喷火"战斗机 ⅩⅥ 型也不相上下,良好的视野使其经常能利用破 S 机动到敌人的视野盲区,然后拉杆给予敌人致命的攻击。

此外,喷气发动机和重型飞机也开始广泛出现。

2.1.3　声速之后:现代航空具有的基本特征

1947 年 10 月 14 日,人类首次突破声速,当时查尔斯·耶格尔驾驶 X-1 试验机(见图 2-14)从加利福尼亚州的一个秘密陆军基地起飞。几分钟后,他的

图 2-13　Fw-190 战斗机

图 2-14　X-1 试验机

速度就达到了 960 km/h,继而突破了声障。耶格尔驾驶的 X-1 以一种新型火箭为动力,机身为流线型以减少加速时产生的颠簸。

图 2-15　马赫数 1 的飞机

　　从 1950 年至 1970 年,飞机的速度从马赫数 1 提升到了马赫数 3,主要的驱动原因还是战争。马赫数 1 的飞机采用后掠翼和喷气发动机(见图 2-15),后掠翼可以减少飞机的阻力,提高飞行性能,而喷气发动机能够提供更高的推力,适用于需要快速加速和高速飞行的任务。马赫数 2 的飞机采用薄机翼、长机身和蜂腰(见图 2-16),薄机翼可以减少阻力,提高升力和燃油效率,长机身则能提供更大的载荷容量和燃料储备,而蜂腰可以降低阻力,提高飞行速度和效率。马赫数 3 的飞机热障问题严重(见图 2-17),因为在高速飞行条件下来流的总温会很高,此时需要采用特殊的热障材料设计,以保护飞行器不受高温损害。

图 2-16　马赫数 2 的飞机

图 2-17　马赫数 3 的飞机　　　　　　图 2-18　第三代战斗机

此外,又诞生了第三代战斗机(见图 2-18),其外形设计注重涡的利用,动力则采用大推力涡轮风扇发动机。第四代战斗机(见图 2-19)则能够实现超声速巡航,具备隐身性和超机动性。高超声速飞机(见图 2-20)采用吸气发动机,并且乘波飞行。

战后,民用飞机也发生了很大的改变,动力从活塞发动机变成了喷气发动机,如图 2-21 所示。巨型客机(见图 2-22)和超声速客机(见图 2-23)也诞生了。

图 2-19　第四代战斗机

图 2-20　高超声速飞机

图 2-21　民用飞机配备喷气式发动机

图 2-22　巨型客机波音 747

图 2-23　"协和"式超声速客机

2.2　人类航天发展简史

2.2.1　火箭推进技术

古代人就懂得火箭推进,最早的中国古代火箭(见图 2-24)使用粉末状火药固体,就是固体火箭的例子。从现代观点看,固体火箭和液体火箭各有优缺点。固体火箭的燃料容易长时间储藏和保存,可在任何时候点火发射,但火药一旦点燃,便无法停止,难以控制。液体火箭的液态氧和燃料需要低温储存,常温下容易蒸发为气体,不易保存。但液体火箭具有运载能力大、方便用阀门控制燃烧量等优点,特别是在齐奥尔科夫斯基和几个火箭研究先驱者所在的年代,被认为是实现太空旅行的最佳选择。

图 2-24　最早的中国古代火箭

人们很早就有了"多级火箭"的想法,据说中国明朝的"火龙出水",算是最早的二级火箭雏形。因为火箭储料罐中的物质总是越用越少,罐子的质量却不减少,有什么必要携带着这些多余的质量而影响火箭的推力呢? 人们自然地考虑将几个小火箭连接在一起,烧完一个之后丢掉,再点燃另一个。苏联的齐奥尔科夫斯基(见图 2-25)经过严格计算,系统地提出了人类使用多级火箭进入太空的理论。齐奥尔科夫斯基论证了火箭飞行的思想,提出了火箭推进工作原理及方式,奠定了航天的理论基础。

现代火箭运载质量更大,射程更远。现代火箭的原型是 V-2 火箭(见图 2-26),它是一种远程武器,是纳粹德国在第二次世界大战中在佩内明德火箭研究中心的冯·布劳恩博士的带领下研制的。V-2 火箭是第一枚大型火箭导弹,也是世界上最早投入实战使用的弹道导弹。

图 2-25 齐奥尔科夫斯基   图 2-26 V-2 火箭

1961 年 4 月 12 日,苏联宇航员尤里·加加林首次进入太空。在"冷战"时期,苏联的这项成就无疑加深了美国对自己在太空竞赛中落后的恐惧。于是,时任美国总统约翰·肯尼迪在国会、莱斯大学等地多次发表演讲,正式启动了"阿波罗"登月计划。

"阿波罗"计划稳步推进。在 1969 年 7 月 21 日凌晨 2 时 56 分(UTC),宇航员尼尔·阿姆斯特朗踏上了月球。这一切,都有着一个推力强大的"幕后英雄"在做着贡献——土星 5 号(见图 2-27)。用于"阿波罗"计划的土星 5 号火箭全高为 110.6 m,直径为 10.1 m,发射质量为 3 039 t。图 2-28 所示是土星 5 号火箭全部的发射离地瞬间的照片。

1972 年,最后一枚用于发射"阿波罗"飞船的土星 5 号火箭矗立在肯尼迪航天中心第 39 号发射台上。傍晚的霞光在为"阿波罗"计划送别,如图 2-29 所示。图中中间部位的两条黑色块标记的地方为土星 5 号火箭第一级和第二级的连接处。往上,开始收窄的地方为第二级和第三级的连接处。第三级火箭上面的黑色条带则是土星 5 号火箭的"大脑"所在的地方,其内壁分布着土星 5 号火箭的弹道计算机、姿态稳定系统等关键部件,如图 2-30 所示。

2.2.2 探测器

火箭推力增加后,人们可以对太阳系其他行星进行探测。

图 2-27　土星 5 号火箭与自由女神像对比

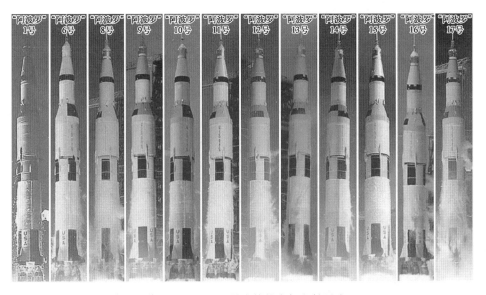

图 2-28　土星 5 号火箭的全部发射照片

图 2-29　最后一枚用于发射"阿波罗"飞船的土星 5 号　图 2-30　土星 5 号火箭的"大脑"

1)"卡西尼"号

"卡西尼"(Cassini)是一项由美国航空航天局(NASA)和欧洲航天局(ESA)合作的宇宙任务。该任务的主要目标是研究土星及其环和卫星的特性。"卡西尼"号探测器(见图 2-31)于 1997 年 10 月 15 日发射,并于 2004 年 7 月 1 日进入土星轨道,其主要由两部分组成:卫星探测器和着陆器。卫星探测器主要负责环绕土星进行观测和测量,而着陆器则负责在土卫六上进行探测。

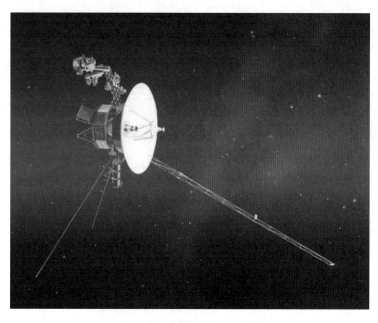

图 2-31　"卡西尼"号探测器

在卡西尼任务期间,探测器对土星的环和卫星进行了详细观测,收集了大量有关土星和其周围空间的数据,包括照片、视频和科学测量结果等。此外,卡西尼还对土星的磁场和辐射环境进行了研究,并在探测土卫六时探测到了液态水存在的证据,这为寻找外星生命提供了重要线索。

卡西尼任务于 2017 年 9 月 15 日结束,当时探测器自主坠入土星大气层中,以防止在土卫六上可能存在的生命受到地球带来的污染。卡西尼任务为人们更深入地了解土星及其环和卫星的特性提供了重要的科学数据,并为未来的太空探索提供了经验和启示。

2)"好奇"号

"好奇"号(Curiosity)是 NASA 于 2011 年 11 月 26 日发射的一艘火星科学实验室漫游车,是人类历史上最先进、最复杂的探测器之一,如图 2-32 所示。"好奇"号的任务是在火星上寻找有机物和其他可能支持生命的证据,以及研究火星的地质、气候和环境等方面。

图 2-32　"好奇"号探测器

"好奇"号重约 899 kg,大小类似于一辆小型 SUV,装备了一系列高科技设备,包括化学实验室、X 射线衍射仪、激光光谱仪、显微镜、摄像机等,能够分析岩石和土壤中的成分,探测大气层中的气体和微粒等。

"好奇"号在火星上的主要任务是探测火星上的古生物学证据和地质学特征,以帮助科学家了解火星的历史和环境,为未来人类登陆火星提供重要信息和参考。自 2012 年 8 月 6 日降落以来,"好奇"号成功执行了多项科学任务,包括发现火星地表上的水分、分析火星岩石和土壤的成分、研究火星大气和天气等,为人类探索火星奠定了重要的基础。

3) 激光动力火箭

激光动力火箭(laser-powered rocket)(见图 2-33)是一种利用激光束提供能量的推进系统。该系统利用激光束对特定材料产生高温和高压,从而使火箭燃料加速产生高温高压气体,达到推进的目的。激光动力火箭相对于传统的化学火箭,具有更高的推进效率和更低的燃料消耗量,可以使有效载荷比更高。

图 2-33　激光动力火箭

激光动力火箭目前仍处于实验室阶段,主要存在的技术难题如如何控制激光束的精确位置和时间、如何提高燃料的转化效率等。此外,激光动力火箭在实际应用中也需要解决如何实现长时间稳定运行、如何应对复杂的大气环境等问题。

虽然激光动力火箭目前还没有得到广泛应用,但其具有较大的发展前景,可能会成为未来太空探索的一种重要推进方式。

4) 太阳帆

太阳帆(solar sail)(见图 2-34)是一种利用太阳光的光压推进的航天器。

太阳帆的原理是利用太阳光子的动量来推动航天器。由于太阳光子具有一定的动量,当太阳光子照射在太阳帆上时,会给太阳帆施加一个微小的推力,从而推动太阳帆前进。

图 2 - 34　太阳帆

太阳帆相对于传统的火箭推进系统具有很多优点,如不需要携带燃料、推进效率高、速度可持续增加等。此外,太阳帆也可以进行长时间的太阳观测任务,以及研究宇宙中的微小力量,如太阳光压和恒星风。

目前,太阳帆技术已经开始得到广泛应用。美国、欧洲和日本等国家和地区的科学家已经在太阳帆方面进行了多次实验,包括成功发射了太阳帆航天器,如日本的"伊卡洛斯"号、美国的"轻子"号等。未来,太阳帆有望成为一种重要的太空推进技术。

5)反物质火箭

反物质火箭(antimatter rocket)(见图 2 - 35)是一种利用反物质作为燃料的推进系统。反物质是一种粒子,它与普通物质粒子相对,具有相反的电荷和相反的自旋。当反物质与普通物质粒子相遇时,它们会发生湮灭反应,产生巨大的能量和高速粒子,这种能量可以用于推动火箭。

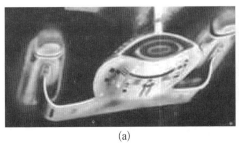
(a)

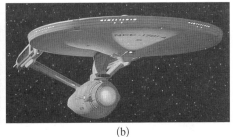
(b)

图 2 - 35　(a)反物质火箭;(b)科幻作品《星际迷航》中利用反物质作为燃料的宇宙飞船"企业号"的艺术构想图

反物质火箭具有很高的推进效率和非常大的速度,可以将载荷送入太阳系以外的目的地。相对于化学火箭,反物质火箭的燃料密度更高,能量释放更多,因此可以在更短的时间内达到更大的速度。

不过,反物质火箭的技术难度非常大,因为反物质的生产非常昂贵,而且需要非常高的技术水平来储存和操控反物质。此外,反物质的使用也存在安全隐患,因为反物质和普通物质粒子湮灭时产生的能量非常大。

目前,反物质火箭仍处于理论探索阶段,尚未实际应用。虽然技术难度很高,但是反物质火箭具有极大的潜力,有望成为未来长途太空探索的一种推进方式。

2.2.3　载人航天

1961 年,苏联宇航员尤里·加加林成为第一个进入太空的人,他乘坐的"伽马号"太空舱绕地球一周。不久之后的 1969 年,美国"阿波罗"11 号任务实现了人类首次登月的壮举,尼尔·阿姆斯特朗成为第一个走上月球的人。

在 20 世纪末和 21 世纪初,中国开始了载人航天探索的征程。1999 年,"神舟一号"成功发射,开启了中国载人航天工程的序幕。2003 年,"神舟五号"的成功发射和返航,标志着中国成为第三个将人类送入太空的国家。此后,中国相继进行了一系列"神舟"任务,实现了多名航天员的多天太空驻留和出舱行走,进行了多项空间实(试)验。

航天史上另一个重要的里程碑是国际空间站(ISS)的建设。自 1998 年以来,多个国家合作推动了 ISS 的建设,它成为一个长期驻留的太空科研实验室,为进行各类生物学、物理学和地球科学实验提供了重要平台。ISS 的存在加强了国际合作,并为未来深空探索奠定了基础。除了载人航天之外,无人航天也取得了长足进展。近年来,火星探测任务成为全球关注的焦点。NASA 的"好奇"号和 ESA 的"火星快车"号等任务成功实现了对火星表面的探索,带回了大量珍贵数据,对进一步了解宇宙和地球起源具有重要意义。

1992 年,中国就制定了载人航天工程"三步走"发展战略,建成空间站是发展战略的重要目标。"天宫一号"(见图 2-36)是中国的一个空间站项目,也称为"天宫实验室"。"天宫一号"于 2011 年 9 月 29 日发射升空,是中国第一个自主研制、发射并控制的空间实验室,为中国空间站建设的前期技术探索提供了宝贵的经验。同年 11 月 3 日,"天宫一号"与"神舟八号"飞船进行了首次自主交会对接。2012 年,"神舟九号"与"天宫一号"对接,开展了首次载人交会对接任务。

"天宫一号"的主要任务是开展空间科学实验和技术验证,为未来建设中国空间站积累经验和技术储备。它由 1 个核心舱和 2 个实验舱组成,总长度约为

图 2-36　"天宫一号"空间站

10.4 m,最大直径约为 3.4 m,质量约为 8.5 t。它可以容纳 3 名宇航员居住和工作,还配备了多种实验装置和设备,包括太阳能电池板、导航和控制设备、舱内生命保障系统、科学实验设备等。这些装置和设备使得"天宫一号"能够进行多种科学实验,涉及物理、生物、天文等领域。此外,"天宫一号"还配备了一些科学实验设备和生命保障系统,包括植物培养箱、昆虫养殖箱、人工智能控制系统等。这些设备和系统可以在太空环境下进行实验和测试,为未来的航天科学和技术发展提供支持。除了空间科学实验和技术验证,"天宫一号"还可以为中国航天员的太空出行提供住宿和实验场所,也可以模拟太空环境,为航天员的训练提供帮助。

"天宫一号"最初设计为在太空中运行 3 年左右,但是由于其精密度很高,中国国家航天局一直在对其进行维护和升级,使其能够继续发挥作用,同时也为后续的空间站建设提供技术支持和经验积累。2021 年,"长征五号"B 遥二运载火箭成功将空间站首个舱段——"天和"核心舱送入太空,推动"天宫"空间站的建设,展示了中国载人航天的持续进步和技术成熟,已迈向全面建设和长期驻留的新阶段。

此外,商业航天也逐渐崭露头角。SpaceX 航天的埃隆·马斯克和蓝色起源公司的杰夫·贝索斯等企业家投资并积极发展可重复使用的火箭技术。这些努力为未来的太空旅行和资源开发提供了新的可能。

　　如今,人类航天事业正朝着更远、更广阔的目标迈进。计划中的任务包括探测火星和其他星际目标,甚至是建立可持续的月球基地。同时,航天技术也将在通信、气象监测、导航系统等方面继续发挥重要作用。

2.3　中国的航空发展历程

2.3.1　新中国成立前的航空

　　在新中国成立之前,有两位国人在航空领域的成就达到了当时世界的先进水平,他们是冯如和王助。

　　冯如(见图2-37)是华人中最早制造出飞机并且驾驶飞机上天的人,被誉为"东方的莱特"及"中国航空之父"。他出生于广东恩平市的一个书香门第,自幼聪明好学,热爱科学技术,尤其喜欢机械和航空。

　　冯如很早就开始研究飞行器的制造和飞行技术,并在1909年成功制造出自己的第一架飞机——"冯如一号"。之后,他又成功制造出"冯如二号""冯如三号"等多款飞机,并成功进行了第一次载人试飞。这次试飞让他成为华人中第一个驾驶自己制造的飞机起飞、飞行和着陆的人。

　　冯如的贡献被广泛认可,他被誉为中国航空业的奠基人之一,为中国航空事业的发展做出了重要贡献。恩平市为了纪念他,设立了冯如文化节,并在2009年开展纪念活动,纪念冯如飞天100周年。

　　王助(见图2-38)是中国早期航空先驱之一,他于1893年出生在北京。

图2-37　冯如　　　　　　　　图2-38　王助

　　王助曾任波音公司的第一任总工程师。他亲自设计并监制波音 Model C 型水上飞机,成为波音飞机公司获得商业成功的第一架飞机,并以开辟美国第一条航空邮政试验航线而载入史册。

　　1917 年 11 月,王助毅然放弃在美国的优渥生活,回到满目疮痍的祖国。1918 年 2 月,王助回国不久,马尾船政局海军飞机工程处成立,这是中国首家正规的飞机制造厂。王助任工程处副处长。1919 年 8 月,王助与好友巴玉藻为海军成功设计制造了第一架水上飞机——“甲型 1 号”初级教练机。此后他又设计了世界上第一个水上飞机浮动机库——浮坞。这个水上机库在世界上都是独一无二的。值得一提的是,王助在飞机后部设计了一种以他名字命名的飞机后小轮——“王助轮”。这引起了世界轰动,圆满攻克了水上飞行停置和维修的世界难题。

　　1929 年 5 月 1 日,国民政府与美国航空发展公司(即寇蒂斯-莱特飞机公司,后来这家公司将股权卖给了美国飞运公司)合作,正式成立中国民航公司(简称“中航”),由时任铁道部部长孙科兼任董事长,王助任总工程师。在王助的技术支持下,中航技术、资金、设备逐渐成熟,并开辟了沪蓉、沪平、沪粤、渝昆等航线。从此,中国民航事业正式起步。到 1936 年,中航航线里程为 6 100 km,承载旅客 63 047 人次,中航成为中国第一大民航公司。

　　1934 年,王助离开中航,调入军政部航空署(即航空委员会)任上校参事。抗日战争期间,王助亲自参与设计了中国自主设计、建造的第一架轰炸机,并设计出一种可承载 30 名全副武装的伞兵和 2 名驾驶员的“研运一号”滑翔运输机。这种运输机比德国最先进的运输机能多承载 20 人,可惜,由于中国工业基础薄弱,这种运输机并没有制造和投入使用。王助还陆续设计、制造出教练机、海岸巡逻机、鱼雷轰炸机等 15 种新型飞机,投入抗日战场,与日寇空军展开浴血奋战,并取得显赫的战绩。因此,王助被誉为近代中国航空工业的主要奠基人之一,为中国航空发展和抗战胜利做出不可磨灭的贡献。

2.3.2　中国航空工业的建立

　　中国航空工业的建立可以追溯到 20 世纪 50 年代,当时中国从苏联获得了一批米格-15 战斗机和图-2 轰炸机等飞机。20 世纪 50 年代末至 60 年代初,中国开始仿制苏联和其他国家的飞机,并建立了国内的生产线和维修基地,开始为中国军队提供飞机和相关服务。1956 年 7 月 13 日,全部用自制零件组装的由中国制造的第一架喷气式歼击机——“56 式”飞机(后改称“歼-5”)完成总装,如图 2-39 所示。

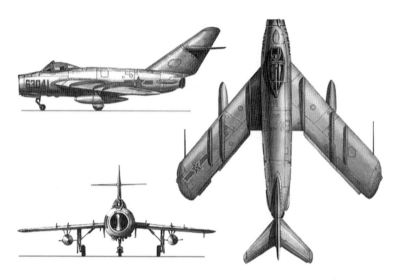

图 2-39　歼-5 战斗机

　　而后,中国开始少量独立研制或改型飞机。20 世纪 50 年代末,中国在歼-6
(仿制苏联的米格-19)战斗机的基础上研制了强-5(见图 2-40),它是一型单座
双发超声速强击机。

图 2-40　强-5 强击机

　　此后,中国在改进中不断摸索。以歼-7(见图 2-41)为例,它是第一款具有

超声速能力的喷气式战斗机。歼-7最初仿制的米格-21,在20世纪60年代进入中国人民解放军空军服役,一直服役到21世纪初期。在服役期间,歼-7进行了多次升级和改进,包括安装新的发动机、雷达、武器系统等。

图2-41　歼-7战斗机

2.3.3　设计自己的飞机

20世纪90年代至今,中国航空工业逐步独立自主进行研发和生产,并在一些领域取得了突破性进展。这些包括航空发动机、飞机结构、航空材料和航空电子等方面。

歼-10(“猛龙”)战斗机就是中国自主研制的高性能、多用途、全天候第三代战斗机,如图2-42所示。它的作战半径大,可搭载机炮、导弹、炸弹等多种类型的武器。歼-10采用近距耦合的鸭翼式布局、放宽静稳定度设计,机身采用翼身融合设计,单座单发,进气道位于机身下方。垂尾后掠,并进行了顶部切角。歼-10的主翼为三角翼,其前缘与鸭翼的前缘相平行,机翼前方设有前缘襟翼,后缘有独立设计的襟翼与副翼,使飞机具备良好的机动性与敏捷性。在机身尾部设有两片腹鳍,增加飞机大迎角状态下的可操控性。

下面介绍四位对我国飞机设计制造做出巨大贡献的总师:歼-8总设计师黄志千(我国第一位军机总设计师),歼-8Ⅱ总设计师顾诵芬,歼-7改总设计师屠基达和运-10总设计师马凤山(我国第一位民机总设计师)。

黄志千(见图2-43)是中国航空工业的杰出人物,被誉为新中国首任飞机总设计师。他的一生充满了对航空事业的热爱和对国家的忠诚。

图 2-42　歼-10 战斗机

图 2-43　黄志千

　　他曾在美国康维尔飞机制造公司参与 B-24 轰炸机的设计、制造工作,并在英国格洛斯特飞机制造公司参与喷气式战斗机的设计。1949 年新中国成立后,黄志千毅然回国,投身于国家的航空工业建设。他先后在上海、福建、沈阳等地从事飞机研制、机场建造工作。

他作为主设计师,领导了中国多个型号的教练机、强击机、歼击机的自主研制工作,包括歼教-1、初教-6、强-5等。另外,他在歼-8飞机的研制中也发挥了重要作用,尽管他在飞机研制过程中不幸遇难,但他的工作为后续的研制打下了坚实的基础。

黄志千的工作不仅限于设计,他还参与了对苏式米格-21飞机的仿制及预研工作,并在飞机设计工作中发挥了总设计师的重要作用。他的工作为中国航空工业的发展奠定了坚实的基础,并培养了一大批设计技术骨干。黄志千的一生是对航空事业不懈追求的一生,他的贡献对中国航空工业的发展产生了深远的影响。

中国科学院、中国工程院院士顾诵芬(见图2-44)是我国著名的飞机空气动力学家,是新中国飞机设计事业的奠基人之一,也是中国飞机空气动力学研究的开拓者。他参与主持了歼教-1、初教-6、歼-8和歼-8Ⅱ等机型的设计研发,并担任歼-8和歼-8Ⅱ的总设计师,被誉为"歼-8之父"。

图2-44　顾诵芬

顾诵芬院士在歼-8战斗机项目中担任副总设计师,负责气动设计,并在后来全面主持该机的研制工作。歼-8是中国自主研发的首架双发高空高速歼击机,于1969年7月5日首飞成功。在飞行试验中,顾诵芬院士为了解决飞机跨声速飞行时的抖振问题,甚至亲自乘坐歼教-6飞机上天观察歼-8的飞行流线谱,成功找到了问题的症结并解决了这一难题。顾诵芬院士也是歼-8Ⅱ飞机的总设计师,他利用系统工程管理法,将飞机的各项专业技术综合优化于一个机型中,歼-8Ⅱ飞机于1984年6月12日首飞成功。

顾诵芬院士的科研生涯见证了中国航空工业从无到有、从弱到强的发展历程,他为中国航空工业的发展做出了不可磨灭的贡献。

中国工程院院士屠基达(见图2-45)是中国航空工业的杰出科学家和教育家,他的人生经历和中国航空事业的发展紧密相连。在童年时期,他目睹了日本飞机对中国的轰炸,这激发了他投身航空事业的决心。1946年,他考入国立交通大学(今上海交通大学)航空系,于1951年毕业后投身于新中国初创的航空工业。

图2-45　屠基达

屠基达院士参与了15种飞机的修理、仿制、自行设计和改进改型工作,成功设计了初教-6、歼-5甲、歼教-5、歼-7Ⅱ、歼-7M等5种飞机。他成功主持设计的飞机中,有2个机型获全国科学大会奖,2个机型获国家科技进步一等奖,3个机型(系统)获国家金质奖。晚年他继续为航空事业贡献力量,推动了超-7项目的成功立项,为日后的"枭龙"战斗机奠定了基础。

屠基达院士的一生是为中国航空事业奋斗的一生,他的贡献和精神将永远激励着中国航空工业的发展。

马凤山(见图 2 - 46)是中国航空工业的重要人物,他的贡献对中国大飞机事业有着深远的影响。1952 年,马凤山提前从交通大学航空工程系毕业,投身于新中国初创的航空工业。

图 2 - 46 马凤山

马凤山领导了中国第一款中程战略轰炸机轰- 6 的研制工作,并对该机型的设计、改型做出了重要贡献,特别是他的"马凤山笔记"对轰- 6 的成功仿制起到了关键作用。他被任命为新中国第一款中型运输机运- 8 飞机的技术总负责人,为飞机的试制和定型打下了坚实的基础。而后,他全面领导新中国第一型大型客机运- 10 的设计工作,并担任技术总负责人。在他的领导下,运- 10 飞机成功首飞,实现了中国大型客机的集群性、体系性关键技术突破。他还领导编制了中国第一部运输类飞机适航规章,为新时期的民用飞机以及民航事业奠定了坚实的技术基石。

他坚持"一切经过试验",形成了中国大型飞机设计的基本试验体系,并开创性探索建立的一套全面的技术管理体系,为新时期大飞机研制留下了宝贵的财富。马凤山的一生,是航空报国、不负使命的一生,他为中国航空工业的发展做出了巨大的贡献,被誉为新中国第一代大中型飞机总设计师和技术开拓者。

参考文献

[1] 李成智. 古代的飞天梦与飞天探索[J]. 人民论坛,2023(19):107 - 112.
[2] 思航. 世界上第一架飞机"飞行者一号"[J]. 航空世界,2019(2):16 - 17.
[3] 炎龙. 从自由之身到战争利器[J]. 科学大观园,2010(20):10 - 11.
[4] 周日新. "容克斯大婶"悄然走红:德国开启飞机全金属时代[J]. 大飞机,2014(3):87 - 89.
[5] 1927 年 5 月 21 日查尔斯·林白独自飞过大西洋[EB/OL]. [2024 - 03 - 22]. http://jintian. 160. com/dsj/5/21/p2/15316. html.
[6] 张良. 一个美国偶像的诞生:查尔斯·林白的"英雄形象"与 1920 年代的美国社会[D]. 上海:复旦大学,2009.
[7] Nijboer D, Patterson D. Fighting Cockpits[M]. Minneapolis:Zenith Press, 2016.
[8] Bodily S E, Lichtendahl K C. Airbus and Boeing:superjumbo decisions[R]. Darden Business Publishing Cases, 2017.
[9] Candel S. Concorde and the future of supersonic transport[J]. Journal of Propulsion and Power, 2004, 20(1):59 - 68.

[10]　罗缉.齐奥尔科夫斯基：现代火箭与宇航理论的奠基者[J].太空探索,2018(3)：70 - 71.

[11]　佚名.二战时德国的"梦幻武器"[J].科学大观园,2017(1)：38 - 39.

[12]　邢强.土星 5 号：最高最重的火箭[J].太空探索,2017(2)：52 - 55.

[13]　彭燮.70 年铸就质量辉煌　70 年触摸奋进脉搏[N].中国质量报,2019 - 09 - 30(4).

[14]　云川.黄志千：新中国首任飞行总设计师[EB/OL].(2020 - 07 - 10).http://www. mod. gov. cn/gfbw/gfjy_index/xjdx/4867882. html.

[15]　矫阳.顾诵芬：让中国"雄鹰"振翅高飞[J].中国民族博览,2021(21)：1 - 5,10.

[16]　佚名.志在蓝天尽飞翔：记 2020 年度国家最高科学技术奖获得者顾诵芬[J].中国产经,2021(23)：28 - 35.

[17]　田树华.屠基达：人生难得几次飞[J].军工文化,2011(3)：54 - 57.

[18]　卞济和.创业创新砥柱　求实求精楷模：缅怀运 10 飞机总设计师马凤山同志[J].民用飞机设计与研究,2000(3)：5 - 9.

[19]　李斌."两弹一星"精神的内涵与体现[EB/OL].(2018 - 01 - 25)[2024 - 03 - 27]. http://dangshi. people. com. cn/n1/2018/0125/c85037 - 29785539. html.

第3章 世界及中国航空航天工业格局

20世纪是航空航天技术飞速发展的一个世纪。在这个时期,世界航空航天工业经历了从起步到繁荣的过程,并逐渐成为全球经济和科技竞争的重要领域。

就航空技术而言,20世纪初,随着莱特兄弟成功研制出世界上第一架带动力飞机,人类实现了飞行的梦想。第一次世界大战期间,飞机开始被用于军事,促进了航空技术的发展。战后,随着喷气发动机的发明,飞机速度得到了显著提升,超声速飞行成为可能。第二次世界大战后,民航业迅速发展,超声速客机如"协和"式和图-144等飞机开始研制。20世纪下半叶,航空技术的重点放在了发展高性能作战飞机、超声速客机、垂直短距起落飞机和变后掠翼飞机上。

就航天技术而言,20世纪50年代,人类开始探索太空,苏联发射了第一颗人造地球卫星,随后美国也加入了太空竞赛。20世纪60年代,苏联和美国成功发射了载人飞船,人类首次进入太空。20世纪70年代,世界各国开始研制发展空天飞机,如美国的航天飞机"哥伦比亚号"。20世纪90年代,随着国际空间站的建设,人类在太空的探索和研究进入了一个新的阶段。

全球航空航天工业近年来经历了重大变革和发展。美国和欧洲凭借其强大的技术实力和成熟的市场机制,长期以来一直是航空航天工业的领导者。中国航空航天工业近年来发展迅速,已经成为全球航空航天工业的重要参与者。

新中国航空工业的起步可以追溯到20世纪50年代。1951年,中国第一家飞机制造厂——沈阳飞机制造厂成立,这标志着我国航空工业的开始。随着国家对航空工业的投资增加,我国航空工业的规模不断扩大,技术水平不断提高。到了20世纪80年代,我国航空工业开始追赶国际先进水平,并取得了一系列重要的成就,例如成功地研制出了运-10和歼-8等一批具有国际竞争力的先进飞机。

1956年,中国开始重点发展"两弹一星"工程,即导弹、原子弹和人造卫星。

20 世纪 70 年代,中国成功发射了第一颗人造地球卫星,成为世界上第 5 个拥有独立发射卫星技术的国家。20 世纪 90 年代以来,中国航空航天工业取得了显著成就,如"长征"系列运载火箭、"神舟"号系列载人飞船等。

进入 21 世纪,中国航空航天事业继续取得重大进展,包括"嫦娥"探月工程、"天宫"空间站等项目的成功实施;中国商飞公司(COMAC)研发的 C919 大型客机成功首飞并交付,标志着中国在民用航空制造领域取得了重要进展;中国航空工业集团(AVIC)在军用和民用航空器制造方面也取得了显著成就,其产品不仅满足了国内需求,还开始走向国际市场。

未来,随着全球经济的发展和科技的进步,航空航天工业将继续扩大规模,提高技术水平,增强国际竞争力。中国等新兴经济体的航空航天企业有望在全球市场中扮演更加重要的角色,推动全球航空航天工业的多元化和均衡发展。

3.1 美国航空工业

美国航空工业是全球领先的航空工业之一,经历了长期的发展和壮大过程。自 20 世纪初期以来,美国航空工业便取得了一系列重大突破和进展,为世界航空工业发展做出了重要贡献。

在 20 世纪初期,美国的航空工业主要在军事领域得到发展,尤其是在第一次世界大战中,美国军方迅速扩大了航空工业生产线,以满足军用飞机的需求。随着 20 世纪 20 年代的到来,民用航空业开始崛起,美国航空工业也开始关注民用飞机的生产。1927 年,美国建立了第一个民用航空管理机构,促进了民用航空业的发展。20 世纪 30 年代,美国的航空工业经历了一次重要的技术进步,实现了全金属机身和收放式起落架的发明和应用。这些技术突破为美国飞机制造业的发展奠定了基础。

在第二次世界大战期间,美国的航空工业得到了巨大的发展,成为盟军的主要供应商之一。战争结束后,美国航空工业开始向民用领域转型,并在 20 世纪 50 年代开始了喷气式飞机的研制。1958 年,美国国会通过了《国家航空航天法案》,宣布了发展民用航空事业的宏伟计划,并设立了美国国家航空航天局(NASA),推动了美国航空工业的快速发展。

在 20 世纪 60—70 年代,美国航空工业经历了一次又一次的技术革新和市场变革。随着波音 747 等客机的问世,美国的民用航空业进入了一个新的时代,市场规模迅速扩大。同时,美国的军事航空工业也不断推出新型军用飞机,如 F-15、F-16 等,保持着技术和市场的领先地位。

　　进入 20 世纪 90 年代以来,美国航空工业逐渐面临新的挑战。一方面,全球范围内的竞争加剧,亚洲和欧洲等地区的航空工业逐渐崛起;另一方面,美国航空工业本身也遭遇了一系列的问题,如质量问题、管理问题、成本问题等。这些问题严重影响了美国航空工业的竞争力和发展。

　　在这样的情况下,美国航空工业开始采取一系列措施来提高竞争力和保持领先地位。首先,它加强了研发和技术创新,推出了一系列领先的新产品,如波音 787"梦想飞机"、F‑35"闪电Ⅱ"战斗机等。其次,美国航空工业在全球范围内加强了合作和竞争,与欧洲空中客车公司(Airbus,简称空客公司)、巴西航空工业公司(Embraer)等进行合作和竞争。此外,美国政府也采取了一系列措施来支持美国航空工业的发展,如对研发和创新进行资金投入、推动贸易自由化等。

　　另外值得注意的是民用航空的发展对美国总体航空产业发展的促进作用。如表 3‑1 所示为美国 1987—1997 年军用飞机和民用飞机销售额。从表中可以看到,1987 年到 1997 年期间,全球飞机销售额总体呈现出增加的趋势。其中,民用飞机的数量和所占比例也呈增加趋势,而军用飞机的数量和所占比例则呈下降的趋势。这表明民用航空市场在航空工业中的重要性逐渐增加,已经成为航空工业发展的主要推动力之一。

表 3‑1　美国 1987—1997 年军用飞机和民用飞机销售额(当年值)

年份	飞机总销售额/亿美元	民用飞机销售额/亿美元	民用飞机销售额所占比例	军用飞机销售额/亿美元	军用飞机销售额所占比例
1987	591.88	154.65	0.261	437.23	0.739
1988	608.86	190.19	0.312	418.67	0.688
1989	615.49	219.03	0.356	396.46	0.644
1990	713.53	312.62	0.438	400.91	0.562
1991	759.18	374.43	0.493	384.75	0.507
1992	739.05	398.97	0.540	340.08	0.460
1993	658.29	331.16	0.503	327.13	0.497
1994	576.48	255.96	0.444	320.52	0.556
1995	550.47	239.65	0.435	310.82	0.565
1996	599.08	268.69	0.449	330.39	0.551
1997	691.21	386.43	0.559	304.78	0.441

民用航空市场的发展与全球经济的增长密切相关。随着全球经济的发展，人们的生活水平提高，旅游、商务等需求也随之增加。这使得全球民用航空市场得以快速发展，成为全球航空工业的重要领域。同时，民用航空市场也推动了飞机技术的不断创新和提高，促进了航空工业的发展。

因此，民用航空的发展对于航空产业的发展至关重要，它不仅对经济的发展产生了积极的影响，同时也促进了全球航空工业的技术创新和提高，为航空产业的可持续发展奠定了坚实的基础。

3.1.1　发展历史回顾：三大阶段

美国航空工业在 20 世纪扮演了重要角色，其航空技术和制造水平全球领先，并对全球航空产业的发展做出了巨大的贡献。美国航空工业经历了一个从起步到高速发展再到转型升级的历程，其不断创新和进步的过程为全球航空产业的发展奠定了坚实的基础。

1) 初创期（1903—1945 年）

初创期是美国航空工业的起步阶段，这一时期从 1903 年莱特兄弟的飞行实验开始，到第二次世界大战结束，共经历了约 42 年时间。这个时期航空工业主要是为了支持军事需求而发展，而军方对飞行器的需求也促进了飞行器的发明和改进。

在这个时期，美国航空工业取得了重要的成就。首先是飞行器的发明和改进。1903 年，莱特兄弟首次实现了有人驾驶的飞行，标志着飞行器的诞生。此后，飞行器的设计和改进不断进行，不断创新出更为先进的飞机和飞行器，如 1937 年波音公司研制出首款全金属飞机等。

其次是首次大规模生产飞机。在第一次世界大战期间，军方需求大量的军用飞机，为了满足这一需求，美国航空工业开始大规模生产飞机。这使得飞机的生产成本大大降低，生产效率也大幅提高。同时，大规模生产也推动了工业自动化和流水线生产等工业革新的发展。

此外，在这个时期，美国航空工业建立了一些著名的航空企业，如波音公司、洛马公司、道格拉斯公司等。这些公司在后来的发展中起了重要的作用。

总的来说，初创期是美国航空工业的起步阶段，是美国航空工业迈出的重要一步。在这一阶段，美国航空工业在飞行器的发明和改进、大规模生产飞机以及建立航空企业等方面取得了重要的成就，为后来的发展打下了坚实的基础。

2) 高速发展期（1945—1990 年）

高速发展期是美国航空工业的黄金时期，也是全球民航业发展最快的时期。

在这个时期,美国航空工业的发展受到技术和市场需求的双重推动,取得了多项重要的成就。

第一,超声速飞行的实现标志着超声速时代的到来。1947 年,美国试飞员贝尔斯将"贝尔"X-1 号试验机飞行到了超声速。此后,美国开发了一系列超声速飞机,如 F-100"超级萤火虫"、F-104"星式"战斗机、SR-71"黑鸟"等。这些飞机的推出在军事领域具有重要的意义,提高了军事作战的效率和成功率。

第二,喷气式飞机代替了传统的螺旋桨飞机,其具有更高的速度、更远的航程和更强的载重能力。美国的首款喷气式客机 DC-8 和竞争机型波音 707 在 1958 年首飞,开启了商用喷气式时代。商用喷气式飞机的推出,加速了全球经济的融合和旅游业的发展,使得人们能够更加方便、快捷地进行国际交流。

第三,航空电子技术的快速发展使得飞行安全得到大幅提升,例如雷达、自动导航系统、飞行数据记录器、自动驾驶系统等。这些航空电子技术的引入,使得航空器能够更加智能化、精准化地进行飞行,提高了飞行的安全性和可靠性。

第四,太空探索计划的开展推动了太空科技的发展和应用。美国在 20 世纪60 年代开展了"阿波罗"计划,成功将宇航员送上月球,成为航空史上的重要里程碑。此外,美国还在 1981 年启动了航天飞机计划,开展了数十次太空飞行任务,为太空探索书写了新的篇章。

第五,商用飞机的迅速发展也是该时期的重要成就之一。在 20 世纪 60 年代和 70 年代,波音公司和麦道公司先后推出了波音 747 和 DC-10 等大型宽体客机,这些飞机在航空旅游业的发展中起了重要作用。商用飞机的推出,极大地促进了世界航空业的发展,使得人们的航空出行更加方便、快捷和舒适。

第六,机载自动化技术的引入也是该时期的一项重要成就。随着计算机技术的飞速发展,机载自动化技术得到了广泛应用,例如自动驾驶系统、机载计算机、飞行控制系统等,大幅提升了飞行的安全性和效率。这些技术的引入,使得飞行员可以更加专注于飞行的安全,同时也降低了机组人员的工作负担,提高了工作效率。

高速发展期是美国航空工业最辉煌的时期之一,这一时期的重要成就不仅推动了美国航空工业的发展,还推动了全球民航业的快速发展。这些成就为人类探索天空和开发空中交通运输提供了重要的技术基础和保障,也在历史上留下了浓墨重彩的一笔。

3) 转型升级期(1990 年至今)

这个时期是美国航空工业面临新挑战的阶段。

在全球化和环保要求的背景下,美国航空工业面临新的挑战,需要不断创新和发展。其中,技术和制造水平的全球化竞争是该时期的一个重要挑战。随着全球贸易和合作的不断深入,来自全球范围内的竞争对手开始崛起,给美国航空工业带来了巨大的压力。为了保持竞争优势,美国航空工业需要不断提高自己的技术和制造水平,以满足客户的需求。

此外,对燃油效率和环保性能的要求不断提高也是这一时期的重要挑战。由于能源价格的不断上涨和环保意识的增强,航空公司和政府对飞机的燃油效率和环保性能提出了更高的要求。为了满足这些要求,美国航空工业需要不断研发和推广新的技术,例如更轻、更节能的材料和发动机技术。

商用飞机市场的不断变化也是该时期的一个挑战。随着市场需求的变化和竞争对手的崛起,美国航空工业需要不断适应市场的变化,以保持市场地位。同时,全球范围内的市场开发也成为该时期的一个重要任务。

在面对这些挑战的同时,美国航空工业也取得了重要的成就。其中,先进技术的研发和应用是该时期的一个重要成就。例如,机载计算机、数字化设计和制造技术、先进的材料和结构设计等技术的应用,为飞机的设计、制造和运营提供了更高效、更安全和更环保的解决方案。此外,美国航空工业在研发和推广新的飞机型号方面也取得了一定的成就,例如波音787"梦想飞机"的推出等。

3.1.2　美国航空工业发展的代表——波音公司

波音公司(Boeing Company)是一家美国跨国航空航天公司,成立于1916年,当时总部位于美国西雅图。波音公司是世界上最大的航空航天公司之一,业务涉及商用飞机、国防和安全系统、太空探索和通信等领域。

波音公司的商用飞机业务是其最知名和最重要的业务之一,公司生产了一系列商用飞机,包括广受欢迎的波音737、波音747、波音777和波音787系列飞机。这些飞机在世界各地的航空公司中广泛使用。

除商用飞机外,波音公司还生产各种国防和安全系统,包括导弹防御系统、武装直升机、无人机、通信系统等。此外,波音公司还参与了一些重要的太空探索任务,如"阿波罗"计划、国际空间站等。

波音公司是世界上最具有影响力和实力的航空航天公司之一,其科技、生产和运营能力得到了全球广泛认可和信任。

表3-2展示的是波音公司与中国合作的项目及在中国生产的部件。这些合作项目使得波音公司在中国的生产基地得到了扩充,并且能够更好地满足中

国市场对民用航空器的需求。同时,这些项目也为中国提供了就业机会和技术转移的机会。

表 3-2　波音公司在中国的合作项目(中方工厂)

城　市	生　产　部　件
上海	波音 737 水平尾翼
成都	波音 757 水平尾翼、波音 757 垂直尾翼和尾段
西安	波音 737 垂直尾翼、波音 747 后缘翼肋
沈阳	波音 757 货舱门、波音 737 尾段部件

1) 发展历史回顾

威廉·爱德华·波音于 1916 年 7 月 15 日创立了太平洋航空制品公司,一年后,公司更名为"波音飞机公司"。随后,在 1929 年,公司名又演变为"联合飞机与空运公司"。而到了 1934 年,为了满足政策法规要求,波音公司被拆分为三家独立的公司:联合飞机公司(如今已成为雷神科技公司)、波音飞机公司和联合航空公司。在 1961 年,波音飞机公司重新命名为"波音公司"。

波音公司在创立初期,以军用飞机生产为主导,并逐步涉足民用运输机领域。从 20 世纪 30 年代中期开始,波音公司专注于大型轰炸机的研发,如第二次世界大战期间声名显赫的 B-17("飞行堡垒")和 B-29 轰炸机,以及"冷战"期间著名的 B-47 和 B-52("同温层堡垒")战略轰炸机。B-52 在开始服役后的 30 多年中,一直是美国战略轰炸力量的核心力量。此外,美国空军中著名的 KC-135 空中加油机和 E-3("望楼")预警机也是波音公司的杰作。

进入 20 世纪 60 年代,波音公司的业务重心从军用飞机转向了商用飞机。1957 年,基于 KC-135 空中加油机技术成功研制的波音 707,成为公司首架喷气式民用客机,并获得了大量的订单。自此,波音公司在喷气式商用飞机领域不断壮大,相继推出了波音 717、波音 727、波音 737、波音 747、波音 757、波音 767、波音 777 和波音 787 等一系列机型,逐步确立了其作为全球主要商用飞机制造商的地位。其中,波音 737 成为全球广泛使用的中短程窄体民航客机;而波音 747 一经推出便长期占据世界最大远程宽体民航客机的地位,直到 2008 年被 A380 所超越。值得一提的是,美国总统的专机"空军一号"也是由波音公司的波音 707 和波音 747-200B 特殊型号改装而成的。

尽管波音公司长期在民航领域占据一席之地,但面对空客公司的快速崛起带来的压力,波音公司采取了多元化经营策略,开始涉足人造卫星等航天产品的研发,并成立了提供融资和租赁服务的波音金融公司,公司因此快速发展。1997年,波音公司进一步收购了历史悠久的飞机制造商麦克唐纳-道格拉斯公司,将其国防业务整合,成立了波音综合国防系统集团。

2) 波音公司飞机简介

波音公司目前主要的民用飞机产品有波音737(包括NG和MAX)、波音747-8、波音767、波音777(包括X)和波音787系列飞机,波音公务机,运输机。表3-3所示是波音公司几款代表性的飞机和相关信息,这些飞机型号都在波音公司的历史中发挥着重要作用,并在不同的市场领域中占据着不同的地位。

表 3-3　波音公司几款代表性的飞机和相关信息

飞机型号	类　型	首飞时间	最大乘客数/人	最大航程/km
波音 737	单通道客机	1967 年	230	7 130
波音 747	双通道客机	1969 年	410	14 816
波音 757	双通道客机	1982 年	280	7 222
波音 767	双通道客机	1981 年	375	11 265
波音 777	双通道客机	1994 年	426	16 170
波音 787	双通道客机	2009 年	330	14 140

波音公司的用户遍布145个国家,业务部门分布于美国的20多个州和全球60多个国家,共有雇员约20万名。

(1) 波音737。

波音737是全球最成功的窄体客机之一,是美国波音公司的代表产品之一。它的历史可以追溯到20世纪60年代初,最初是为了满足美国航空公司对更小、更灵活的短程客机的需求而设计的。

随着市场需求的不断增加,波音公司也不断地对波音737进行升级和改进,以满足市场的需求。到目前为止,波音公司已经推出了4个版本的波音737系列飞机,包括原始型号的波音737-100/200、经典型号的波音737-300/400/500、新一代型号的波音737-600/700/800/900以及最新的波音737 MAX系列飞机。

波音737系列飞机在全球范围内广泛用于短程航班、地区航班和低成本航空公司的运营。它的经济性、可靠性和适应性得到广泛认可,自 1967 年以来已生产了超过 10 000 架飞机,成为全球最受欢迎的窄体客机之一。然而,近年来波音 737 MAX 系列飞机屡次发生事故,导致其安全问题引起了广泛关注和讨论,这也使得波音 737 系列飞机面临着前所未有的压力和挑战。

(2) 波音 747。

波音 747 是一款广受欢迎的大型客机,也是波音公司的标志性产品之一。它的独特之处在于它是全球第一款宽体客机,被誉为"空中皇后"。波音 747 于 1969 年首次亮相,是为了满足航空公司对更大、更快、更经济的远程客机的需求而设计的。

波音 747 的设计具有独特的上层甲板结构,使得机舱空间得以充分利用,并提供了更大的乘客和货物容量。它的飞行性能优异,可以飞行更远的距离,适用于远程国际航班。此外,波音 747 还配备了一些先进的技术和设备,如大型显示器、先进的飞行控制系统和先进的驾驶舱布局等。

波音 747 系列飞机在全球范围内广泛用于远程国际航班和高端商务航班。随着市场需求的不断变化,波音公司也不断地对波音 747 进行升级和改进,以适应市场的需求,从而出现了多个版本,包括乘客版本、货运版本、VIP 版本和军用版本等。货运版本的机身被改装为全货舱,最大载重量高达 135 t。而波音 747-8 是波音公司最新的版本,它的最大航程可达 8 000 n mile[①],最大载客量为 410 人,最大货运能力高达 140 t。波音 747 也曾经被用作"空军一号"的运输机,以及太空梭的载运工具。它还参与了一些重大的救援行动,如伊朗人质危机和日本福岛核事故等。

虽然波音 747 在商用航空领域的地位已经逐渐被新一代的宽体客机(如 A350、波音 787 等)所取代,但它仍然是航空工业中的一款经典产品,受到了广泛的尊重和赞誉。

(3) 波音 757。

波音 757 是一种中短程双通道客机,于 1982 年首飞,是波音公司设计的一款主力机型。波音 757 的机身结构相对较小,但是其采用的高科技材料和先进的设计理念,使其在性能和效率方面有着很高的水平。波音 757 的设计目标是满足市场上对用于中短程航班的飞机的需求。由于其结构紧凑、机载系统先进,能够提供高品质的飞行体验,因此波音 757 成了航空公司的首选机型。

---

① 　n mile,海里,1 n mile＝1 852 m。

波音 757 可以容纳 200~280 名乘客，最大航程为 7 222 km。它的机翼设计采用先进的"翼尖小翼"技术，可以提高飞机的升阻比和燃油效率，同时还可以提高飞机的飞行稳定性和操纵性能。机身结构采用轻质、高强度材料和复合材料，使得飞机的质量得以减轻，从而提高了其燃油效率和运营效率。

波音 757 的机载系统也非常先进，配备了自动驾驶仪、自动导航仪、全天候雷达、机载通信设备、地面通信设备、飞行数据记录仪等先进设备，可以确保飞行的安全和顺利。此外，波音 757 还具备良好的可维护性和维修性，使得其在降低航空公司的运营成本方面具有优势。

虽然波音 757 的生产线已于 2004 年关闭，但是由于其卓越的性能，许多航空公司仍在使用这种型号的飞机，使其成为波音公司历史上最成功的型号之一。随着航空市场的不断发展和升级，波音 757 已经逐渐被更加先进的型号所取代，但是它在航空历史上的地位依然不可撼动。

（4）波音 767。

波音 767 是一款中型双发宽体客机，于 1981 年首次飞行，是波音公司推出的第二款宽体客机。它是一款全方位的飞机，可用于短到中程的航线，也可用于军用运输和空中加油等任务。

波音 767 的机身采用先进的铝合金材料，相比前辈型号，其机身更加轻量化，同时拥有更强的结构强度。它的发动机也具备较高的推力，使巡航速度更快、航程更远。

除了航空性能优越，波音 767 还是一款非常灵活的飞机。它的机舱空间可根据需求进行不同程度的调整，以适应不同类型的航线和客运需求。而且，波音 767 还可以进行货运版本的改装，具备较强的货运能力。

在过去的几十年中，波音 767 已经在全球范围内获得广泛的应用，被认为是一款非常可靠的飞机。它为航空公司带来了丰厚的经济效益，也为飞行员和乘客提供了安全、舒适的航空旅行体验。虽然现在波音 767 已经停产，但其成功经验和技术基础仍然为波音公司和整个航空工业所借鉴和发扬。

（5）波音 777。

波音 777 是一款双发宽体客机，是波音公司生产的最为成功的远程客机之一。它于 1995 年首次交付，目前已经有多个版本，包括波音 777 - 200、波音 777 - 200ER、波音 777 - 300、波音 777 - 300ER 等。波音 777 的机身采用先进的复合材料和合金材料，质量小、强度高，使其具有更好的经济性和飞行性能。

波音 777 的客舱设计也非常出色，提供了更宽敞的座位、更大的行李舱和更好的舒适度。此外,波音 777 采用先进的航电系统和发动机技术,使其燃油效率比同级别的飞机更高,能够实现更长的航程。近年来,波音公司也推出了更新的波音 777X 系列客机,它采用了更先进的技术和材料,具有更高的燃油效率和更长的航程。

波音 777 的成功增加了波音公司在全球的市场份额。在过去的几十年中,波音 777 一直被广泛地应用于国际远程航线,为数以百万计的旅客提供了高品质的服务。

(6) 波音 787。

波音 787 是一款双发宽体客机,是波音公司推出的一款全新的中远程客机。它于 2011 年首次交付,是波音公司在过去 20 年中最具创新性和技术含量的飞机之一。波音 787 的机身同样采用先进的复合材料和先进材料,能够实现更高的燃油效率和更远的航程。

除了材料的革新外,波音 787 也采用了先进的航电系统和发动机技术,使其在经济性、飞行性能和舒适度方面都具有很高的竞争力。波音 787 的客舱设计也非常出色,提供了更大的行李舱、更宽敞的座位和更先进的空气循环系统,使乘客的舒适度得到了大幅提升。

值得一提的是,波音 787 还是一款非常环保的飞机。它采用了一系列节能技术,包括先进发动机、轻量化材料和智能节能控制系统等,使其比同级别的飞机更加环保和节能。同时,波音 787 的噪声也比传统飞机的小,减少了对周围环境和居民的影响。

波音 787 的成功,推动了全球航空工业的发展。它的创新和技术含量,不仅为波音公司注入了新的活力,也为整个行业带来了新的机遇。在未来的航空市场中,波音 787 将继续发挥重要作用,为更多的旅客提供更高品质的航空服务。

波音公司主要的民用飞机产品如图 3-1 所示。

3.2　欧洲航空工业

欧洲航空工业经历了一个漫长而多变的历程。20 世纪初期,欧洲的航空工业起步比美国晚,但在第一次世界大战期间,欧洲的航空工业得到了迅速发展。在第二次世界大战期间,欧洲的航空工业遭受了巨大的损失,但随着战后重建和技术进步,欧洲航空工业逐渐走上了复苏之路。

20 世纪 60 年代和 70 年代,欧洲航空工业开始在商用飞机制造领域崭露头角,推出了空客公司的 A300 等一系列商用飞机,逐渐与波音公司和麦道公司等

波音737

波音747

波音777

波音787

图3-1　波音公司主要的民用飞机产品

美国航空巨头展开了激烈的竞争。此后,欧洲航空工业不断推出新的商用飞机型号,如 A320、A330、A340、A350 等,逐渐在全球范围内占据了重要的市场份额。同时,欧洲的航空工业也在其他领域实现了较大进展,如直升机、军用飞机等。

　　值得一提的是,欧洲航空工业在发展过程中注重技术创新,不断引入先进技术,如复合材料、数字化设计和制造等,不断提高产品的性能和质量。此外,欧洲航空工业还注重环保和可持续发展,积极推广绿色航空技术,如减少碳排放、提高燃油效率等,为全球航空工业的可持续发展做出了贡献。

　　总的来说,欧洲航空工业在长期的发展历程中,经历了风雨飘摇和曲折多变,但始终坚持技术创新和可持续发展,成为全球航空工业中不可或缺的一股力量。

3.2.1　发展历史回顾

1) 英国航空工业

英国航空工业的历史可以追溯到 20 世纪初期。在第一次世界大战期间,英国大力发展航空工业,成为当时全球领先的航空制造国之一。在第一次世界大战后,英国的航空工业开始扩大规模,并涌现出一些知名的飞机制造企业,例如维克斯·西德利公司和霍克·西德利公司等。

第二次世界大战期间,英国航空工业扮演了至关重要的角色。英国生产了许多重要的军用飞机,例如"斯皮特"火箭式战斗机、"汉克莱"大型轰炸机和"莫斯基托"战斗机等。这些飞机为英国在战争中的胜利做出了重要贡献。

第二次世界大战后,英国的航空工业开始转向民用航空市场,并在 20 世纪 50 年代和 60 年代推出了一些标志性的喷气式客机,例如 DH-106"彗星"和 VC-10 等。此后,英国的航空工业进一步发展,并在民用和军用领域涌现出一些知名企业,例如英国航空航天公司(BAe)、罗尔斯-罗伊斯公司(简称"罗罗公司")和赫克托尔公司等。

21 世纪初期,英国的航空工业面临着一些挑战,例如全球经济衰退和国际竞争压力等。然而,英国的航空工业仍然在不断创新和发展,例如,罗罗公司是 A380 飞机最重要的供应商之一。此外,也在开展一些未来技术领域的研究和发展,例如无人机技术和太空探索等。

2) 法国航空工业

法国航空工业的历史也可以追溯到 20 世纪初期。在第一次世界大战期间,法国是航空工业的领先国家之一。法国制造了一些重要的飞机,例如"斯帕德"战斗机和"布勒盖 ⅩⅣ"轰炸机等。在 20 世纪 20 年代和 30 年代,法国的航空工业得到了进一步发展,并推出了一些标志性的飞机,例如 MB. 210 和 D. 520 等。

第二次世界大战后,法国开始恢复航空工业,并取得了重大进展。在 20 世纪 50 年代和 60 年代,达索公司和夏尔·戴高乐公司等知名航空企业涌现。这些企业在民用和军用领域都有所涉及,例如达索公司的"幻影"战斗机和夏尔·戴高乐公司的"快帆"喷气式客机等。

20 世纪 70 年代初,法国与其他欧洲国家合作组建了欧洲空中客车公司。这标志着法国的航空工业与其他欧洲国家的航空工业合并为一体,成为欧洲航空工业的重要组成部分。随着欧洲空中客车公司的发展,法国的航空工业不断取得新的成就和进展。例如,法国航空工业参与了 A380 客机和 A350 客机等重要项目的研制和生产。

今天,法国的航空工业仍然是该国的重要产业之一。除了欧洲空中客车公司外,法国还拥有其他航空工业企业,例如赛峰公司、达索公司、塞壬航空公司和西太尔公司等。这些企业继续在民用和军用领域取得重要成就,推动法国航空工业的进一步发展。作为英法航空工业代表的罗罗公司和赛峰公司的发动机如图 3-2 所示。

(a) (b)

图 3-2　英法航空工业的代表：英国罗罗公司(a)和法国赛峰公司(b)的发动机

3) 德国航空工业

德国航空工业也始于 20 世纪初期，并在第一次世界大战期间成为当时世界上最先进的航空制造国之一。

早在第一次世界大战之前，德国就建立了自己的航空工业。当时有 15 家飞机制造工厂，1914 年生产军用飞机 1 384 架，发动机 848 台；1918 年生产飞机达 14 000 架，发动机 15 500 台。德国在第一次世界大战中使用了很多重要的飞机，例如福克 Dr. I 战斗机和"信天翁"D. III 战斗机等。第一次世界大战后，虽然《凡尔赛和约》规定不允许德国制造飞机，但德国实际上并未停止飞机的研制与生产。

在第二次世界大战期间，德国航空工业继续发展，并生产了一些重要的战斗机和轰炸机，例如 Me 109 战斗机和 Ju 87 鸟禽式轰炸机等（见图 3-3）。然而，由于战争的失败和战后的限制，德国的航空工业在战后经历了一段时间的低谷。德国的领土、技术资料被盟军（主要是美国、苏联）瓜分，科技人才大量流失。

(a) (b)

图 3-3　Me 109 战斗机(a)和 Ju 87 鸟禽式轰炸机(b)

随着德国的经济和技术水平的逐步提高,德国的航空工业在 20 世纪 50 年代和 60 年代逐渐恢复了活力,并在民用航空领域推出了一些标志性的产品,例如 Ju 52 运输机和 Fw 200 客机等。此后,德国的航空工业继续发展,涌现出一些重要的企业,例如莱茵金属公司和 MTU 航空发动机公司等。

到了 21 世纪,德国的航空工业仍在不断发展和创新。德国的航空企业已经涉足高新技术领域,例如航空电子和无人机技术等。德国航空工业还在推动可持续航空发展,并积极研发更加环保的飞机和航空发动机等。

4) 苏联和俄罗斯航空工业

苏联和俄罗斯航空工业在世界范围内都具有重要的地位和影响力。在过去几十年中,苏联和俄罗斯的航空工业在设计和制造各种飞机、导弹、卫星等领域取得了很多重大成就。

在第一次世界大战和苏俄国内战争期间,俄国的航空工业取得了一定的进展,但总体发展水平落后于欧洲其他国家和美国。

在苏联成立后,苏联政府开始着手发展国内的航空工业。20 世纪 30 年代,苏联的航空工业迅速发展,开始生产一些重要的军用飞机,例如伊尔-2 地面攻击机和雅克-3 战斗机等。在第二次世界大战期间,苏联的航空工业扮演了重要角色,生产了一些具有里程碑意义的飞机,例如图-2 轰炸机和拉-7 战斗机等。

苏联时期,苏联是世界上最先进的航空强国之一。苏联制造了一系列著名的飞机和导弹,例如米格战斗机、图-95 超重型运输机、图-160 战略轰炸机、安-225 运输机、米-26 直升机(见图 3-4)、R-7 洲际弹道导弹等。苏联的太空计划也取得了众多的重大成就,例如发射第一颗人造卫星、载人太空飞行等。

(a)　　　　　　　　　　　　　　　　(b)

图 3-4　苏联安-225 运输机(a)和米-26 直升机(b)

1991 年苏联解体后,俄罗斯成为其继承国,继续推进其在航空航天领域的发展。俄罗斯的航空工业涉及多个领域,包括军事飞机、商用飞机、直升机、导弹、卫星等。俄罗斯的航空企业涌现出一批技术领先、知名度高的企业。苏霍伊(Sukhoi)是一家专门从事军用飞机设计和制造的企业,其产品包括苏-27战斗机、苏-34战斗轰炸机等;米格(MiG),也是一家军用飞机制造企业,其产品包括米格-29战斗机、米格-31战斗机等;图波列夫(Tupolev)是一家专门从事商用飞机设计和制造的企业,其产品包括图-154等。

俄罗斯航空工业在近年来也经历了一些困难和挑战,包括资金短缺、技术落后等问题。但是,俄罗斯政府一直致力于支持和发展本国航空工业,俄罗斯的航空企业继续推动新技术的应用,例如使用先进材料和设计方法开发更加高效的飞机和发动机。此外,俄罗斯的航空企业也在积极开发无人机技术和太空技术等,以推动航空工业向更加高端和先进的领域发展。相信俄罗斯在未来仍将继续为世界航空技术的发展做出贡献。

3.2.2 欧洲航空工业发展的代表——空客公司

空客公司成立于1970年,是法国、德国和英国三国政府在国家级航空公司的基础上组成的联合企业,旨在挑战美国波音公司在商用飞机市场上的垄断地位。空客公司的前身是欧洲宇航防务集团(EADS),EADS成立于2000年,由法国航空航天公司、德国戴勒姆·奔驰宇航公司和西班牙空中客车公司合并而成。2014年,EADS正式更名为"空中客车集团"(Airbus Group),并将其商用飞机业务单元命名为"空客公司"。

空客公司是一家全球性的公司,其产品和服务覆盖了全球各大洲。空客公司的研发、设计和生产中心分布在欧洲、亚洲和美洲,其重要制造工厂包括德国的汉堡、法国的图卢兹和西班牙的塞维利亚等地。空客公司也在美国、中国和印度等国家设有重要的合作伙伴和分支机构。

空客公司的产品线包括单通道短程客机、宽体客机、超大型客机、货机、商务机和直升机等多个系列,其中最著名的系列是 A320、A330、A340、A350 和A380。A320 系列是空客公司最畅销的产品之一,其节能环保、可靠性和灵活性使其成为全球最受欢迎的单通道短程客机之一。A330 和 A340 系列是中长程宽体客机,可满足客户的舒适性和经济性需求。A350 系列是空客公司推出的全新宽体客机,采用了先进的材料和设计技术,以降低燃油消耗和排放为目标,旨在与波音公司的波音 787 系列竞争。A380 是空客公司开发的双层超大型客机,可容纳超过 800 名乘客,是最大的客机之一。不过,空客公司于 2019 年宣布停止生产 A380,主要原因是市场需求减少,飞机太大而难以利用。

空客公司在全球拥有许多客户,其飞机已被全球 160 多个国家和地区的超过 1 200 家航空公司采用,其市场份额一直与波音公司保持着激烈的竞争关系。

1) 空客公司发展历史回顾

1967 年 9 月,英国、法国和德国签订了建立空客公司的谅解备忘录,决定联合研制中短程、大载客量客机 A300。"A"代表"Airbus","300"则代表它的载客量等级。英国原本是该项目的合作伙伴之一,但在协议签署后不久后就退出了该项目。然而,英国的霍克西德利公司决定自己出资参加合作,负责设计、研制和制造 A300 的机翼。

1970 年 12 月 18 日,法国、德国和英国三方按照法国的法律,以经济利益联合体的方式正式组建了空中客车工业公司,总部设在法国图卢兹。该公司成为欧洲航空工业的整合标志,开创了欧洲联合研制和生产大型商用飞机的先河。这个协议还将该公司的所有权归结于合作伙伴的国家,法国航空航天工业公司和德国空中客车公司各占 50% 的股权,而英国霍克·西德利公司则拥有 20% 的股份。

该项目的目标是开发出一款性能卓越、适应性强、成本低的飞机,以满足客户日益增长的需求。A300 的研制周期长达 6 年,于 1972 年首飞。这是空客公司的第一款产品,也是第一款双发宽体客机,标志着空客公司进入商业飞机制造领域。A300 在市场上获得了成功,并成为空客公司的基础产品,后续推出的 A310、A330 和 A340 等系列产品都是在 A300 的基础上发展而来的。

1981 年,空客公司推出了 A320 系列客机,这是一款采用数字飞控系统的窄体客机,也是空客公司迄今为止最畅销的产品之一。该飞机采用了许多先进技术,如电子液压飞控系统和全程数字化机载系统,使飞机操作更加安全、可靠和高效。

1984 年,欧洲单一市场计划正式实施,这意味着欧洲各国之间的贸易壁垒被打破,形成了一个整体的市场。这给空客公司带来了更广泛的市场和机会,也促进了欧洲航空工业的发展。

1993 年,空客公司进行了股权重组,成为一家私营企业。此举使得公司能够更加自主地制订战略,更加灵活地应对市场的变化和挑战。此后,空客公司不断发展壮大,推出了更多先进的飞机产品,如 A330、A380 和 A350 等系列客机,成为全球领先的民用飞机制造商之一。

2000 年,欧洲宇航防务集团(EADS)成立。EADS 的成立旨在将欧洲的航空和防务产业整合起来,提高欧洲的竞争力,同时降低成本并避免重复开发。空客公司的商用飞机业务单元也被纳入 EADS 集团中,成为该集团的主要组成部分之一。这一举措也使空客公司能够更好地整合资源,实现更加高效的生产和研发。

2005 年 4 月 27 日,空客公司的 A380 客机在法国图卢兹进行了首飞。A380 是当时世界上最大的客机,也是空客公司历史上最昂贵的项目之一。A380 的推出使空客公司在商用飞机市场上取得了重要的竞争优势,并在一定程度上挑战了波音公司的市场地位。

2011 年,A320neo 系列问世。这是 A320 系列的升级版,该系列飞机引入了更加节能、环保的发动机技术,并且在其他方面也进行了改进和升级。自推出以来,迅速成为空客公司的畅销产品之一。据空客公司统计,截至 2024 年 6 月,A320neo 系列飞机的订单量达到 10 581 架,其中 A320neo 型号的订单量为 4 011 架;在交付数量方面,A320neo 系列飞机总共交付了 3 518 架,A320neo 型号的交付数量为 2 048 架,尚有 7 063 架的积压订单未交付。该系列飞机成为航空公司的主力机型,飞行范围覆盖了全球各地,推动了全球航空运输的发展。

2018—2019 年,2 架波音 737 MAX 客机在短时间内先后发生了 2 起致命空难事故,导致 346 人死亡。这些事故引发了全球航空业和公众对飞行安全的关注和担忧,也使波音公司受到了巨大的压力和质疑。这些事故对波音公司的声誉和市场地位产生了不良影响,空客公司也因此得到了更多的订单和市场份额,成为航空市场上的赢家。许多航空公司开始寻找替代方案,转向购买空客公司的 A320neo 系列客机及其他型号的客机。空客公司在这段时间内获得了大量的订单,迅速扩大了其市场份额。空客中国总装的第 700 架 A320 系列飞机于 2024 年 7 月 8 日交付,如图 3-5 所示。

图 3-5　空客中国总装第 700 架 A320 系列飞机交付

2）空客公司飞机简介

表 3-4 是关于空客公司几款主要的客机型号及其技术参数的简要介绍。不同型号的飞机对空客的发展具有重大的意义。A320 系列是空客公司最畅销的产品之一，它的成功使空客公司成为一家世界级的商业飞机制造商。A380 是目前世界上最大的客机，它的推出使空客公司成为全球最大的商业飞机制造商。A220 的推出则使空客公司进一步扩大了市场份额，并在中等容量市场中具有竞争力。A330 和 A350 则在长途航班市场上扮演重要角色，为空客公司提供了更广阔的市场空间和商业机会。

表 3-4　空客公司几款代表性的飞机和相关信息

飞机型号	类　型	首飞时间	最大乘客数/人	最大航程/km
A220	单通道客机	2013 年	160	6 112
A320	单通道客机	1987 年	180	6 300
A330	双通道客机	1992 年	440	13 430
A350	双通道客机	2013 年	440	15 000
A380	双通道客机	2005 年	853	15 200

（1）A220。

A220 前身是由庞巴迪开发的 C 系列飞机，旨在填补传统单通道飞机市场的空白，提供更高效和环保的窄体客机。C 系列飞机包括 CS100 和 CS300 型号，分别于 2013 年和 2015 年首飞。由于开发成本高及市场推广困难，庞巴迪于 2017 年将 C 系列多数股权出售给空客公司，空客公司随后将其更名为"A220"，并继续生产与销售。这款飞机以燃油效率高、噪声小和舒适性好著称，广泛用于中短途航线。

A220 采用了许多新技术，如复合材料和先进的航空电子系统，可以提供更高的燃油效率和更低的噪声水平。它还采用了全新的客舱设计，提供更加宽敞、舒适的乘客体验，包括更大的行李架、更宽的座椅以及更大的舷窗。A220 的数字化系统也非常先进，包括飞行控制系统、机载电子设备和航空电子设备，可以提高飞行的安全性和效率，降低飞行员的工作量。

总体来说，A220 具有很高的燃油效率、低噪声水平和先进的数字化技术，是空客公司在窄体客机市场上的重要产品，具有广泛的市场前景。

（2）A320。

A320 是空客公司生产线上的主力机型之一，是一款窄体中短程客机，是空客公司在 1987 年推出的第一款窄体客机。A320 是一款高效、低油耗的客机,最多可以搭载 180 名乘客,最大航程可达 6 300 km。

A320 的机翼采用了"鲨鱼鳍"设计,这种独特的形状可以减小阻力、提高升力和稳定性,从而提高燃油效率和飞行效率。A320 还采用了先进的航空电子系统和玻璃化座舱,这些技术可以提高飞行员的工作效率和安全性。

A320 的机身长度为 37.6 m,翼展为 34.1 m,最大起飞重量为 78 000 kg。机舱内可以根据客户需求进行多种座位配置,最多可容纳 186 名乘客。A320 还配备了先进的空气动力学、机械、电子和电气系统,以及先进的飞行控制系统和安全功能系统,如地面避障系统、近距离飞行警告系统等。

A320 还有多个衍生型号,包括 A318、A319、A321 等。这些衍生型号在机身长度、座位数量、航程等方面有所不同,以满足不同市场和客户的需求。例如,A318 是一款较短的机型,主要用于小型机场或短途航班,而 A321 则是 A320 系列中的加长版本,可以搭载更多乘客,最大航程可达 5 950 km。

截至 2021 年,全球已经有超过 9 800 架 A320 系列飞机交付,是世界上最成功的窄体客机之一。A320 系列的成功得益于其高效、低油耗、可靠性强等优点,以及适应多种市场和客户需求的能力。

(3) A330。

A330 是空客公司的一款双发宽体客机,于 1992 年首飞。它是空客公司在宽体客机市场上的一款重要产品,具有出色的航空性能和经济性能,广泛用于长途国际航线。

A330 有多种型号,包括 A330 - 200、A330 - 300、A330 - 200F 等。其中,A330 - 300 是最初推出的版本,它最多可以搭载 440 名乘客,最大航程达到 11 760 km。A330 - 200 是 A330 系列的延伸型,最多可以搭载 406 名乘客,最大航程达到 13 430 km。而 A330 - 200F 是一种货运版本,可以搭载 65～70 t 货物,最大航程达到 7 400 km。

A330 采用了现代化的机身设计和飞行控制系统,具有较高的安全性和舒适性能。它还采用了先进的发动机和翼展,可以提供更高的燃油效率和更低的噪声水平,是一种环保型飞机。因此,A330 在全球范围内得到了广泛的应用,被许多著名的航空公司采用,如德国汉莎航空、法国航空等。

(4) A350。

A350 是空客公司推出的全新双发远程宽体客机,于 2013 年首飞。它采用了先进的航空技术和材料,具有出色的燃油效率和舒适性能。A350 可以容纳

314～412 名乘客,航程达到 16 100 km,最大起飞重量为 316 000 kg。

A350 采用了许多先进技术和材料,例如使用复合材料制造机身,减轻了整个飞机的质量;采用最新的航空电子系统和数字飞控系统,提高了安全性和飞行效率。此外,A350 还具有先进的客舱设计和空气处理系统,提供更加舒适的乘客体验。

A350 的引擎采用了最新的发动机技术,可提供更高的燃油效率和更低的噪声水平。这些先进技术和设计使 A350 成为一款具有竞争力的宽体客机,广泛应用于国际航线,为乘客提供了更加舒适、安全和经济的飞行体验。

(5) A380。

A380 是空客公司的超大型客机,也是目前世界上最大的民用客机,于 2005 年首飞,于 2007 年开始商业运营。A380 的设计旨在满足航空运输日益增长的需求,并提供更高的舒适度和效率。它是一种双层、四发、全宽幅的超大型客机,可搭载 550～853 名乘客,最大航程可达 15 200 km。

A380 的机身长度为 72.7 m,翼展达到了 79.8 m,高度为 24.1 m,最大起飞重量可达到 570 000 kg。A380 的机翼采用先进的翼型和复合材料,具有优异的升力和稳定性,同时可以减小阻力和燃油消耗。机舱内采用先进的设计和装备,可以提供更宽敞、更舒适的乘客空间,以及更多的娱乐和便利设施,如全球首款商用飞机上的淋浴房。

A380 的动力系统由 4 台发动机提供,通常是罗罗公司的 Trent 900 或通用电气公司的 GP7000。这些发动机的设计和技术都是最先进的,可以提供更高的动力输出和燃油效率,同时还有减小噪声和减少排放的措施。

A380 在全球范围内广泛用于长途、高密度的航线,例如远距离国际航班和客流高峰时段。A380 的成功得益于其高效、低油耗、舒适度高等优点,同时也面临着一些挑战,如机场地面设施和航线经济性等问题。

截至 2021 年,A380 已经交付了 251 架,主要运营商包括新加坡航空、阿联酋航空、德国汉莎航空、法国航空等。虽然 A380 生产线已于 2021 年停止,但它仍然是空客公司历史上最具标志性和影响力的飞机之一。

3.3　中国航空工业

中国航空工业的发展经历了四个不同的阶段,分别是"从仿制苏联飞机起步""少量独立研制或改型飞机"和"在改进中摸索"和"跨越式发展"。中国航空工业的发展经历了从仿制到自主创新的转变。中国航空工业在摸索和实践中不断积累经验,逐步提高技术水平和创新能力,成为中国高技术产业的重要组成部分和世界航空工业的重要参与者。

1) 从仿制苏联飞机起步

20 世纪 50 年代初,中国开始建立自己的航空工业。当时,由于技术水平相对较低,中国的航空工业只能以仿制苏联飞机为起点。从 20 世纪 50 年代到 70 年代初,中国的飞机主要是从苏联引进的,比如"米格""苏"等系列战斗机和"安""伊尔"等系列民用飞机。这个阶段的特点是技术水平低,主要依靠仿制和引进技术。

2) 少量独立研制或改型飞机

20 世纪 70 年代,中国开始自主设计和生产飞机,但数量较少,质量也有待提高。中国研制的飞机主要是军用飞机,如"神鹰"、歼-8 等,以及一些民用飞机,如运-8 等。同时,中国还在苏制飞机的基础上进行改进,研制了歼-7 等飞机。这个阶段是在技术上摸索和积累的阶段。

3) 在改进中摸索

20 世纪 80 年代以后,中国开始引进西方的先进技术和设备,并建立了一批现代化的飞机制造厂。在这个阶段,中国航空工业开始加强自身的研发和创新能力,逐步实现从仿制到自主创新的转变。中国研制的飞机逐步多样化和先进化,比如研制运-10 等新型飞机,并开始生产大型客机部件和发动机等关键零部件。同时,中国还积极与国外企业开展合作,引进国外技术和设备,加速了航空工业的现代化和国际化进程。

4) 跨越式发展

进入 21 世纪后,中国航空工业在科研、生产、国际合作等方面取得了显著进步,在军用飞机、民用飞机、大型运输机、航空发动机等各个方面都开始了跨越式发展。中国成功研制了多种先进军用飞机,包括但不限于歼-10、歼-11、歼-15、歼-16 和歼-20 等型号;成功研制了 ARJ21 支线客机和 C919 大型客机等民用飞机,正式投入商业运营,成为中国自主研发大型民用飞机的重要里程碑;运-20 大型运输机的研发成功标志着中国在大型军用运输机领域取得了突破;研制了"太行"发动机,这是中国自行研制的涡扇发动机,提升了中国航空发动机的自主研发能力。

中国航空工业集团有限公司和中国商用飞机有限责任公司的成立,推动了航空工业的专业化整合、资本化运作和国际化开拓,加大基础研究投入、加强关键技术攻关,体系布局新兴前沿技术,强化技术验证与成果应用,提升了中国航空工业的整体竞争力。在国际合作方面也取得了进展,与波音公司、空客公司等国际航空巨头开展了一系列的合作项目。

3.3.1　发展历史回顾

从 1909 年 9 月 21 日,冯如第一次飞行到今天,中国人飞向蓝天已经 100 多年。100 多年来,世界航空工业发生了翻天覆地的变化,中国航空工业也在这 100 多年中经历了巨大的发展和变革。从最早的航空试验和民航运输,到今天的国产喷气式客机和卫星导航系统,中国航空工业在技术、生产和市场方面都有了显著的进步。

在 20 世纪上半叶,中国的航空工业处于一种比较落后的状态。当时的中国正处于内忧外患、社会动荡不安的时期,而航空工业又是一种需要庞大资金和技术支持的高科技产业,因此,中国在这方面的发展一直比较缓慢。

在 1931 年之前,中国并没有自己的飞机制造工业,所有使用的飞机都需要进口。但是随着日本的侵略,国家安全形势日益严峻,中国开始意识到了航空工业的重要性。于是,国民政府开始着手发展航空工业,并逐渐建立了一些飞机修理厂和训练机构。但是出于各种原因,这些努力并没有带来太多成果。

直到 1949 年中华人民共和国成立后,中国的航空工业才开始真正起步。当时,中国的航空工业只有一些零散的生产和维修机构,不足以支撑起一个独立的航空工业体系。

1951 年 4 月 17 日,中央人民政府革命军事委员会和政务院颁发了《关于航空工业建设的决定》,标志着新中国航空工业的诞生。在这个决定的推动下,中国开始建立自己的航空工业体系,涵盖了飞机设计、制造、试飞、修理、维护等多个领域。航空工业管理局成立后,开始引进苏联的技术和设备,组建航空工厂,并开展飞机的研制和生产工作。1958 年,中国第一架由自己研制、生产的喷气式飞机歼教-1 成功首飞,这标志着中国进入了喷气时代,也是中国航空工业历史上的一个重要里程碑。

1959 年,中国的第一架超声速喷气式战斗机歼-6 试制成功,这是中国航空工业又一个里程碑。歼-6 在研制过程中吸收了苏联米格-19 的技术,成为中国第一款自主研制的喷气式战斗机,也是中国第一款超声速战斗机。歼-6 的成功研制标志着中国航空工业开始迈向现代化,也奠定了中国军用飞机自主研制的基础。

在 20 世纪 60—70 年代,中国航空工业经历了一些困难,如"大跃进""三年自然灾害""文化大革命"等。然而,尽管受到这些干扰和冲击,中国航空工业仍然继续发展。在这一时期,中国设立了航空研究院和 22 个航空专业设计所、研究所,完善了航空工业的布局。这些机构的建立为中国航空工业的发展提供了坚实的基础。

改革开放之后,中国的航空工业打破了封闭状态,自主科研和引进国外先进技术相结合。

在飞机研制方面,中国陆续研制出了多种型号的民用和军用飞机,如ARJ21(现已更名为C909)、C919、运-20等,实现了从设计、生产到销售的全产业链布局。同时,中国也在各种航空器、无人机、卫星等领域取得了突破性进展。

在航空工业布局方面,中国在各地设立了多个航空产业园区和科研院所,形成了全国性的航空工业布局。同时,中国也与多个国家和地区合作,建设了多个大型航空工业项目。

在航空运输方面,中国航空运输市场快速发展,形成了多条国内、国际航线,航班密度不断加大,提高了中国航空运输的覆盖率和航班安全性。

在人才培养方面,中国取得了积极进展,航空专业高等教育和科研机构逐渐完善,培养了大量的航空科技人才。同时,航空工业也成为吸引海外高端人才回国发展的重要领域之一。

2008年5月11日,中国商用飞机有限责任公司(COMAC,简称"中国商飞")成立,标志着中国民用飞机研制的责任主体正式明确。中国商飞作为中国民用飞机研制和制造的主力,其主要任务是设计、制造和销售ARJ21、C919等系列客机,为中国民航产业提供全方位服务,实现从"获得准入资格"到"研制制造"再到"运营服务"的全产业链发展目标。该公司标志着中国民用飞机产业由引进消化吸收发展到了自主研制的新阶段。

2008年11月6日,原中国航空工业第一、第二集团公司重组整合成立了中国航空工业集团公司(AVIC,简称"航空工业"),成为国有大型综合性航空航天企业,负责我国的军用飞机和航天器的研制和生产,同时也涉足民用领域。航空工业的成立,有助于推动中国航空工业的整体升级和发展。

2009年7月8日,航空工业成为中国首家跻身世界500强的军工企业,在航空航天与防务板块位居全球第11位,中国航空工业终于站在了与欧洲宇航防务集团、波音公司等世界级航空军工企业同台竞技的新起点上。

3.3.2 中国航空工业发展载体

1) 中国航空工业集团公司

中国航空工业集团有限公司作为中央直接管理的国有特大型企业,肩负国家授权的投资机构使命。该集团业务涵盖广泛,包括航空武器装备、军用运输类飞机、直升机、机载系统、通用航空、航空研究、飞行试验等多个领域,同时涉足航空供应链与军贸、专用装备、汽车零部件、资产管理、金融以及工程建设等产业。其组织架构庞大,下辖 100 余家成员单位,其中包括 26 家上市公司,员工约 40 万人。航空工业不仅是国家航空事业的重要支柱,也是推动中国工业发展、技术创新和国防现代化的关键力量。

作为国有特大型企业,航空工业肩负着为国家安全提供先进航空武器装备的重任。集团不断发展完善歼击机、轰炸机、运输机、直升机等各类飞行器,并全面研发导弹系列,成功塑造了"鲲鹏"大型运输机、"鹘鹰"战斗机、"飞鲨"舰载战斗机等一系列知名品牌,为用户提供了卓越的航空武器装备。

同时,航空工业也致力于民用航空装备的研发与生产。其自主研制的 AG600 大型水陆两栖飞机,以及"新舟"系列支线飞机和 AC 系列民用直升机等,均展现了集团在民用航空领域的深厚实力。此外,航空工业还积极参与国内外大型客机项目,如 C919 和 ARJ21,并作为优秀供应商承接国际航空转包生产任务,为国内外客户提供了高质量、可靠的民用航空产品。

不仅如此,航空工业还以技术同源、产业同根、价值同向的发展理念,积极推动制造业的转型升级。通过深入实施工业化和信息化融合,推进智能制造,将航空高技术应用于民用领域,大力发展汽车零部件、液晶显示等高端装备和创新产品。同时,航空工业还协调发展金融投资、工程建设、航空创意经济等现代服务业,为先进制造提供全面的支持。

2) 中国商用飞机有限责任公司

中国商用飞机有限责任公司是实施国家大型飞机重大专项中大型客机项目的主体,也是统筹干线飞机和支线飞机发展、实现中国民用飞机产业化的主要载体,主要从事民用飞机及相关产品的科研、生产、试验试飞、民用销售及服务、租赁和运营等相关业务。

中国商飞于 2008 年 5 月 11 日成立,总部设在上海。由国务院国有资产监督管理委员会、上海国盛(集团)有限公司、中国航空工业集团有限公司、中国铝业集团有限公司、中国宝武钢铁集团有限公司、中国中化股份有限公司共同出资组建,2018 年底新增中国建材集团有限公司、中国电子科技集团有限公司、中国国新控股有限责任公司等股东单位。

中国商飞下辖设计研发中心(上海飞机设计研究院)、总装制造中心(上海飞机制造有限公司)、客户服务中心(上海飞机客户服务有限公司)、北京研究中心

(北京民用飞机技术研究中心)、民用飞机试飞中心、基础能力中心[上海航空工业(集团)有限公司]、营销中心、新闻中心(上海《大飞机》杂志社有限公司)、商飞学苑(商飞党校)以及四川公司、美国有限公司、民用飞机试飞中心东营基地、商飞资本有限公司、商飞集团财务有限责任公司等成员单位,在美国洛杉矶、法国巴黎分别设有美国办事处、欧洲办事处等办事机构。中国商飞参股中俄国际商用飞机有限责任公司、成都航空有限公司和浦银金融租赁股份有限公司。

近年来,中国商飞取得了显著的成就,尤其是在大型客机领域。

ARJ21支线客机:ARJ21是中国商飞研制的新型涡扇支线飞机,已经安全载客突破550万人次,并在2024年9月19日首次飞抵拉萨,与正在进行演示飞行的ARJ21飞机相聚在"世界屋脊"青藏高原,充分验证了ARJ21飞机高高原运行的适应性。

C919大型客机:C919是中国按照国际通行适航标准自行研制、具有自主知识产权的喷气式干线客机。它于2007年立项,2017年首飞,2022年9月29日取得中国民航局型号合格证(TC证)。2022年12月9日,东航作为全球首发用户,正式从中国商飞接收编号为B-919A的全球首架交付飞机。2023年5月28日,C919执行MU9191航班,从上海虹桥机场飞往北京首都机场,开启了这一机型的全球首次商业载客飞行。C919大型客机的成功研制和商业运营,标志着中国民航商业运营国产大飞机正式起步,中国大飞机的"空中体验"正式走进广大消费者。未来,随着更多C919飞机的交付和运营,将有更多的航线采用这一机型,进一步提升中国航空工业的竞争力和影响力。

C929远程宽体客机:这是中国商飞与俄罗斯联合航空制造集团公司合作研制的远程宽体客机,目前仍在研发阶段。

3.3.3 中国与世界航空工业的对比与思考

中国的航空发展历程如同一部精彩的电影,充满了曲折、挑战和成就。回顾中国航空的发展,我们可以从三个关键方面进行对比和论述:现象呈现、中国航空人的精神演进以及展望。这一过程能够让我们更好地理解中国与国外在航空领域的对比差异,以及中国青年空天学子在未来能有所贡献的方向。

1) 现象呈现

在中国航空领域的发展中,时间轴的维度反映了中国与国外的关系演变。早期,中国与国外同步,追赶着航空的最新发展。20世纪初期,中国开始涉足这一领域,并在飞行器的早期发展中取得了一定的成就。然而,中国在20世纪中期经历了一段相对较长的落后期。这个时期，国际上的航空技术和成就取得了迅速进步，而中国则在多个方面相对滞后。

然而，随着时间的推移，中国的航空事业逐渐迎头赶上，中国在航空领域的发展已经走出了国际的阴影，开始发挥越来越重要的作用。

2）中国航空人的精神演进

中国航空人的精神演进可以分为三个阶段：从"航空救国"到"航空报国"再到"航空强国"。

航空救国：早期，中国的航空事业主要集中在抵抗外来侵略的国防领域，这一时期称为"航空救国"。在抗日战争和解放战争中，中国的飞行员和技术人员为国家的独立和安全付出了巨大的牺牲和努力。

航空报国：随着国家的安全形势逐渐稳定，中国的航空事业转向了更加多元化的方向，以民航、科研和国际交流为重点。这一时期，中国航空人将精力投入为国家的发展和繁荣做出贡献的事业中。

航空强国：当前，中国正努力成为一个航空强国，不仅在国防领域取得突破性进展，还在民用航空、航天探索和卫星技术等领域不断创新。中国航空人的精神演进也反映了中国航空事业的发展历程，即从保家卫国到服务国家再到引领世界。

3）展望

中国的青年空天学子应该牢记中国航空人的精神，并在未来的航空领域继续努力。中国已经取得了一系列重大成就，但仍然面临着挑战和机遇。

在未来，中国的青年空天学子可以在以下领域继续努力，以引领世界航空工业的潮头。

研发创新：继续投入研究和创新，推动航空技术的发展，使其不仅在国内领先，还在国际上具有竞争力。

国际合作：积极参与国际合作项目，分享经验和资源，促进全球航空事业共同进步。

教育培训：培养更多高素质的航空专业人才，为中国的航空事业输送优秀人才。

环保与可持续性：关注环保和可持续性问题，推动绿色航空技术的发展，为地球的可持续发展做出贡献。

综合来看，中国的航空发展经历了曲折的历程，但目前正处于迎头赶上的阶段。中国青年空天学子可以借鉴中国航空人的精神，继续在技术创新、国际合作、教育培训和可持续发展等领域发挥重要作用，为中国的航空事业注入新的活力，引领世界航空工业的未来。

3.4 美国航天工业

美国的航天工业格局是一个多元化且高度竞争的生态系统，其中政府机构、私营企业和学术界紧密协作，共同推动太空探索、科学研究、商业应用和技术革新。其中，美国国家航空航天局（NASA）和美国太空探索技术公司（SpaceX）是两个关键机构，它们代表了传统航天力量与新兴私营航天企业的合作与竞争关系。

3.4.1 美国国家航空航天局

NASA 是美国联邦政府的一个独立机构，负责美国的民用太空计划、航空学和空间科学研究。NASA 成立于 1958 年，负责全球太空探索和科学发现，对人类理解宇宙、推动技术创新产生了深远影响。

在科研探索方面，NASA 负责领导深空探索任务，如火星探测、小行星探测以及载人登月和火星登陆任务。在技术创新方面，NASA 负责研发先进的航天技术，包括新型推进系统、太空飞行器设计以及支持长期太空生活的生命维持系统。在数据收集与分析方面，NASA 负责通过各种卫星和探测器收集地球及宇宙数据，为气候变化研究、天文观测等提供支持。

NASA 拥有多个子实验室和研究中心，每个都有其独特专长和贡献于不同领域的航天探索和技术发展。

JPL（喷气推进实验室）是 NASA 的一个研究中心，代表性人物包括钱学森的导师西奥多·冯·卡门、钱学森、卡尔·吉本斯、威廉·霍普金斯、约瑟夫·杨等杰出的空气动力学研究学者。虽然其位于加利福尼亚州帕萨迪纳并隶属于加州理工学院，但由 NASA 管理并执行大部分的无人航天任务。JPL 以其在行星探索、深空探测、地球观测和技术创新方面的卓越成就而闻名。JPL 设计、建造并操作了许多著名的太空探测器，如火星探测车"好奇"号、"毅力"号，以及众多的行星探测任务，如"旅行者"号、"卡西尼-惠更斯"号、"朱诺"号等。JPL 还涉足了空间通信技术，比如开发了用于与 NASA 轨道通信中继卫星和深空探测器通信的软件定义无线电（SDR）和天线系统。

NASA 的格伦研究中心（GRC）位于俄亥俄州克利夫兰，专注于航空推进、空间电力和能源转换技术、微重力科学以及航空电子和通信技术的研究。GRC 的工作对于理解如何在极端环境下维持航天器的性能至关重要，也是推进系统研发的重要中心,包括开发更加高效、环保的航空发动机技术。此外,该中心还研究生命支持系统和空间站技术,为长期太空居住提供解决方案。

3.4.2　美国太空探索技术公司

美国太空探索技术公司(SpaceX)是一家由埃隆·马斯克于 2002 年创立的私营航天公司,其目标是降低太空运输成本,实现人类在多个星球上生存的愿景。

2008 年,SpaceX 成为第一家由 NASA 认证,有能力向国际空间站提供补给服务的私营公司。2012 年,SpaceX 研发的商用太空飞船"龙飞船"首次成功对接国际空间站,开启了私营企业参与国际空间站物流的历史。2015 年,SpaceX 研发的"猎鹰"9 号火箭在发射后成功回收一级火箭,这是历史上首次实现轨道级火箭的垂直回收,标志着火箭重复使用时代的开始。2020 年,SpaceX 成功完成 NASA 商业载人计划的首次载人试飞(Demo-2 任务),将 2 名宇航员送入国际空间站,这是自 2011 年航天飞机退役以来,美国本土首次进行载人发射。

SpaceX 通过其低成本、高效率的发射服务,不仅改变了航天发射市场的面貌,还促进了卫星互联网(如星链项目)、太空旅游等新兴领域的快速发展。其商业模式和技术创新激励了全球范围内对私营航天的投资和兴趣,推动了整个航天产业的变革。

3.5　欧洲航天工业

欧洲的航天工业以欧洲航天局(ESA)为核心,辅以众多私营企业和研究机构,形成一个政府与私营部门协同合作的系统。欧洲宇航局作为欧洲航天活动的主导机构,扮演着推动技术研发、协调国际合作、实施重大航天项目的关键角色。

ESA 成立于 1975 年,是一个拥有 22 个欧洲成员国的政府间组织,总部位于法国巴黎。成员国包括但不限于英国、法国、德国、意大利、西班牙等,涵盖了欧洲大部分国家及地区。ESA 的宗旨是促进欧洲在航天领域的科学研究与技术发展,提升欧洲在全球航天活动中的独立性与竞争力。其任务涉及地球观测、空间科学、载人航天、卫星通信与导航、太空探索等多个领域。

ESA 负责开发的"阿丽亚娜"系列火箭是欧洲主要的卫星发射工具,服务于全球商业及政府客户;"伽利略"卫星导航系统是其与欧盟合作开发的全球卫星导航系统,作为 GPS 的补充,可增强欧洲的独立导航能力;地球观测任务(如"哨兵"系列卫星)可用于环境监测、气候变化研究等。

　　ESA 是国际空间站的合作伙伴之一,为站上提供了多个模块和设施,并定期派遣宇航员执行任务。ESA 与世界各地的航天机构,特别是与 NASA 有深度合作,共同参与了许多大型太空探索项目。

3.6　中国航天工业

　　中国的航天工业格局以两大国有企业为主导:中国航天科技集团(CASC)和中国航天科工集团(CASIC)。这两个集团均源自 1956 年成立的国防部第五研究院,1999 年从中国航天工业总公司分拆而来,各自承担不同的核心使命和业务范围,共同推动中国航天事业的发展。

3.6.1　中国航天科技集团

　　中国航天科技集团(CASC)主要负责民用航天产业,从事非军事用途的航天工程,包括运载火箭、应用卫星、载人航天器、空间站、深空探测器等的研发、制造与发射。中国航天科技集团是中国长征系列运载火箭的研制单位,承担了中国所有卫星发射任务,包括北斗导航卫星系统、风云气象卫星系列、嫦娥探月工程以及天问火星探测任务等。

　　中国航天科技集团(CASC)包含的研究院所如下。

　　(1) 中国运载火箭技术研究院(航天一院):负责导弹运载火箭的总体设计、生产和总装。

　　(2) 航天动力技术研究院(航天四院):专注于航天固体燃料发动机的研发、生产和试验。

　　(3) 中国空间技术研究院(航天五院):负责卫星、飞船、空间站、探月器等航天器的研制和生产。

　　(4) 航天推进技术研究院(航天六院):致力于航天液体燃料发动机的研发、生产和试验。

　　(5) 四川航天技术研究院(航天七院):涉及导弹的研制和总装工作。

　　(6) 上海航天技术研究院(航天八院):涵盖战术导弹、运载火箭、载人航天和深空探索等航天技术研究。

　　(7) 中国航天电子技术研究院:负责电子技术和设备的开发。

　　(8) 中国航天空气动力技术研究院:从事空气动力学研究和风洞试验等。

3.6.2　中国航天科工集团

　　中国航天科工集团(CASIC)侧重于国防军事产业,主要研发和生产防空导弹、飞航导弹、无人机系统等武器装备,以及与之相关的电子信息系统、精确制导武器等。航天科工集团也利用其航天技术和资源,拓展至信息技术、卫星应用、智能制造等民用领域,推动军民融合战略。

中国航天科工集团(CASIC)包含的研究院所如下。

(1) 中国航天科工防御技术研究院(航天二院):主要进行导弹武器、空天防御技术的研究。

(2) 中国航天科工飞航技术研究院(航天三院):原 061 基地,从事飞航导弹技术研究与生产,是集预研、研制、生产、保障于一体的飞航技术研究院。

(3) 中国航天科工运载技术研究院(新四院):由原中国航天科工集团第四研究院、第九研究院整合重组而成,主要承担中国航天科工集团在运载技术领域的研究和发展任务。

(4) 中国航天科工动力技术研究院(航天六院):主要承担中国战略、战术和宇航工程固体火箭发动机的研制、生产、试验等任务。

3.6.3　中国重要航天大事记

中国航天一路走来,从新中国成立初期到现在,为国家发展与空间安全立下了汗马功劳。回首这数十载,中国航天茁壮发展,令人鼓舞。

1956 年 3 月,国务院制定《1956—1967 年科学技术发展远景规划纲要(草案)》,提出要在 12 年时间内让中国喷气和火箭技术走上独立发展的道路,标志着中国开始谋划发展独立的航天事业。

1956 年 4 月,中华人民共和国航空工业委员会成立,统一领导中国的航空和火箭事业。聂荣臻任主任,黄克诚、赵尔陆任副主任。这是中国航天事业最早的领导机构(由航空主管部门代管)。同年 10 月 8 日,中国第一个导弹火箭研究机构——国防部第五研究院成立。

1958 年 1 月,国防部第五研究院制定了《喷气与火箭技术十年(1958—1967)发展规划纲要》。

1958 年 4 月,中国第一个运载火箭发射场在甘肃酒泉开始兴建,这标志着中国航天第一个自主发射基地的诞生。

1958 年 5 月 17 日,毛泽东主席在中共八大二次会议上指出:"我们也要搞人造卫星。"从此,中国航天事业走上蓬勃发展的道路。

1960 年 2 月 19 日,中国第一枚自行研制的液体燃料探空火箭 T‑7M 成功发射升空。这是中国研制航天运载火箭征程上的一次重大突破。

1964年4月29日,中华人民共和国国防科学技术工业委员会(国防科委)向中央做报告,设想在1970年或1971年发射中国第一颗人造卫星。

1964年6月29日,中国自行研制的中近程火箭继1962年3月21日首次试验失败之后第二次发射,获得成功。

1965年,中央专门委员会批准第七机械工业部制定的《火箭技术八年(1965—1972)发展规划》,标志着中国正式立项研制航天运载火箭。

1966年11月,"长征一号"运载火箭和"东方红一号"卫星开始立项研制。

1966年12月26日,中国研制的中程火箭首次飞行试验基本成功。

1968年2月20日,中国空间技术研究院成立,专门负责研制各类人造卫星。

1968年4月1日,中国航天医学工程研究所成立,开始进行载人航天医学工程方面的研究。

1970年1月30日,中国研制的中远程火箭飞行试验首次成功,标志着中国具备了发射中低轨道人造卫星的能力。

1970年4月24日,由"长征一号"火箭搭载的"东方红一号"卫星在甘肃酒泉卫星发射中心发射成功,美妙的"东方红"乐曲首次响彻太空。这是中国发射的第一颗人造卫星,使中国成为世界上继苏联(1957年10月4日)、美国(1958年1月31日)、法国(1965年11月26日)和日本(1970年2月11日)之后第五个具备自主发射人造卫星能力的国家。

1971年3月3日,中国发射了科学实验卫星"实践一号"。这是中国发射的第一颗科学试验卫星,在预定轨道上持续工作了8年。此后中国又陆续发射了"实践二号""实践三号""实践四号"和"实践五号",大大推进了空间科学的发展。

1975年11月26日,中国发射了第一颗返回式遥感卫星,卫星按预定计划于当月29日成功返回地面。这使中国成为世界上继美国和苏联之后第三个掌握人造卫星返回技术的国家。

1979年,"远望"1号航天测量船建成并投入使用,使中国成为世界上第四个拥有远洋航天测量船的国家。此后又先后建成了"远望"2号、"远望"3号和"远望"4号航天测量船。目前我国已形成先进的陆海基航天测控网,由西安卫星测控中心、北京航天指挥控制中心、陆地测控站、4艘"远望"号远洋航天测量船以及连接它们的通信网组成,技术达到了世界先进水平。

1980年5月18日,中国向太平洋预定海域成功发射了远程运载火箭,标志着中国具备了发射高轨道人造卫星的能力。

　　1981 年 9 月 20 日,中国用一枚运载火箭发射了三颗科学实验卫星,这是中国第一次成功进行一箭多星发射,使中国成为世界上第三个掌握一箭多星发射技术的国家。

　　1984 年 4 月 8 日,中国第一颗地球静止轨道试验通信卫星发射成功。4 月 16 日,卫星成功地定点于东经 125°赤道上空,标志着中国掌握了地球静止轨道卫星发射、测控和准确定点等技术。

　　1986 年 2 月 1 日,中国发射了第一颗实用地球静止轨道通信广播卫星(地球静止卫星),卫星于 2 月 20 日定点成功。这标志着中国卫星通信技术由试验阶段进入了实用阶段。

　　1988 年 9 月 7 日,中国发射了第一颗试验性气象卫星"风云一号"。这是中国自行研制和发射的第一颗极地轨道气象卫星。

　　1990 年 4 月 7 日,中国自行研制的"长征三号"运载火箭在西昌卫星发射中心,把美国制造的"亚洲 1 号"通信卫星送入预定的轨道,标志着中国航天发射服务开始走向国际市场。中国在国际商业卫星发射服务市场中占有了一席之地,运用"长征"系列运载火箭迄今已为 22 个国家、地区和国际卫星组织实施了 52 次国际商业发射,将 70 颗各类卫星送入预定轨道。

　　1990 年 7 月 16 日,"长征二号"捆绑式火箭首次在西昌卫星发射中心发射成功,其低轨道运载能力达 9.2 t,为发射中国载人航天器打下了坚实基础。

　　1992 年,中国载人飞船正式列入国家计划开始研制,这项工程后来被命名为"神舟"号飞船载人航天工程。

　　1999 年 11 月 20 日,"神舟一号"飞船发射研究,标志着中国载人航天工程第一次飞行试验成功。

　　2000 年后,中国航天的发展更加迅速。

　　2001 年 1 月 10 日,中国第一艘正样无人飞船"神舟二号"成功发射。

　　2002 年 3 月 25 日,"神舟三号"飞船成功发射并进入预定轨道;12 月 30 日,中国成功发射"神舟四号"飞船。

　　2003 年 10 月 15 日,中国成功进行首次载人航天飞行——"神舟五号"飞船发射,杨利伟出征,全国各地群众热烈庆祝载人飞船成功发射。

　　2005 年 10 月 12 日,中国成功发射第二艘载人飞船"神舟六号",搭载着宇航员费俊龙和聂海胜。这是中国第一艘执行"多人多天"任务的载人飞船,并首次进行多人多天飞行试验。

　　2007 年 10 月 24 日,"嫦娥一号"发射成功;11 月 26 日,"嫦娥一号"卫星第一张月面图片发布。

2008年9月25日,"神舟七号"载人飞船顺利升空,航天员是翟志刚、刘伯明、景海鹏。"神舟七号"实现了航天员出舱,为登陆月球和建立空间站打下基础。

2010年10月1日,"嫦娥二号"卫星成功发射升空并顺利进入地月转移轨道。

2011年4月1日,"嫦娥二号"拓展试验展开,完成进入日地拉格朗日L2点环绕轨道进行深空探测等试验。此后"嫦娥二号"飞越小行星4179(图塔蒂斯),成功进行再拓展试验。

2011年9月29日,中国第一个目标飞行器"天宫一号"发射成功。它的发射标志着中国迈入中国航天"三步走"战略的第二步第二阶段。

2011年11月1日,"神舟八号"无人飞船升空;11月3日,"神舟八号"飞船与此前发射的"天宫一号"目标飞行器实现首次空间交会对接。

2012年6月16日,"神舟九号"飞船在酒泉卫星发射中心成功发射升空;6月18日,"神舟九号"转入自主控制飞行,与"天宫一号"实施自动交会对接。这是中国首次实施载人空间交会对接,使中国成为继俄罗斯和美国后,世界上第三个完全掌握空间交会对接的国家。

2013年6月13日,"天宫一号"目标飞行器与"神舟十号"飞船成功实现自动交会对接。这是"天宫一号"自2011年9月发射入轨以来,第三次与神舟飞船成功实现交会对接。

2013年12月2日,"嫦娥三号"探测器——中国第一个月球软着陆的无人登月探测器发射成功;12月14日,"嫦娥三号"成功软着陆于月球雨海西北部;12月15日,"嫦娥三号"完成着陆器与巡视器分离。

2016年6月25日,"长征七号"运载火箭在海南文昌航天发射场点火升空,成功首飞(见图3-6)。这是中国载人航天工程空间实验室飞行任务的开局之战,不仅为空间实验室任务顺利实施打下了坚实基础,也为中国空间站建造和运营奠定了重要基石。

2016年9月15日,中国"天宫二号"空间实验室成功升空。"天宫二号"作为中国首个实质性的太空实验室,肩负了多项任务:迎接"神舟十一号"载人飞船的对接,执行航天员的中期驻留任务,测试与长期太空飞行相关的生活、健康和工作支持技术;此外,它还将与"天舟一号"货运飞船对接,进行在轨推进剂补给技术的验证;进行一系列航天医学、空间科学试验以及空间应用技术研究,包

图 3-6 "长征七号"运载火箭首次飞行

括在轨维修和空间站技术的测试。其在服役期间,完成了超过 60 项空间科学和技术试验,取得了许多国际领先水平的成果和具有显著应用价值的成就。这些成果对于中国空间站的研制、建设以及运营管理提供了宝贵的经验。最终,"天宫二号"于 2019 年 7 月 19 日重新进入地球大气层。

2016 年 10 月 17 日,载有航天员景海鹏和陈冬的"神舟十一号"载人飞船成功发射进入太空(见图 3-7)。两天后,即 10 月 19 日,"神舟十一号"与"天宫二号"空间实验室自动完成交会对接,航天员随后进入实验室开始了他们的工作与生活。在完成了为期近一个月的任务后,两位航天员于 11 月 18 日安全返回地球,圆满完成了任务目标:"稳定运行、健康驻留、安全返回、成果丰硕"。这次任务是中国航天员首次完成中期在轨驻留任务,并开展了多项具有国际前沿科学意义和高新技术发展方向的空间科学与应用研究。

2017 年 4 月 20 日,"天舟一号"货运飞船从海南文昌航天发射场升空,并于 4 月 22 日自动与"天宫二号"空间实验室对接,形成组合体;接着于 4 月 27 日完成了对"天宫二号"进行推进剂在轨补加的技术试验,并在 6 月 19 日执行了绕飞和第二次交会对接试验。这系列试验不仅验证了空间站货物运输和推进剂在轨补加的关键技术,还加强了航天器在多方位空间交会技术方面的能力。

通过实施"长征七号"火箭的首次飞行任务,以及"天宫二号"与"神舟十一

图 3-7　"神舟十一号"载人飞船发射

号""天舟一号"的交会对接任务,中国成功突破和掌握了空间站货物运输、航天员中长期驻留、推进剂在轨补加,以及地面长时间任务支持和保障等关键技术。此外,还开展了多项空间科学实验与技术试验,为中国空间站的在轨组装、建造和长期运行打下了坚实的基础。这标志着空间实验室任务的圆满成功和中国载人航天工程"第二步"任务的全面胜利。

2020 年 5 月 5 日,中国迈出了载人航天工程"第三步"任务的关键一步,成功实施了"长征五号"B 运载火箭的首飞。这枚火箭从海南文昌航天发射场升空,其首次飞行任务的成功为建设空间站阶段奠定了基础。

2021 年 5 月 29 日,"天舟二号"货运飞船从海南文昌航天发射场顺利发射,它是空间站关键技术验证阶段发射的首艘货运飞船,同时也是"天舟"系列货运飞船首次进行应用性飞行。在与空间站核心舱进行的四次交会对接过程中,"天舟二号"完成了飞船绕飞、机械臂转位舱段验证以及手控遥操作交会对接等重要试验,为后续空间站建设和管理提供了重要经验。

2021 年 6 月 17 日,"神舟十二号"载人飞船宣告发射成功,航天员聂海胜、刘伯明及汤洪波进入太空,在空间站进行了 3 个月的任务驻留。他们于 9 月 17 日安全返回地球。其间,他们进行了 2 次出舱活动,并成功完成了一系列空间科学实验和技术试验。这些试验验证了航天员长期驻留、生命保障系统的再生功能、空间物资补给、舱外活动、舱外作业、在轨维护等多项空间站关键技术,并且首次对东风着陆场进行了搜索及回收能力的检验。

2021 年 9 月 20 日，"天舟三号"货运飞船从海南文昌航天发射场发射成功，在轨运行期间先后与"天和"核心舱组合体进行了 2 次交会对接，进行了绕飞试验；与组合体分离后，还开展了空间技术试验，为空间站在轨建造和运营管理积累了重要经验。

2021 年 10 月 16 日，"神舟十三号"载人飞船带着航天员翟志刚、王亚平和叶光富升空，启程进入太空。在空间站驻留 6 个月后，他们于 2022 年 4 月 16 日平安归来，刷新了中国航天员最长的连续在轨飞行纪录。在此次任务中，航天员开展了 2 次出舱活动和 2 次"天宫课堂"的太空教学活动，进行了手控遥操作交会对接和机械臂辅助舱段转位等科学技术实验，证实了多项与长期太空驻留相关的关键技术。这标志着空间站关键技术验证阶段成功完成。

通过"长征五号"B 的首次飞行和"天和"核心舱、"天舟二号""神舟十二号""天舟三号""神舟十三号"等 6 次飞行任务，共验证了 8 项重大关键技术，包括航天员长期在轨驻留和空间站的组装建造。这些任务共同创造了中国航天员连续 183 天在轨飞行的新纪录，并实现了一系列空间科学实验与技术试验。

2022 年 6 月 5 日，"神舟十四号"载人飞船携带航天员陈冬、刘洋和蔡旭哲进入太空。他们在空间站展开了为期 6 个月的任务，于 12 月返回东风着陆场。任务期间，航天员完成的轨道活动包括出舱操作，与"问天"实验舱、"梦天"实验舱和"天和"核心舱的交会对接与转位工作，中国空间站的在轨组装，安装和调试空间站内外的设备及科学应用任务所需的各类设施，一系列空间科学实验和技术实验。

2022 年 7 月 24 日，中国空间站的"问天"实验舱顺利发射并且成功入轨（见图 3-8）。这一里程碑代表了中国空间站的一个关键扩展——"问天"实验舱不仅是其第二个模块，也是其首个致力于科研的舱段。它主要承担着支持航天员长期驻留、进行舱外活动和执行各项空间科学研究的任务，并且充当"天和"核心舱的辅助设施，参与空间站的整体管理。随着"天舟四号""神舟十四号"和"问天"实验舱 2 次飞行任务的完成，空间站的两个舱段成功组合成"一"字形状。

2022 年 11 月 12 日，"天舟五号"货运飞船从海南文昌航天发射场成功发射。它是中国载人航天工程的第 26 次发射任务，也是空间站在轨建造阶段的第 5 次发射任务。这次任务的主要目的是为中国空间站提供物资补给和支持，飞船携带了航天员系统、空间站系统、空间应用领域的货物共计约 5 t，以及补加推进剂约 1.4 t。

2023 年 5 月 10 日，"天舟六号"货运飞船从海南文昌航天发射场由"长征七

图 3-8　空间站"问天"实验舱发射

号"遥七运载火箭发射升空,约 10 min 后成功进入预定轨道,太阳能帆板顺利展开,发射取得圆满成功。它是中国载人航天工程的第 28 次发射任务,标志着中国空间站进入了应用与发展阶段。此次任务中,"天舟六号"进行了优化改进,物资装载能力提高至 7.4 t,上行载货比提高至 0.53,使得货运飞船的发射需求从 1 年 2 次优化为 2 年 3 次,有效降低了运输成本。飞船装载了航天员生活物资等 200 余件货物,运输物资总重约 5.8 t,并搭载了多项科学实验载荷。2023 年 5 月 11 日,"天舟六号"成功对接于空间站"天和"核心舱后向端口。

　　2023 年 10 月 26 日,"神舟十七号"载人飞船从甘肃酒泉卫星发射中心发射升空,成功与"天和"核心舱对接形成组合体。该飞船飞行任务是中国载人航天工程的第 30 次发射任务,也是中国空间站进入应用与发展阶段的第 2 次载人飞行任务。航天员乘组在轨飞行了 187 天,其间进行了 2 次出舱活动,并完成了包括舱内外设备安装、调试、维护维修以及大量空间科学实验和试验在内的各项任务。在此次任务中,航天员乘组首次完成了在轨航天器舱外设施的维修任务,为空间站长期稳定在轨运行积累了宝贵的数据和经验。"神舟十七号"载人飞船返回舱于 2024 年 4 月 30 日在东风着陆场成功着陆,航天员汤洪波、唐胜杰、江新林安全、顺利出舱,健康状态良好,标志着"神舟十七号"载人飞行任务取得圆满成功。

　　2024 年 1 月 17 日,"天舟七号"货运飞船从海南文昌航天发射场由"长征七号"遥八运载火箭发射升空,约 10 min 后成功进入预定轨道,太阳能帆板顺利展开。"天舟七号"货运飞船是中国载人航天工程的第 31 次发射任务,也是空间站应用与发展阶段的第 4 次发射任务。"天舟七号"装载了航天员在轨驻留消耗品、推进剂、应用实(试)验装置等物资,为"神舟十七号"航天员乘组送去了龙年春节的"年货"。飞船上行物资总重约 5.6 t,包括航天员的生活物资、衣服、食品等,还有空间站设备的备品、备件及可靠性维修件、科学实验载荷、空间站推进剂等。在此次任务中,"天舟七号"首次采用 3 h 快速交会对接方式,成功对接于空间站"天和"核心舱后向端口,形成组合体。这种模式有望代替 6.5 h 方案成为新的基本模式,进一步提高了货运飞船自主交会对接能力。飞船还为航天员乘组准备了 2 400 kg 的生活物资,包括龙年春节年货、新鲜果蔬大礼包等,其中新鲜水果将近 90 kg。此外还搭载了多个科学载荷,对后续空间探测具有重要意义。"天舟七号"的成功发射和对接标志着中国空间站建设又迈出了坚实的一步,为后续的空间科学研究和应用奠定了基础。

2024 年 4 月 25 日,"神舟十八号"载人飞船从甘肃酒泉卫星发射中心由"长征二号"F 遥十八运载火箭发射升空,约 10 min 后成功进入预定轨道,航天员乘组状态良好,发射取得圆满成功。此次飞行任务是中国载人航天工程的第 32 次飞行任务,也是空间站应用与发展阶段的第 3 次载人飞行任务。"神舟十八号"飞行乘组由叶光富、李聪和李广苏三名航天员组成,叶光富担任指令长。叶光富曾执行过"神舟十三号"载人飞行任务,而李聪和李广苏都是首次执行飞行任务。在轨驻留期间,"神舟十八号"航天员乘组多次进行出舱活动,刷新了中国航天员单次出舱活动时间纪录,开展了微重力基础物理、空间材料科学、空间生命科学、航天医学、航天技术等领域的 90 余项实(试)验与应用。他们完成了空间站碎片防护加固装置安装,舱外载荷和舱外平台设备安装与回收等任务。特别地,"神舟十八号"实施了国内首次在轨水生生态研究项目,以斑马鱼为研究对象,在轨建立稳定运行的空间自循环水生生态系统,实现了中国在太空培养脊椎动物的突破。按计划,"神舟十八号"载人飞船入轨后,采用自主快速交会对接模式,经过约 6.5 h 成功对接于天和核心舱径向端口。"神舟十八号"载人飞船返回舱于 2024 年 11 月 4 日在东风着陆场成功着陆,航天员叶光富、李聪、李广苏安全、顺利出舱,健康状态良好。

2024 年 10 月 30 日,搭载"神舟十九号"载人飞船的"长征二号"F 遥十九运载火箭在甘肃酒泉卫星发射中心点火发射,约 10 min 后,"神舟十九号"载人飞船与火箭成功分离,进入预定轨道,航天员乘组状态良好,发射取得圆满成功。

在空间站工作生活期间,"神舟十九号"航天员乘组将进行多次出舱活动,开展微重力基础物理、空间材料科学、空间生命科学、航天医学、航天技术等领域实(试)验与应用,完成空间站碎片防护装置安装、舱外载荷和舱外平台设备安装与回收等各项任务。

2024 年 11 月 15 日,"天舟八号"从海南文昌航天发射场由"长征七号"遥九运载火箭成功发射,并于次日 2 时 32 分成功对接于空间站"天和"核心舱后向端口。该飞船是中国空间站应用与发展阶段的重要货运飞船,以其世界领先的货物运输能力和全面的在轨支持能力而著称。相较于先前的"天舟"系列飞船,"天舟八号"增加了超过 200 L 的装载空间和超过 100 kg 的载货量。通过软件升级和飞行程序优化,"天舟八号"实现了更灵活的发射窗口,每天均可发射。此外,"天舟八号"携带的货物更加丰富,包括珍贵的"月壤砖"等重要科研物品,为空间站的建设和运营提供了强有力的物资支持。

中国航空航天筚路蓝缕,一步步从无到有地建立起完善、先进的系统与体系,这与每一位航空航天人多年来的奉献密不可分。现在,航空航天成为国家整体发展战略的重要组成,不仅因为它是尖端科技的竞技场,更因为它利国利民、对提高人民福祉具有重要作用。

3.7　小结

世界航空工业在过去 100 多年中经历了翻天覆地的变化。从早期的飞艇、螺旋桨飞机到现在的高速喷气式飞机、超声速客机,航空工业不断地推陈出新,开拓新的技术和市场领域。总的来说,世界航空工业的发展经历了从早期的试验性质的航空器研制,到后来的商业化运营,并逐渐形成了一些航空工业强国。

在技术方面,世界航空工业经历了从螺旋桨到喷气发动机,再到超声速和高超声速飞行的不断发展。同时,材料、电子和信息技术等方面也得到了不断的进步和应用。

在规模方面,世界航空工业从单个航空器生产,逐渐形成整个产业链的布局,包括航空器设计、制造、维修、改装、航空材料生产、发动机制造等多个环节。同时,航空器种类也在不断增加,从民用飞机、军用飞机,到直升机、无人机等。

在市场占有率方面,世界航空工业的领先者主要是美国、欧洲国家和俄罗斯等,它们的航空工业技术、规模和市场占有率处于世界领先地位。其他国家如加拿大、日本和巴西等也有一定的航空工业实力。

中国航空工业经历了从无到有、从小到大、从跟跑到并跑、再到领跑的过程。在过去几十年中,中国的航空工业经历了艰苦的创业阶段、探索阶段、跟踪阶段和跨越阶段。在改革开放以后,中国的航空工业发展取得了长足进步,成为世界上重要的航空制造国家之一。

中国航空工业的主要成就如下:自主研制了一系列战斗机、运输机、民用飞机等飞机型号,形成了完整的飞机制造体系;发展了一批先进的制造工艺和技术,如复合材料制造、数字化设计和制造等;建立了完整的产业链和配套体系,包括发动机、航电系统、机载设备等;拥有了一批具有国际竞争力的航空企业和品牌,如中国航空工业集团公司、中国商用飞机有限责任公司等。

未来,中国的航空工业将继续深化改革,加强创新,不断提高产品质量和技术水平,扩大国际市场占有率,成为世界航空工业的重要一员,引领潮头,激流勇进。

在航天方面,世界航天工业始终处于科技创新的前沿,从火箭技术、卫星应用到深空探测,每一次技术突破都推动了整个行业的发展。随着航天任务的复杂性和成本上升,国际合作成为趋势,如国际空间站项目,展现了多国协同工作的能力。近年来,商业航天公司如 SpaceX 等的崛起,加速了航天技术的商业化进程,降低了发射成本,开拓了太空旅游等新市场。随着航天活动的增加,国际间关于太空探索、资源开发的法律法规逐渐建立和完善。

中国航天工业在老一辈科学家钱学森等人的带领下,依靠自力更生,逐步建立了完整的航天体系,近年来在卫星导航、载人航天、深空探测等领域取得显著成就。国家层面的战略规划和重大专项如"嫦娥"探月、"天问"火星探测等,为航天工业的发展提供了明确方向和强大支持。在确保国家安全的前提下,中国推动军用与民用航天技术的融合,促进技术成果的双向转移,加速航天技术的社会化应用;通过引进、消化、吸收、再创新,提升自主创新能力,同时加强与其他国家在航天领域的交流与合作,共同参与国际航天大科学计划。

参考文献

［1］　史伟光.盘点世界著名军火公司[J].百科知识,2010(8):61-62.

［2］　骆娅.WTO 体制下民用航空器补贴法律问题研究[D].广州:广东商学院,2012.

［3］　蒋婷.航空博大集团物资集中采购管理模式研究[D].秦皇岛:燕山大学,2017.

［4］　周瑜,刘康伟,闵习端.航空装备制造业现场工程师核心能力培养路径研究[J].成都航空职业技术学院学报,2024,40(2):28-30,44.

［5］　中国商用飞机有限责任公司.追梦大飞机[M].上海:文汇出版社,2013.

［6］　严鸿.抗美援朝战争对人民空军建设的推动[J].军事历史,2010(5):21-23.

第4章 太空探索(上)——航天基础概念

　　太空探索是人类利用科学、技术等手段观测、探索和认识宇宙的一种活动，其起源可以追溯到20世纪的"冷战"时期。两国由于相互竞争，各自启动了太空竞赛，陆续发射了一系列的卫星和载人航天器，开创了人类探索外层空间的历史。此后，太空探索逐渐成为世界各国所积极关注和发展的领域。

　　人类对太空的探索活动包括对日地空间、太阳系和星际空间的观测和勘探。在这个过程中，出现了一系列太空事件里程碑。1969年，美国"阿波罗"11号宇航员尼尔·阿姆斯特朗成功登陆月球，并在月球表面留下了航标，还采集了月球的岩石样品，标志着人类打破了地球的边界。此外，NASA于1977年发射的"旅行者"1号探测器更是进入了恒星际飞行领域，成为最古老、最耐用的太阳系探测器之一。通过这些探测任务，人们收集了大量宝贵的太空数据，对太阳系及系内行星和其他宇宙物体有了更深入的认识。此外，太空探索也涉及太阳能、矿产和水资源等领域的空间资源利用和开发。这些资源可以为人类提供独特的经济、军事和科学价值。在航空技术方面，随着先进技术的不断涌现，太空探索的载人航天器和火箭等运载工具也正逐渐变得更加适应人类探索外层空间的需要。

　　本章首先对日地空间、太阳系和星际空间这三种典型的太空地理进行介绍。随后对太空探索的标志性事件进行梳理，着重讲述"阿波罗"11号、"旅行者"号以及"卡西尼"号的探测活动。最后，进一步探讨人类对宇宙的探索活动在科学、技术、经济和政治上的意义。

4.1 太空地理

4.1.1 日地空间

日地空间是指太阳和地球之间的空间区域，其范围主要包括从太阳外边缘到地球磁层外缘的区域,也就是太阳风和地球磁层相互作用的空间范围。它是太阳系中最重要的空间区域之一,也是地球与太阳之间交互作用的主要场所。日地空间主要包括太阳、太阳风、行星际磁场和地球空间(大气层、电离层和磁层)。

图 4-1 太阳结构示意图

太阳是对地球最重要的恒星,是地球上所有生命的源泉,其内部复杂且温度极高,由核心、辐射区和对流层等主要部分组成。太阳结构如图 4-1 所示。

太阳的核心半径约为 25% 的太阳半径,包含约 50% 的太阳质量。在核心内,温度和压力极高,达到了数百万摄氏度和数百亿倍地球大气层的压力。辐射区是由核心向外扩展的区域,半径约为太阳半径的 70%,其中的光子和等离子体经常碰撞、散开并重新结合形成新的光子,这些光子形成了太阳光。在辐射区内,太阳的密度逐渐减小,温度也逐渐降低。对流层位于太阳表面以下,直径约为 200 000 km。在该区域内,太阳的各组分以相对有序的形式在空间中排列,构成了太阳中的大气,并形成一种日冕环的运动方式。这种日冕环导致太阳表面出现了很多湍流和爆发活动。太阳日冕上的冕洞喷射而出的物质粒子流称为"太阳风"。当太阳剧烈活动时,会释放出大量的太阳风和粒子辐射,对地球的环境造成威胁。例如,剧烈的太阳活动会导致地球上的电器设备故障。日冕环与各行星的比较如图 4-2 所示。

图 4-2 日冕环与各行星比较

　　大气层和地磁场是地球的两道天然屏障,可以保护地球免受太阳风和宇宙射线的伤害,对维护地球生命及环境的稳定性具有十分重要的作用。大气层是地球周围气体分子所构成的包围层,它包括对流层、平流层、中间层等部分(见图4-3)。大气层的厚度大约为100 km,其中含有大量的氧气、氮气、二氧化碳以及稀有气体、臭氧等。它的主要功能是保护地球表面不受外部宇宙环境的辐射和微小天体的撞击,同时也是维持地球上生命体系的稳定状态的重要条件之一。臭氧层以及在南极上空的臭氧空洞如图4-4所示。

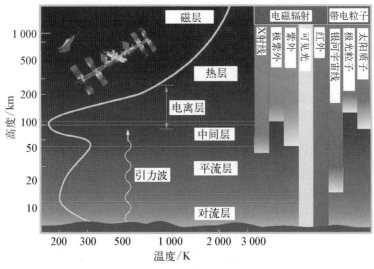

图4-3　大气层的构成

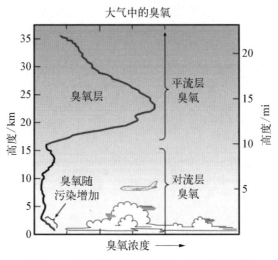

图4-4　臭氧层以及在南极上空的臭氧空洞

地磁场是地球周围的磁场,由地球内部的熔融金属产生。地磁场在地球内部运动,形成地球磁场,并对地球周围的物质和辐射产生影响。地磁场能保护地球的大气层和生命体系不受太阳风的影响(见图 4-5),此外,它与太阳风的相互作用会引起地磁暴,使地磁场的磁场强度和方向发生变化。极光现象也与地磁场密切相关。在高纬度地区,由于地球磁极的作用,太阳风中的高能粒子会被吸引,这些粒子与地球大气层发生撞击,释放出不同波长的辐射,从而形成了极光(见图 4-6)。

图 4-5　磁场保护我们不受太阳高能粒子的伤害

图 4-6　高纬度地区的极光现象

在日地空间中,月球同样也对地球有着重要影响。月球是地球最大的卫星,是太阳系中最接近地球的天体之一。它的表面积约为地球的1/14,其直径只有

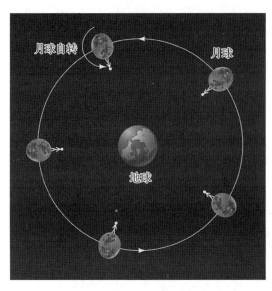

图 4-7 月球轨道

地球的 1/4,其质量约为地球的 1/81。月球轨道(见图 4-7)的近地点距地球 363 000 km,远地点距地球 405 500 km,到地球的平均距离为 384 400 km(见图 4-7)。月球的自转周期与公转周期相等,都是 27.32 天,所以月球总是以同一半球面朝向地球。这种现象称为"潮汐锁定",它在太阳系中很常见,通常发生在较小的天体围绕较大的天体旋转时。例如,除了月球和地球以外,冥王星和它的卫星卡戎也是潮汐锁定的。

月球会对地球产生多种影响,其中最显著的是对地球的引力影响。月球的引力会对地球的潮汐产生影响,引起造成潮汐现象的中心潮峰和潮谷的周期变化(见图 4-8)。这也是地球上有日落潮和日出潮的原因。除此之外,月球的引力对地球的自转、地轴的变化和自然卫星的运动都有重要的影响,也会影响地球大气层的运动和流动等。

图 4-8 潮汐现象

4.1.2　太阳系

太阳系是指由太阳以及围绕太阳的行星系统组成的一个天体系统(见图 4-9),其中太阳是太阳系的中心,其他天体都围绕着太阳旋转,包括行星、矮行星、小天体、柯伊伯带与奥尔特云。

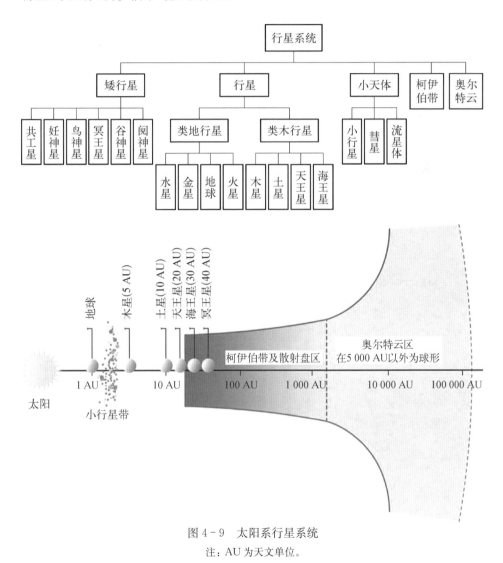

图 4-9　太阳系行星系统

注:AU 为天文单位。

太阳系的类地行星包括水星、金星、地球和火星(见图 4-10)。金星的特征是有稠密的大气,大气的主要成分为二氧化碳(96.5%)和氮气(3.5%),有强烈的温室效应。而火星与地球较为接近,火星探测器已经在火星上发现了水冰(见图 4-11)。

图 4 - 10　类地行星(从左到右: 水星、金星、地球、火星)

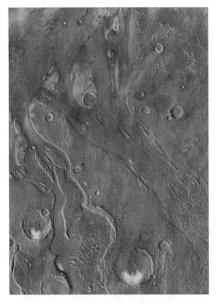

图 4 - 11　火星上发现的疑似水冰的痕迹

太阳系的类木行星包括木星、土星、天王星和海王星(见图 4 - 12),它们的共同特征是体积大、自转快、大气层厚、有环、卫星多。例如木星距离太阳 5.20 AU,平均半径是地球的 11 倍,平均密度是 1.33 g/cm^3,有 63 个卫星;土星距离太阳 9.54 AU,密度为 0.69 g/cm^3,有 60 个卫星。

柯伊伯带位于太阳系的海王星轨道外侧(见图 4 - 13),是由冰冷的冰体和岩石构成的环形区域,其中有矮行星、小行星和彗星等,是太阳系中最大的天体集群之一。冥王星正是柯伊伯带大量天体中最亮的一颗矮行星。柯伊伯带假说最早由美国天文学家弗雷德里克·伦纳德提出,随后由美籍荷兰天文学家杰勒德·柯伊伯所证实。

奥尔特云则位于太阳系最外层(见图 4 - 14),有 1 000 亿颗彗星,是非周期性彗星的起源。

除了以上星体,太阳系中还包含大量小行星,大致可以分为主带小行星(位于火星与木星轨道之间,距离太阳大约 3 AU)、近地小行星(近日距小于 1.3 AU)以及特洛伊(Trojans)小行星(位于木星的拉格朗日点)。

图4-12 类木行星(从左到右:木星、土星、天王星、海王星)

图4-13 冥王星轨道与柯伊伯带

4.1.3 星际空间

在星际空间中,目视可见的大多数为恒星。恒星指的是由炽热的气体组成,能自己发光的天体;质量为0.05~120个太阳质量,半径大约是太阳半径的数千分之一到数千倍;而亮度可以从非常暗淡的数个太阳光度到超过一百万倍的太阳光度。根据恒星的表面温度和光度,可以把恒星分为O类恒星、B类恒星、A类恒星、F类恒星、G类恒星、K类恒星、M类恒星;此外,还有一些特殊类别的恒星,如超巨星、巨星、白矮星等,如图4-15所示。

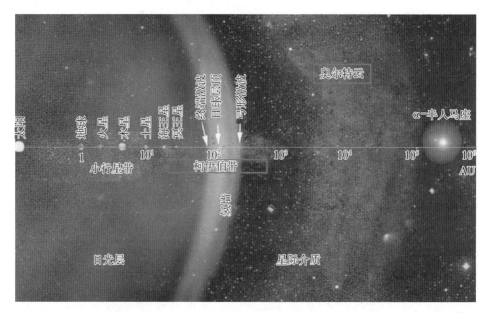

图 4 - 14　奥尔特云示意图

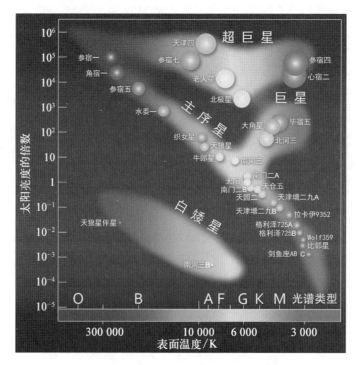

图 4 - 15　赫罗图(见附图中彩图 2)

白矮星是一种低亮度、高密度、高温度、大质量的恒星。因为它的颜色呈白色、体积比较矮小,因此被命名为"白矮星"。白矮星是演化到末期的恒星,主要由碳构成,外部覆盖一层氢气与氦气,在亿万年的时间里逐渐冷却、变暗。

赫罗图中沿左上方到右下方的对角线主星序上的恒星称为"主序星";因其体积小,也称为"矮星"。主序星化学组成均匀,核心由氢气燃烧变为氦气。当中心的全部氢气都燃烧完时,就结束主序演化阶段。主序星的演化是准静态的变化。大多数恒星是主序星,太阳就是典型的主序星。

恒星还包括以天蝎座 α 星为代表的红巨星。恒星处于红巨星时期时表面温度相对较低,但极为明亮,因为它们的体积非常巨大。在赫罗图上,红巨星是巨大的非主序星,光谱属于 K 或 M 型,其之所以被称为"红巨星"是因为看起来颜色是红的,体积又很巨大的缘故。此外,星际空间中还存在超新星爆发产生的星云、中子星和黑洞等。

4.2　太空探索大事记

20 世纪初期的航天历程可以追溯到苏联科学家康斯坦丁·齐奥尔科夫斯基和美国科幻作家塞缪尔·兰利等人的先驱性工作。然而,真正的航天时代始于 1957 年苏联发射的世界第一颗人造卫星——"斯普特尼克"1 号,这标志着人类首次将物体送入地球轨道。在"斯普特尼克"1 号之后,20 世纪 60 年代见证了航天史上的一个巨大飞跃。

4.2.1　"阿波罗"11 号登月

"阿波罗"11 号是人类历史上第一次成功登陆月球的航天任务。这次任务于 1969 年 7 月 16 日开始,在 NASA 的带领下,由三名宇航员——尼尔·阿姆斯特朗、巴兹·奥尔德林和迈克尔·科林斯开展(见图 4 - 16)。

任务分为两个部分:登月和返回地球。在登月任务中,阿姆斯特朗和奥尔德林乘坐"鹰"号登陆舱降落在月球上。这是一个极具危险性的任务,因为月球表面有许多未知的障碍物,登陆舱必须非常精确地降落,而且火箭发动机喷射的尘土和石块还可能使登陆舱失去平衡。不过,阿姆斯特朗和奥尔德林最终以人类历史上第一次登月的姿态成功着陆,在出舱的过程中,阿姆斯特朗说出了著名的那句话:"这是我个人的一小步,却是人类的一大步"(That's one small step for man, one giant leap for mankind)。

在月球上,两名宇航员在月球表面展开旗帜,第一次在月球上留下人类的足

图 4-16　"阿波罗"11 号任务的三位宇航员

迹。在接下来的近 22 h 里，两名宇航员开展了大量的科学实验和勘测工作，并在月球表面采集了许多样本，返回地球后为人类深入了解月球提供了很多宝贵资料（见图 4-17）。

图 4-17　两位宇航员在月球勘探以及留下的足迹

"阿波罗"11 号留下了深远的影响，不仅因为它完成了人类梦想中的壮举，也因为它为人类技术和科学进步带来了重要的创新和发展。

4.2.2　"旅行者"号冲出太阳系

"旅行者"1 号和 2 号是 NASA 于 1977 年发射的两个太空探测器，它们是人类历史上第一对能够进入国际星际空间的探测器。探测器的任务是收集有关太阳系外部环境和迄今未知的太阳系外宇宙的信息。它们都搭载有各种科学仪器,包括相机、普通和紫外线光谱仪、无线电波接收器和粒子探测器。这些设备使它们能够收集各种天体物理学、行星科学和宇宙学信息。

　　"旅行者"1 号于 1977 年 9 月 5 日发射,随后于 1979 年经过木星,并在 1980 年到达土星,1990 年,在距离地球 64 亿千米外拍摄了地球的照片"淡蓝色圆点"(见图 4-18)。"旅行者"2 号于 1977 年 8 月 20 日发射,经过木星和土星后,于 1986 年经过了天王星,最终在 1989 年抵达了海王星。截至目前,"旅行者"2 号探测器已经完成它的历史性旅程(见图 4-19),飞出了太阳风层,开始探索星际

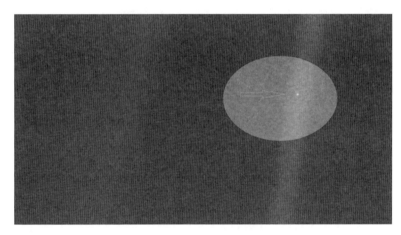

图 4-18　"旅行者"1 号在距离地球 64 亿千米外拍摄的地球照片(见附图中彩图 3)

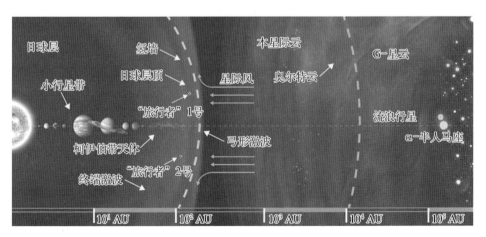

图 4-19　"旅行者"2 号所在位置示意图(见附图中彩图 4)

注:图中 AU 为天文单位。

空间。根据最新的信息,"旅行者"2号距离地球约199亿千米,它的信号传递到地球用时超过18 h。在2023年8月,"旅行者"2号与地球重新建立了通信联系,并正常运行。NASA的任务工程师在2024年10月4日关闭了"旅行者"2号航天器上的等离子体仪器,以节省电力,因为其电力储备正在减少。"旅行者"2号的旅程还在继续,尽管它已经飞出了太阳风层,但根据科学家的估计,它可能还需要300年才能到达奥尔特云的内部边缘,而飞越奥尔特云则可能需要3万年。"旅行者"2号携带的科学仪器为我们提供了关于太阳系边缘和星际空间的宝贵数据,尽管一些仪器已经被关闭以节省能源,它仍然在向我们传递着来自遥远太空的信息。

目前,即使过去了47年,"旅行者"探测器依然在成功地进行任务,并传回了海量的科学数据。这些数据帮助我们更好地了解了太阳系和宇宙的起源和发展。"旅行者"1号和2号探测器不仅是人类探索之旅中的里程碑,也是深入探索太阳系及边缘和更远处的宇宙这一对浩瀚无垠的追求的标志性成果。

4.2.3 "卡西尼"号土星探测

"卡西尼"号于1997年10月15日发射并进入太空,历时13年。它由"卡西尼"探测器和"伽利略"探测器组成,前者负责对土星和其卫星进行详尽的观测、探测和勘察,后者则是一颗着陆在土卫二上的小型探测器。

"卡西尼"号的主要目标是探索土星、土星环和土卫月,以加深对这个神秘行星系统的了解。它携带了大量的科学仪器,包括图像设备、光谱仪、粒子探测器和磁力计等,能够收集到丰富的数据,揭示土星及其卫星的物理特性、大气结构、磁场和地质活动等方面的信息。其中的一项重要发现是土卫六上存在"喷泉"式的水蒸气喷射现象。这种在行星及其卫星上发现的喷射现象对于了解太阳系其他天体的内部活动以及可能存在的生命形式具有重要意义。此外,"卡西尼"号还拍摄了许多壮观的照片,展示了土星环的细节和美丽景观。

它的使命于2017年9月15日结束,NASA将它引入土星大气层中销毁,以避免未来任何可能对土卫一或土卫二上的潜在生命造成污染的情况。这样的选择可以将其充分利用到最后一刻,继续收集数据,并为我们了解土星系统提供更多的见解。

4.2.4 2010年后的太空大事件

2010年,NASA的"深度撞击"号继2005年撞击"坦普尔"1号彗星之后,经过46亿千米,与"哈特雷"2号彗星相遇,成为首个拜访过两颗彗星的航天器。

2011 年，人类成功地发射了一颗人造水星地球卫星"信使"号。

2012 年，"旅行者"1 号进入星际空间。在长达数十年的任务中，该航天器先后发回了太阳系的惊艳照片，其中包括 1990 年拍摄的著名的"淡蓝色圆点"。"旅行者"1 号超越了"先驱"1 号航天器，记录了人造物体在太空中行走的最大距离。

2013 年 11 月 28 日，因预期的辉煌而被称为"世纪彗星"的 ISON 彗星黯然消退。科学家原本以为这颗彗核是一个巨大的核子，希望它能发出令人眼花缭乱的光彩，但结果让人失望，证明了彗星探测和预测的难度。2013 年 2 月，一颗直径约为 20 m、质量约为 12 000 t 的流星在莫斯科以东的车里雅宾斯克市上方 930 mi 处出乎意料地爆炸，提醒人们太空力量不可忽视。科学家称，这相当于 470 t 的三硝基甲苯（TNT）爆炸。

2014 年 8 月，经过 10 年漫漫旅程，欧洲航天局的"罗塞塔"号彗星探测器终于抵达 67P 彗星。"罗塞塔"号的任务是跟随这颗彗星，跟着它围绕太阳公转，探索彗星的方方面面。同年 11 月 12 日，"罗塞塔"号向 67P 彗星释放出"菲莱"号着陆器，全世界为之关注。在着陆完成后不久，人们才意识到"菲莱"号遇到了麻烦。原本用来固定着陆器的鱼叉形装置未能发射出来并且其背部反推发动机也没有点火，从而使"菲莱"号在彗星轻微的重力作用下发生弹跳，也就是说，"菲莱"仿佛降落在一张蹦床上。最终，它偏离了方向，并发生了一定角度的倾斜，置身阴影使它的太阳能电池无法完成充电。尽管科学家奋力营救该着陆器，但在着陆完成不到 3 天，"菲莱"号因为电池耗尽而不再发出任何信号，不过在此之前，它发回了前所未有的数据和图像，科学家已经证实，"菲莱"号登陆器在 67P 彗星表面检测到了有机分子。而含碳有机分子是地球生命的基础，这一检测结果，或许可以为我们了解地球早期的生命起源带来更多线索。

2015 年 9 月 28 日，NASA 宣布，2006 年进入环火星轨道的火星勘测轨道飞行器（MRO）提供的强有力的数据表明，火星表面存在流动的液态水，这一发现指向了存在于火星地表之下的大规模水体储层。这一资源不仅可为未来登陆火星的宇航员提供水和氧气，还意味着火星上可能有生命存在，而且很可能将为未来人类定居火星提供支持。

2016 年 9 月 8 日，NASA 发射了美国第一个小行星采样探测器："奥西里斯"- REx，执行采集小行星贝努地质样本的任务。

2017 年 8 月 10 日，全球首颗量子科学实验卫星"墨子号"圆满完成了三大科学实验任务：量子纠缠分发、量子密钥分发、量子隐形传态。

2018 年 8 月 12 日，NASA 发起了第一个"触摸太阳"的任务。该任务的核心是帕克太阳探测器，这是一种汽车大小的太空船，旨在探索被称为"日冕"的太阳大气的超热区域。这个价值 15 亿美元的探测器将在其 7 年任务期间 24 次扫过 2 400 ℉的日冕。在其 2025 年最接近太阳的一次飞越中，该探测器将以约 43 万英里/小时的速度飞行，从而创下人造物体飞行速度的新纪录，并将前往距太阳表面不足 383 万英里之位置。这一距离将是之前最接近太阳的航天器"太阳神"2 号所到达最近距日距离的 1/7，后者在 1976 年时到达距离太阳不到 2 700 万英里的位置。

2019 年 1 月 3 日，中国的"嫦娥四号"着陆器和"玉兔二号"月球车在月球背面的冯·卡门环形山进行了史诗般的着陆。这项任务标志着首次有航天器在月球背面软着陆。这是一项具有挑战性的成就，因为月球遮挡了地球的信号，所以这些航天器需要辅助卫星转送信号来与地球联系。在月球表面停留 1 年后，该着陆器与月球车依旧运行良好，并为天文学家发送回图片和数据。该月球车检测了月球上一种可能是火山玻璃的有趣物质；着陆器携带了第一颗在月球远端发芽的植物。

2020 年是地球与火星之间距离最近的时候，这个夏季全世界有三颗火星探测器成功发射，分别是阿联酋的"希望"号探测器、我国的"天问一号"火星探测器和 NASA 的"毅力"号火星车，未来的火星将迎来多个探测器同时探索的时代，也为人类登陆火星做了准备。

2021 年 5 月 15 日 7 时 18 分，"天问一号"着陆巡视器成功着陆于火星乌托邦平原南部预选着陆区，我国首次火星探测着陆任务取得圆满成功。5 月 22 日 10 时 40 分，"祝融号"火星车安全驶离着陆平台，到达火星表面，开始巡视探测。中国成为世界上第二个让火星车成功着陆的国家。

2022 年，科学家通过事件视界望远镜（EHT）完成了人马座 A* 的真实视觉照片。这是一个质量约为太阳 400 万倍的超级黑洞，位于距离地球 26 000 光年的银河系中心。由 300 多名研究人员通过观测数据合成了黑洞图像，合成的黑洞图像与爱因斯坦的广义相对论预测的结果一致，进一步验证了爱因斯坦的理论。

2023—2024 年，中国空间站进入常态化运营新阶段，共完成 3 次货运飞船（"天舟六号""天舟七号"及"天舟八号"）、4 次载人飞船（"神舟十六号""神舟十七号""神舟十八号"及"神舟十九号"）发射任务和 4 次返回任务（"神舟十五号""神舟十六号""神舟十七号"及"神舟十八号"）。中国国家太空实验室正式运行，在轨实施了大量空间科学研究与应用项目。"嫦娥六号"探测器实现世界首次在月球背面采样并返回。

多个深空探测器发射升空,包括 ESA 的木星"冰月"探测器、"欧几里得"空间望远镜、印度的"太阳神"-L1 号探测器、美国的"灵神星"探测器等,开启漫长太空旅程。美国的"奥西里斯-雷克斯"号探测器将小行星贝努的样本送回地球,重约 250 g,含有铁、氧、碳、硫等元素。印度科学卫星 XPoSat(X 射线偏振仪卫星)发射,这是印度第一个专门开展天文 X 射线偏振研究的空间卫星。美国新一代大型运载火箭"火神"首飞,旨在取代"德尔塔"4 重型火箭和"宇宙神"5 火箭。

4.3 太空探索的意义

4.3.1 太空资源

太空探索具有重要的意义,其中之一是对太空资源的开发和利用。随着地球上资源的日益紧缺和人类对能源、矿产和水资源的需求不断增长,太空成了我们追寻新资源的关键领域。

太空中蕴藏着丰富的资源,如矿物质、稀有金属、水和气体等。通过太空探索,我们可以探索和开发这些资源,为地球提供新的补充资源。例如,在小行星上开采稀有金属,可以满足地球上日益增长的科技和工业需求;从月球或其他行星获取水资源,则为未来的太空探索提供了重要的补给点。

太空资源的开发还有助于解决地球环境问题。例如,将太阳能电池板部署在太空中,可以捕捉到更强大的太阳辐射,为地球提供大量清洁能源。此外,太空中的废弃物处理和回收技术也可以为地球环境管理提供新的思路和解决方案。

太空资源的开发与利用还为经济带来了巨大的潜力。随着太空技术的不断发展,太空产业正在崛起,涵盖了航天器制造、卫星通信、导航系统等多个领域。这些产业的发展将为就业创造机会,并推动经济增长。

然而,太空资源的开发也面临着巨大的挑战和责任。我们必须确保在利用太空资源的同时,保护太空环境的完整性,避免对宇宙生态系统的破坏。国际社会需要共同努力,建立合理的法律和规范,确保太空资源的可持续开发和管理。

总而言之,太空探索对太空资源的开发和利用具有重要的意义。通过开发太空的矿产、能源和水资源,我们能够满足地球上资源紧缺的需求,并为解决地球环境问题提供新的途径。太空资源的开发还将推动经济增长,为人类创造更加繁荣和可持续发展的未来。

4.3.2 太空移民

太空探索的另外一个意义是太空移民。随着地球人口的增长和资源的有限性,太空移民成为我们追求可持续生存和繁荣的重要选择。

太空移民为我们提供了一种解决地球人口过剩和资源紧缺的可能性。通过在其他行星、卫星或宇宙站点建立人类定居点,我们可以减轻地球上的人口压力,并在新的环境中寻找生存和发展的机会。这种移民不仅有助于解决地球上的资源限制问题,还可以创造新的经济和社会机会。

太空移民也有助于推动人类文明的进步和发展。通过将人类带入无人居住的太空环境,我们可以面对新的挑战和机遇,促进科学技术的创新和应用。例如,在太空中开展生态系统的建设和维护实验,将有助于我们更好地理解地球上的生命系统,并为未来的生态保护和生物多样性提供新的思路。

太空移民还有助于保护人类的生存和文明。地球上存在许多自然和人为的灾难,如地震、火灾、气候变化等,这些事件可能严重影响人类的生存和发展。通过太空移民,我们可以建立起多个安全定居点,确保人类文明的延续和繁荣。

然而,太空移民也面临诸多挑战和问题。太空环境的极端条件和资源匮乏,对人类适应能力提出了巨大的要求。我们需要解决空气、食物、水和能源等基本需求的供给问题,并开发适应太空环境的生态系统。此外,太空移民的实现还需要克服航天技术、生命支持系统、行星适应等方面的技术难题。

综上所述,太空探索对于太空移民的意义在于寻找新的生存空间、缓解地球资源压力、推动科技创新和保护人类文明的延续。太空移民是一个充满挑战但具有巨大潜力的领域,我们需要共同努力、合作探索,并充分考虑伦理、可持续性和保护太空环境的原则,为未来的太空移民开辟新的道路。

参考文献

［1］ 吴伟仁,王赤,刘洋,等.深空探测之前沿科学问题探析[J].科学通报,2023,68(6):606-627.

［2］ 石磊.永不凋谢的笑容:品读登月第一人阿姆斯特朗[J].太空探索,2012(10):22-23.

［3］ 佚名.2015年世界航天十大新闻评选结果发布[J].军民两用技术与产品,2016(1):6-7.

［4］ 甄晓晖,郝鹏飞.星际漂流指南[J].新知客,2009(11):82-85.

［5］ 陆鹏飞,王悦,齐征,等.行星借力地木转移轨道优化与星历模型下中途修正设计[J/OL].北京航空航天大学学报[2022-11-23].https://doi.org/10.13700/j.bh.1001-5965.2022.0819.

［6］ 张宣.太空里也应建立交通规则[N].新华日报,2022-01-12(15).

［7］ 陈心兰.北斗卫星导航系统空间段和地面段数据集成与星地信息可视化[D].上海:华东师范大学,2020.

第5章　太空探索(下)——
航天器轨道

在太空探索中,航天器的轨道运动是探测器得以前往目标地点并完成探测活动的重要基础。航天器按照用途可以分为卫星、行星际探测器、载人宇宙飞船和航天飞机四类,不同航天器按其需要,工作时的轨道也不尽相同。航天器在天体引力作用下,按照基本天体力学的规律在空间中运动。运动方式主要有环绕地球运行和飞离地球在行星际空间航行。本章从航天器的运动和轨道出发,介绍航天器运行遵循的基本规律和几种航天器的典型轨道;此外,详细介绍霍曼转移轨道和贝尔布鲁诺弹道的运行原理。

5.1　航天器轨道基本定律

5.1.1　三种宇宙速度

航天器在太空中运行时,其轨道遵循一定的基本规律,受到宇宙速度的制约。因此本节首先介绍航天器轨道的基本规律和三种宇宙速度的定义。

第一宇宙速度(orbital velocity)是指一个物体能够在绕地球或其他天体的轨道上不受外界推动力的影响而保持稳定运行需要达到的速度。第一宇宙速度的大小取决于物体所处的轨道高度以及天体的质量。

第一宇宙速度的计算公式为

$$V_1 = \sqrt{\frac{GM}{R}} \tag{5-1}$$

式中,V_1 为第一宇宙速度;G 为普遍引力常数;M 为天体的质量;R 为天体的半径。

对地球而言,第一宇宙速度的值取决于轨道的高度,通常在低地球轨道(low earth orbit,LEO)中,第一宇宙速度约为 7.9 km/s(或 4.9 mi/s)。不同高度的轨道需要不同的第一宇宙速度,高度越高,第一宇宙速度越小。

第一宇宙速度对于卫星、宇宙飞船和其他太空探测器非常重要,因为它决定了它们需要达到的速度,以便维持特定高度的轨道。一旦物体达到第一宇宙速度,它就可以在该轨道上稳定运行而不需要持续的推进力。

第二宇宙速度(escape velocity)是指一个物体需要克服地球或其他天体的引力,离开该天体并进入太空不再返回所需要达到的最低速度。它是一个物体逃逸地球或其他天体引力场,使得物体在没有额外推进的情况下能够继续在太空中自由运动的最低速度。它是发射人造卫星的最小初速度,也是以圆轨道绕地球运动的最大线速度。

第二宇宙速度 V_2 的计算公式为

$$V_2 = \sqrt{\frac{2GM}{R}} \qquad\qquad (5-2)$$

对于地球,第二宇宙速度约为 11.2 km/s(或 7.0 mi/s)。这意味着如果一个物体的速度超过这个值,它将能够逃离地球引力场,进入太空,而不再受地球的引力束缚。

第三宇宙速度(hyperbolic velocity)即超宇宙速度,指一个物体从地球起飞离开太阳系的最小初速度,通常用于执行星际或其他深空任务。第三宇宙速度的计算公式并不像第一宇宙速度和第二宇宙速度那样简单,因为它涉及离心轨道的复杂性。计算第三宇宙速度需要考虑多个因素,包括出发点和目标点之间的相对速度、引力场的形状、物体的轨迹以及所需的速度增量等。第三宇宙速度 $V_3 = 16.7$ km/s。当航天器的地面发射速度大于第三宇宙速度时,航天器将挣脱太阳引力的束缚,飞到太阳系以外的宇宙空间。

5.1.2　航天器轨道参数

航天器的轨道参数是描述其轨道运动的关键信息,可用于确定航天器的位置和速度。太空中的航天器在引力的作用下做周期运动,一阶的轨道近似为开普勒椭圆轨道。但是由于太空中其他力的存在(行星的性质、其他星球的引力等),实际的轨道与理想开普勒椭圆轨道有一定偏离,即存在轨道摄动。轨道的形状和大小由半长轴 a 和半短轴 b 决定,而其轨道倾角 i、升交点赤经 Ω、偏心率 $e\left(e = \dfrac{\sqrt{a^2 - b^2}}{a}\right)$、近地点幅角 ω、轨道半长轴 a 和真近点角 θ 共同决定了轨道的方位,这 6 个参数(也称为"六要素")为用于描述卫星轨道的主要参数(见

图 5 - 1)。有了六要素,就可以知道任意时刻航天器相对于行星的位置。

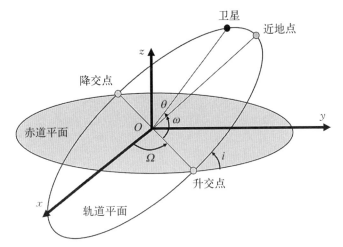

图 5 - 1　轨道平面以及轨道六要素

5.1.3　全寿命周期轨道

航天器在运行过程中,将经历不同的轨道状态和变化,称之为“航天器的全寿命周期轨道”(full lifecycle orbit)。这些轨道状态可以包括从发射到太空,到执行任务,再到退役或结束任务的各个阶段。在整个运行过程中,航天器的轨道会经历以下几个阶段。

(1) 发射轨道:这是航天器在发射时所处的轨道状态。在发射时,航天器通常位于地球表面的发射器上,然后通过火箭推进器被送入太空。发射轨道包括低地球轨道(LEO)或其他适合发射的轨道。

(2) 巡航轨道:在被发射进入太空后,航天器可能需要在一段时间内处于巡航轨道,以达到执行任务所需的位置或状态。这个巡航轨道可以是过渡轨道,用于将航天器从发射轨道引导到任务轨道。

(3) 任务轨道:任务轨道是航天器执行具体任务时所处的轨道。这个轨道的特点和参数通常根据任务的性质和目标而定,任务轨道可以是地球同步轨道(GEO)、极地轨道(polar orbit)或其他特定轨道。

(4) 轨道调整:在执行任务期间,航天器可能需要进行轨道调整,以维持其所需的轨道高度和倾角,以及满足任务要求。这些轨道调整可以定期或基于任务需要进行。

(5) 退役轨道:当航天器的任务结束或达到寿命末期时,可能需要进行退役轨道的规划。退役轨道通常是一个安全的轨道,可以将航天器安全地从活动状态引导到地球的大气层中,使其在大气中烧毁或坠入指定的海域。

(6) 太空废弃物轨道:在某些情况下,航天器可能会成为太空废弃物,需要将其引导到一个稳定的轨道,以减少对太空环境的影响和碰撞的风险。

全寿命周期轨道的管理和规划对于确保航天器安全、高效地执行任务并最终退役或处置非常重要。不同任务和航天器类型可能会有不同的轨道需求和变化。

5.2　航天器的典型轨道

5.2.1　人造卫星轨道

对于人造地球卫星,可基于轨道高度将其分为高轨道(2 000~20 000 km)和低轨道(200~2 000 km)。中国载人航天器和大部分对地观测卫星运行在低轨道,其中中国空间站运行在 400 km 轨道高度。“神舟”系列载人飞船飞行在 500 km 的高度,高于这个高度,航天器将进入地球辐射带,对航天员造成伤害;若低于 300 km,则稀薄大气对飞行器的阻力增加,保持航天器的轨道需要消耗更多推进剂。

卫星轨道中也有一些存在特殊意义的轨道,如赤道轨道、地球静止轨道、极地轨道等。赤道轨道是倾角为 0°的卫星轨道。地球静止轨道是一种特殊的赤道轨道,卫星轨道周期等于地球自转周期,且轨道为圆形。从地球上看,人造卫星与地面相对静止。卫星固定在赤道上空,高度为 35 786 km。卫星的运动速度为 3.07 km/s。一颗地球静止轨道卫星可覆盖大约 40%的地球面积,大部分通信卫星、广播卫星常用这种轨道,人们在地球上可以持续稳定地收到卫星信号。此外,北斗卫星导航系统中也有部分导航卫星使用该类轨道。极地轨道为轨道平面与赤道面夹角为 90°的人造地球卫星轨道。卫星能够达到南北极上空,在全球范围内进行观测和应用的气象卫星、导航卫星和地球资源卫星等都采用这种轨道。

5.2.2　行星际飞行轨道

在太阳系内,除了卫星可以绕地球运动外,飞行器也可在太阳系内进行行星际飞行。其中,飞行器的飞行轨道根据任务目标和要求不同而各不相同。

航天器受地球、太阳和行星的引力,其轨道可以分为脱离地球运动、绕太阳运动和绕行星或进入行星运动三个阶段。利用行星引力场的作用,可以使航天器从一个行星绕飞到另一个更遥远的行星。在行星际空间飞行的人造天体称为"行星际飞行器",包括飞向和绕过行星的飞船、击中行星(硬着陆和软着陆)的火箭和行星的人造卫星等。

行星际飞行可分为三阶段。第一阶段航天器相对于地球的运动轨道接近于双曲线,该阶段航天器的飞行时间很短。第二阶段为过渡阶段,为从离开地球作用范围之后到进入目标行星的作用范围之前。第三阶段为航天器的日心运动,航天器在太阳(或行星)的引力作用下,相对于太阳的运动轨道基本上是一个椭圆。这一阶段飞行时间最长,是航天器运动的主要阶段。进入目标行星的作用范围之后,航天器在目标行星和太阳引力作用下运动,它相对于目标行星的运动轨道接近于一条双曲线。如果要使航天器成为行星的人造卫星或者在行星表面上软着陆,则需要利用制动火箭减速。这个阶段持续时间也很短。

行星际航天器的运动主要是在轨道过渡阶段,这个阶段的轨道设计十分重要。最节省能量的过渡轨道是日心椭圆轨道,它在近日点和远日点处分别与相应的两个行星的运动轨道相切,故又称"双切轨道"。这种过渡轨道是霍曼在1925 年首先提出的,也称"霍曼轨道"。沿着双切轨道运动的航天器从地球到目标行星的飞行时间是这个椭圆运动周期的一半。根据各个行星的平均轨道半径,可得到从地球沿双切轨道向行星发射飞行器的速度 V_p 和飞行时间 t_1。采用双切轨道固然可以最节省燃料,但是飞行时间却很长,对于天王星等离地球较远的行星,采用这种轨道显然是不现实的。另外,双切轨道对发射时的精度要求较高。若过渡轨道取为抛物线轨道,则相应的发射速度将大于双切轨道所要求的发射速度,相应的发射速度 V_j 与飞行时间 t_2 成反比。对于较远的外行星,只要增加一些发射速度就能大大地缩短飞行时间。因此,采用抛物线轨道甚至双曲线轨道作为过渡轨道是比较合适的。事实上,目前发射行星际航天器的轨道绝大多数属于双曲线类型。

为了便于修正轨道和节省燃料,在空间飞行中还会设计一种驻留轨道,它们是围绕着地球和目标行星飞行的卫星轨道。航天器先被发射到驻留轨道上,测定它的位置,用小火箭修正轨道后再进入过渡轨道;在到达目标行星时也先在驻留轨道上运动,选择合适时机在行星表面的预定地区着陆。如果飞行器需要回收,则可以把暂时不用的燃料储存在驻留轨道上,以便返回时使用,这样能够节省燃料达 90%之多。为了能使飞行器和储存的燃料实现对接,在技术上要求是很高的。

5.2.3 霍曼转移轨道

霍曼转移轨道(Hohmann transfer orbit)是一种常用的变轨方法,途中只需两次推进引擎,相对较节省燃料。这种轨道命名自德国物理学家霍曼,他于1925年出版了相关著作。如图5-2所示为将飞船从低轨道送往较高轨道的霍曼转移轨道。飞船在原先地球轨道上瞬间加速后,进入一个椭圆形的霍曼转移轨道。飞船由此椭圆轨道的近拱点开始,抵达远拱点后再瞬间加速,进入火星圆轨道,即目标轨道。要注意的是,三个轨道的半长轴越来越大,因此两次引擎推进皆是加速,使总能量增加以进入较高(半长轴较大)的轨道。

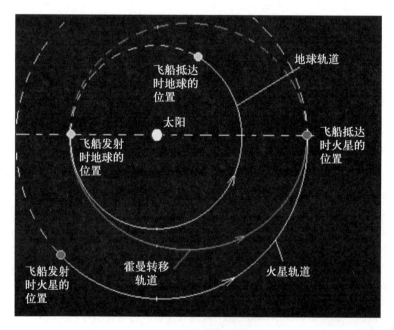

图5-2 霍曼转移轨道

可基于机械能守恒定律对轨道进行计算。飞船的总能等于动能与重力势能之和,而总能又等于轨道半径为半长轴 a 时重力势能的一半,故有

$$E = \frac{1}{2}mv^2 - \frac{GMm}{r} = -\frac{GMm}{2a} \qquad (5-3)$$

从而可以求得轨道能量守恒方程为

$$v^2 = GM\left(\frac{2}{r} - \frac{1}{a}\right) \qquad (5-4)$$

式中，v 为飞船速度；r 为飞船到太阳的距离；a 为飞船轨道的半长轴。

所以，霍曼转移所需要的两次速度差为

$$\Delta v = \sqrt{\frac{GM}{r_1}} \left(\sqrt{\frac{2r_2}{r_1 + r_2}} - 1 \right) \tag{5-5}$$

$$\Delta v' = \sqrt{\frac{GM}{r_2}} \left(1 - \sqrt{\frac{2r_1}{r_1 + r_2}} \right) \tag{5-6}$$

式中，r_1、r_2 为原来圆轨道和目标圆轨道的半径，其中大值(小值)对应到霍曼转移轨道的远拱点(近拱点)距离。无论前往高轨道还是低轨道，根据开普勒第三定律，霍曼转移所需要花的时间均为

$$t_H = \frac{1}{2} \sqrt{\frac{4\pi^2 a_H^3}{GM}} = \pi \sqrt{\frac{(r_1 + r_2)^3}{8GM}} \tag{5-7}$$

即为椭圆轨道周期的一半，其中 a_H 为霍曼转移轨道的半长轴。

5.2.4 贝尔布鲁诺弹道

除了霍曼转移方法之外，贝尔布鲁诺博士在 1986 年提出了一个更为有效节能的变轨方式，即贝尔布鲁诺弹道。20 世纪 90 年代，休斯公司计划将"亚洲"3 号卫星发射进入地球同步轨道。然而，在进入地球同步转移轨道之前，第四级火箭突然意外关机。这导致卫星并未获得足够的速度，没能进入预定轨道。"亚洲"3 号卫星的巨大商业价值使休斯公司面临巨额赔偿。

1998 年 1 月，贝尔布鲁诺博士针对"亚洲"3 号卫星提出了一个惊人的想法：让"亚洲"3 号卫星飞掠月球，利用月球的引力弹弓来赋予卫星新的能量，并借此机会一举进入地球同步轨道，这便是著名的贝尔布鲁诺弹道(见图 5-3)。最终，经过两次奔月，卫星成功定点在太平洋上空的地球同步轨道附近，轨道倾角只有 $13°$。有了这种理念，结合之前变轨、最优轨道设计等算法，一种新的奔月轨道也就诞生了。有了这种轨道，我们飞往月球的探测器就可以摆脱对重型运载火箭的过度依赖。

贝尔布鲁诺弹道不需要直接"瞄准"目标星球(如火星)作为目的地，而是在火星绕日轨道中选取一个位于火星前方的点作为目的地，然后等火星追赶上来——这种方式称为"弹道捕获法"。"弹道捕获法"不需要制动火箭，使火星探测成本大大降低。不过这也使行程增加了几个月，但是这样的发射任务对时间要求没有那么严格，可以在任意时间发射，没必要等待发射窗口。

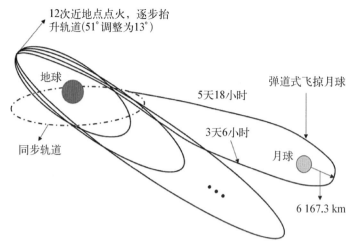

图 5-3 贝尔布鲁诺弹道

5.3 引力助推法及其实际应用

引力助推法也称为"引力弹弓",因为它与弹性碰撞颇为类似。它利用航天器与行星及太阳之间的万有引力,使行星与航天器交换轨道能量,像弹弓一样把航天器抛出去。以下结合引力助推原理图进行进一步说明(见图 5-4)。

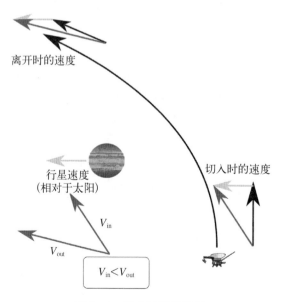

图 5-4 引力助推原理图

引力助推可分为四个阶段。

(1) 初始状态:在图 5-4 中,黑色箭头表示探测器切入时的太阳系速度。

(2) 靠近天体:当探测器接近天体(如行星)时,它受到天体的引力影响。探测器运动轨迹发生偏转,改变了其速度方向。在这个阶段,探测器的速度增加,从切入时的黑色箭头变成深灰色箭头。

(3) 通过天体:探测器通过天体的引力作用逐渐绕过天体,探测器的速度会继续受到引力的影响,发生进一步的变化。

(4) 离开天体:离开天体后,探测器的速度较初始状态有所增加,飞行方向也会发生一定程度的改变。

理想的引力助推可看作由航天器、行星以及太阳组成的三体系统。它们需要满足以下假设:航天器离行星足够远(航天器能够被看作轨道上的质点单元)、航天器质量相较于其他两者可忽略不计、行星质量比太阳质量小且在一个近似的圆形轨道上。此时,引力助推过程可通过蒂塞朗参数来进行描述:

$$T_p = \frac{a_p}{a} + 2\cos i \sqrt{\frac{a}{a_p}(1-e^2)} \qquad (5-8)$$

式中,a_p 为行星轨道半长轴;a 为航天器轨道半长轴;i 为轨道倾角;e 为轨道偏心率。若航天器进行推进机动,则蒂塞朗参数保持守恒。

如果航天器进行推进机动,上述蒂塞朗参数将会发生变化。而若想要以最经济的方式获得更大的动能,则应在航天器处于行星的近拱点时点燃火箭。火箭助推的加速度总是一定的,但是它引起的动能变化与航天器的速度成正比,这是奥伯特效应。比如说用 1 N 的力作用于 1 kg 的物体,1 s 增加的速度均为 1 m/s,而增加这 1 m/s 的速度导致的动能变化$\left(\frac{1}{2}mv^2\right)$是不一样的,初始速度越大获得的动能变化越大。故为从火箭助推中获得最大的动能,火箭也必须在航天器速度最大时(即处于近拱点时)点火。

5.3.1 "旅行者"2 号

1964 年夏天,NASA 喷气推进实验室的弗兰德罗在负责研究外太阳系行星任务时,研究了木星、土星、天王星和海王星的运动规律,发现了一个 176 年才有一次的最好时机,那段时间(大约 12 年)以内,木星、土星、天王星和海王星都将位于太阳的同一侧,运行至实现引力助推的理想地点,形成一个特别的行星几何排阵。基于这点,专家们促使 NASA 启动了"旅行者"号探测计划。"旅行者"2

号是 NASA 于 1977 年 8 月 20 日发射的一艘太空探测器，它是"旅行者"计划的第二艘探测器，旨在对太阳系外部的行星和星际介质进行探测。"旅行者"2 号的发射地点是美国佛罗里达州卡纳维拉尔角的肯尼迪航天中心。图 5-5 展示了"旅行者"2 号的飞行路径以及飞行速度随其与太阳距离的变化（AU 为天文单位，即太阳到地球的平均距离），红色曲线为太阳逃逸速度。从图中可看出，"旅行者"2 号共经历了 4 件较为重要的引力助推事件，每次加速均获得较大速度增量。

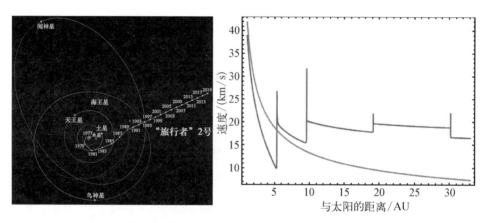

图 5-5　"旅行者"2 号飞行路径以及速度随其与太阳距离的变化（见附图中彩图 5）

首先是 1979 年的木星引力助推，在靠近木星时，探测器的速度增加了 10 km/s，此时"旅行者"2 号首次超过太阳逃逸速度。接下来，"旅行者"2 号在 1981 年飞越了土星。与飞越木星一样，探测器通过接近土星并受到其引力的影响，再次获得了速度提升，约 5 km/s。随后，探测器分别于 1986 年和 1989 年飞掠天王星和海王星，每次均获得 2 km/s 左右的速度增量。最后以约 15 km/s 的速度飞出太阳系，随后进入了太阳系外部，也就是太阳风影响范围之外的地区，称为"间行星区"。在这里，探测器也继续通过间歇性的引力助推来维持其速度和轨道。

5.3.2　"卡西尼"号

根据引力助推原理，科学家为"卡西尼"号设计了一条通往土星的智慧曲线，这条智慧曲线的奇特之处如下：首先，它没有直接向土星飞去，而是先向内飞到了金星上空；其次，它围绕太阳绕了好几圈，才把目的地对准土星，整个行程达到了 35.2 亿千米，是地球与土星的实际距离的 2.5 倍以上；最后，它的飞行轨迹如图 5-6 所示，是一条旋转的曲线，是若干条双曲线截线的组合，看起来就像田螺背上的螺旋。

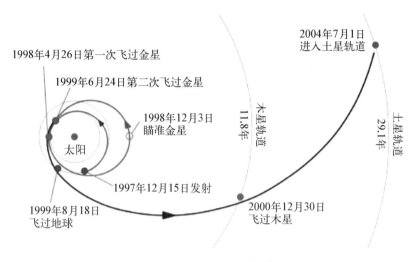

图 5-6　"卡西尼"号飞行路径

"卡西尼"号共经历了 4 次加速：金星(1998 年 4 月 26 日和 1999 年 6 月 24
日)、地球(1999 年 8 月 18 日)和木星(2000 年 12 月 30 日)的引力助推。虽然
"卡西尼"号飞行时间稍长，耗时 6.7 年，于 2004 年 7 月 1 日抵达土星，但是所需
的速度增量少了 2 km/s，故体积和质量都较大的"卡西尼"号能够依靠较少的推
进燃料到达土星。通过霍曼转移轨道法到达土星所需的加速度总值为
15.7 km/s(此处忽略了地球和土星的引力势阱以及大气制动效应)，超过了现有
飞行器推进系统的推进能力。其飞行轨迹于 2019 年被称为"迄今最复杂的引力
助推轨迹"。"卡西尼"号速度随时间的变化如图 5-7 所示。

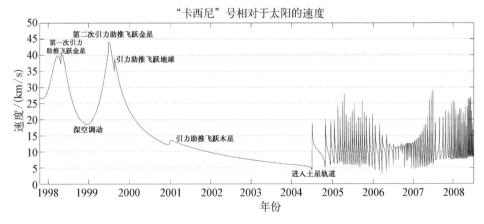

图 5-7　"卡西尼"号速度随时间变化

5.4 太空探索展望

5.4.1 星际航行时代

星际航行是航天器从一个恒星系统、孤星或行星系统到另一个恒星系统的假想航行。由于所涉及的距离范围的巨大差异,星际航行被认为比行星际飞行困难得多。太阳系中任意两个行星之间的距离小于 30 AU,而恒星之间通常相隔数十万个天文单位(AU)(这些距离通常用光年来表示)。由于这些距离过远,故飞船的速度能够达到光速的百分比时才有可能实现星际航行;即便如此,航行时间也将是漫长的,需要至少几十年或更长的时间。

截至目前,共有 5 个太空探测器离开太阳系,进行了真正意义上的星际航行(见图 5-8)。它们分别是"先驱者"10 号(发射于 1972 年)、"先驱者"11 号(发射于 1973 年)、"旅行者"1 号(发射于 1977 年)、"旅行者"2 号(发射于 1977 年)和"新视野"号(发射于 2006 年)。它们目前距离太阳的距离分别为 161 AU、134 AU、134 AU、112 AU 和 57 AU。

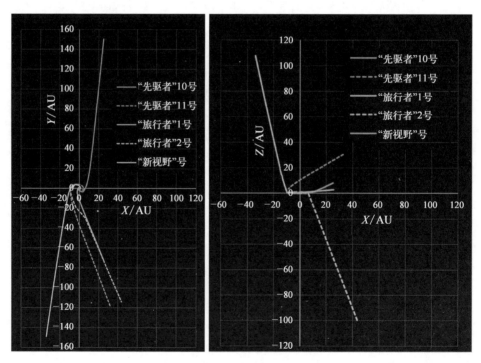

图 5-8　飞离太阳系的 5 个太空探测器从发射到 2030 年的飞行轨迹(见附图中彩图 6)

尽管在国际上星际航行取得了一定进展,但是仍面临较大问题和挑战。首先是星球之间距离过远,目前的航天器仍采用 AU 作为天文单位,若进行恒星际航行则需要采用光年作为天文单位。其次是航天器需要的能量,距离太阳最近的恒星的运动速度是目前航天器速度的数千倍,故需要百万倍的能量才能使航天器加速到同一量级。此外,星际云对于极高速的星际航行也是一大阻碍,星际尘埃与航天器的碰撞会对航天器造成比较大的损害,故而对飞行路径中星际气体性质的了解对于星际航行也极其重要。星际航行对宇航员也是巨大的挑战,长期的星际旅行会对其心理(长期隔离)和身体(极端加速度、电离辐射)造成不可逆影响。

5.4.2　JPL: 未来的太空探索

JPL 的"Studio"项目于 2014 年启动,旨在将创意和技术结合起来,为 JPL 和 NASA 的任务和项目提供创新思路和可能性。该项目由 JPL 的传媒艺术家丹·古兹和戴维·德尔加多主导,他们希望通过将艺术和科学相结合,打破传统思维方式,为航空航天领域带来新的思路和可能性。

"Studio"项目主要由两个方面组成:一是提供艺术和创意支持,二是提供技术支持。在艺术和创意支持方面,该项目与多个艺术家合作,通过艺术表现形式,例如通过视觉艺术、音频艺术和互动艺术等形式来传达科学概念和任务目标。在技术支持方面,该项目提供了各种技术和设备支持,例如 3D 打印、激光切割、VR 和 AR 等技术,为 JPL 和 NASA 的任务和项目提供新的技术手段和可能性。

"Studio"项目的实施为 JPL 和 NASA 的任务和项目带来了巨大的影响。通过将艺术和科学相结合,该项目为航空航天领域带来了新的思路和可能性,推动了技术和创意的融合,加速了科学研究和技术发展。例如,该项目为 NASA 的"欧罗巴快船"任务提供了视觉和声音方面的支持,使得科学家能够更好地理解木卫二的表面结构和地质特征;该项目还为 JPL 的"火星 2020"任务提供了技术和创意支持,使任务能够更好地实现其科学目标。

参考文献

[1]　shn117. 天文史上的今天: 霍曼: 人类行星际航行的先驱[EB/OL]. (2018 - 03 - 11)[2024 - 07 - 14]. https://zhuanlan. zhihu. com/p/34437276? from_voters_page = true.

[2]　邢强. 建造月球基地的历史渊源、当下技术与未来展望[EB/OL]. (2019 - 01 - 10)

[2024 - 07 - 14]. https://m. huxiu. com/article/280560. html? f＝app_android_qq.

[3] 孤舟逆江行. 卡西尼惠更斯号土星探测器的传奇太空之旅[EB/OL]. (2022 - 12 - 18) [2024 - 07 - 14]. https://baijiahao. baidu. com/s? id＝1752564851621244882&wfr＝ spider&for＝pc.

[4] Voyager 2 — Wikipedia[G/OL]. https://en. wikipedia. org/wiki/Voyager_2.

[5] Gravity assist — Wikipedia [G/OL]. https://en. m. wikipedia. org/wiki/Gravity_ assist.

[6] Wagner S, Roth D, Bellerose J. The Cassini mission: reconstructing thirteen years of the most complex gravity-assist trajectory flown to date[R]. NASA, 2018.

[7] List of artificial objects leaving the Solar System-Wikipedia [G/OL]. https://en. wikipedia. org/wiki/List_of_artificial_objects_leaving_the_Solar_System.

[8] The Studio at JPL[G/OL]. https://www. jpl. nasa. gov/thestudio.

第6章 军用飞机分代、民用飞机分级与先进技术

本章主要介绍军用飞机分代、民用飞机分级以及两者的标志性先进技术。军用飞机主要分为四代,本章将阐释每代战斗机的主要特点及其先进性,并介绍著名的战斗机;此外,还将简要介绍美国 X 系列计划。民用飞机可按座位数量、航程长短、飞机宽度等依据来分级,本章还将介绍国内外的著名民用飞机及其先进技术,并以运-10 为例对民用飞机的研制过程进行详细解释。

6.1 军用飞机分代与先进技术

自从人类社会出现飞机以后,世界航空工业最初的发展均来自历次战争的刺激。从第二次世界大战至今,战斗机已从第一代发展到第四代[①]。

第一代战斗机采用中等展弦比后掠翼,高亚声速机动,可实现光学瞄准、尾随攻击、中空突防,发动机推重比约为 4。

第二代战斗机采用小展弦比大后掠三角薄翼,在高空可以超声速作战,安装单脉冲雷达、机炮和红外导弹,可实现近距格斗、高空突防,发动机推重比为 5~6。

第三代战斗机采用边条翼或近耦合鸭翼,中低空高机动性,安装脉冲多普勒雷达和综合航电系统、机炮近距全向导弹、中距导弹,可实现近距格斗、全向攻击、超视距作战、中低空突防,发动机推重比约为 8。

第四代战斗机采用气动布局与隐身技术综合设计,可实现超声速巡航和高机动性,安装相控阵雷达和高度综合航电系统,安装发射后不管导弹、近距全向击导弹,以超视距作战为主兼顾近距格斗,可实现高空突防,发动机推重比约

---

① 2008 年前,军机的分代在国际上长期存在两个标准:美国的四代划分标准以及俄罗斯(苏联)的五代划分标准。2008 年,美国《空军》杂志引入了新五代划分方法。本章将基于美国的四代划分标准这一传统分代标准进行介绍。

为 10。

6.1.1　第一代战斗机的基本特点

第一代战斗机主要指第二次世界大战后发展起来的亚声速喷气式战斗机，该机可以通过中空突防以避开地面炮火，在朝鲜战场上发挥了巨大作用，完全淘汰了螺旋桨飞机。第一代战斗机包括美国的 F-85、F-86(见图 6-1)以及苏联的米格-15、米格-17(见图 6-2)等。这一代战斗机吸取了两次世界大战空战的经验，飞行速度和高度都有明显提高。

图 6-1　美国 F-86 战斗机

图 6-2　苏联米格-17 战斗机

米格-15 战斗机: 第一代喷气式战斗机

米格-15 战斗机全称米高扬米格-15 战斗机(Микоян МиГ-15),是 20世纪 40 年代末期苏联米高扬设计局研制的第一代喷气式战斗机。它是一种高亚声速喷气式战斗机,于 1946 年开始设计。据统计,米格-15 战斗机各型机总产量超过 16 500 架,是苏联制造数量最大的喷气式飞机。

米格-15 原型机初期发展并不顺利,受限于发动机技术始终无法试飞,直至英国工党政府同意出售英国制的两款离心式喷气发动机之后,始有突破,并于 1947 年 6 月首次试飞。然而第一架原型机制作粗糙,第一次着陆就机毁人亡。第二架原型机重新设计,于 1947 年 12 月首次试飞成功。

米格-15 采用机头进气模式。机身上方为水泡形座舱盖,内设弹射座椅。气流在机头由进气道内的隔板分为左右 2 股。机翼位于机身中部靠前,后掠角为 35°,带 4 枚翼刀,翼下可挂 2 只副油箱或炸弹。它是苏联第一种实用的后掠翼飞机,已初具现代喷气式飞机的雏形。机翼穿透机身,与进气道内的隔板总计将气流分为 4 股。在机翼前缘放有一定量的铅,以降低机翼对扭曲刚性的需求。飞机不装备雷达,不具备全天候作战能力。

米格-15 在第一代喷气式战斗机中性能优异,其飞行速度、火力、机动性远远优于美国的 F-80 和 F-84,只有 F-86 性能与其相当。米格-15 的37 mm 机炮可轻松地击穿 F-86 的飞机装甲,虽然在水平盘旋、俯冲加速性能和作战半径方面不如 F-86,但由于推重比大,爬升性能出众,因此在垂直机动性方面压倒了美国当时的所有同类飞机。

米格-15 战斗机

6.1.2 第二代战斗机的基本特点

第二代战斗机主要指 20 世纪 50 年代末、60 年代初装备空军的高空高速战斗机,如美国的 F‑100、F‑101、F‑102、F‑104、F‑105、F‑106、F‑4(见图 6‑3)、F‑5(见图 6‑4)、F‑8、F‑9、F‑11。苏联的米格‑19、米格‑21(见图 6‑5)、苏‑7、苏‑9/11、苏‑15、图‑28,英国的"闪电",法国的"幻影"Ⅲ/5/50,"幻影"F‑1,瑞典的 Saab‑35,中国的歼‑7、歼‑8、歼轰‑7、强‑5 等,最大马赫数可达 2.0 以上。

图 6‑3 美国 F‑4 战斗机

图 6‑4 美国 F‑5 战斗机

图 6‑5 苏联米格‑21 战斗机

　　第二代战斗机是朝鲜战争后的产物,当时人们认为飞机的速度是决定空中优势的主要因素,喷气式飞机完全淘汰了螺旋桨飞机,作战原则是利用速度优势追击目标或逃避对方的攻击,以导弹为主要攻击武器,近距格斗已不是主要作战方式,攻击动作趋于平直化,力求一次攻击结束战斗。

　　在气动布局方面,第二代战斗机主要采用小展弦比大后掠角三角薄翼,机翼后掠角为 $50°\sim60°$,展弦比为 $2\sim2.5$,机翼相对厚度为 $4\%\sim5\%$,可高空超声速作战,作战马赫数约为 2,最大飞行高度大于 18 km,巡航马赫数约为 0.8,最大法向过载为 $4g\sim5g$,雷达截面积(RCS)为 $4\sim10$ m^2;在发动机方面,主要采用涡轮喷气发动机,发动机推重比为 $5\sim6$,飞机推重比为 $0.8\sim0.9$;在飞机系统方面,开始采用带阻尼、增稳等简单功能的自动驾驶仪;在电子火控与武器方面,采用按系统独立设计和配套的机载电子设备、机炮和初级空-空导弹(红外);在作战方式方面,通常采用近距格斗,中、高空突防,尾随攻击;在结构与强度指标方面,多为传统机械连接结构,采用传统静强度、安全寿命设计思想,结构质量系数为 $33\%\sim34\%$,使用寿命为 $1\,700\sim3\,000$ 飞行小时,日历寿命为 $20\sim30$ 年。在材料方面,第二代战斗机未使用先进复合材料,仅使用少量玻璃钢,用于电子设备舱(透波);钛合金约占 2%,如 Ti-6Al-4V,强度级别为 890 MPa,用于次承力结构和隔热结构,如短梁、后机身隔热壁板等;结构钢约占 20%,如 30CrMnSiNi2A、GC-4、4340 等,强度达 1 700 MPa,用于加强框、梁、起落架和平尾转轴等;铝合金约占 64%,如 LC4、LY12、LD7、7178、7075,强度级别为 $375\sim530$ MPa,用于机身的框、翼梁、壁板等。

拓展阅读

SR-71"黑鸟"战略侦察机:涡轮与冲压发动机的高效融合

　　SR-71"黑鸟"战略侦察机是洛克希德公司著名设计师凯利·约翰逊的智慧结晶,这种飞机的最大飞行速度超过声速的 3 倍,能在 24 400 m 以上的高空飞行,至今仍没有一种飞机能够超越。洛克希德在研制 SR-71 的过程中研发了大量首创性新技术和新制造工艺,可以说为了造出这架飞机而重新发明了一种制造工艺,这只有在不惜成本只求性能的"冷战"时期才能实现。在这种"重新发明飞机"的设计思想之下,SR-71"黑鸟"身上表现出了许多新奇的设计特点。

1) SR-71 只有飞到超声速之后才不会漏油

由于普通油箱的皮垫圈或 O 形橡胶圈不能在高温下使用,所以 SR-71 的油箱并不完全密封,飞机在地面时会大量漏油,在机身下方滴洒出一片燃油,足以让第一次看见这种情景的安全官心脏病发作。好在 SR-71 使用的燃油燃点很高,因此比一般燃油要安全得多,即使把一个点着火的打火机扔在燃油里也不会引燃。等 SR-71 超过声速后,机身结构在气动加热下会拉伸,于是油箱接缝也就逐渐弥合,使其最终停止漏油。

SR-71"黑鸟"战略侦察机

2) SR-71 具有典型的隐身外形设计

SR-71 继承了 A-12 单座侦察机的气动布局,进一步加宽边条使机身截面更加扁平化来增强隐身性能,其他的隐身设计特点还有内倾双垂尾设计、机翼前后缘的锯齿状三角形吸波结构。大量隐身设计使生产型 SR-71 的前向雷达截面积降低到了 10 m^2 左右,这在当时算很不错的成绩了。

3) SR-71 在以马赫数 3 持续飞行时,座舱盖玻璃内侧能用来烧烤了

虽然 24 000 m 高空空气稀薄,但 SR-71 在这种高度以马赫数 3 的速度飞行时仍会被气动加热所炙烤。在长时间以马赫数 3 飞行时,SR-71 机身各处的表面温度为 200~650℃不等。座舱周围温度约为 280℃,驾驶舱风挡玻璃的温度会高达 330℃,内侧温度为 150~200℃,飞行员尽管戴着较厚的压力服手套,用手摸舷窗还是能感觉到恐怖的热量。用作油箱外壁的机翼和机身蒙皮温度更高,所以需要在油箱里安装氮气惰化系统来降低发生火

灾的可能性,来自机身压力瓶的氮气被直接注入油箱。为了抵御这种高温,SR-71 的基本结构采用高强度不锈钢和钛合金来制造,93%的机身采用钛合金制造,雷达罩、座舱罩和其他一些部位采用耐高温复合材料制造。

4) SR-71 的 J58 发动机是涡轮发动机与冲压发动机的高效融合

普惠公司研制的 J58 发动机能在涡喷和压气机辅助冲压发动机模式之间来回转换。J58 发动机侧面有 6 根粗大的管子,一端连接发动机压气机,另外一端连接发动机加力燃烧室。

SR-71 的 J58 发动机

该发动机在 1957 年首次运行,当时的最大工作马赫数仅为 2.5,且接近马赫数 2.5 时压气机喘振很严重;但经过"在压气机第 4 级后增设 6 根旁路引气管道将 20%的气直接引到加力燃烧室"这一改装后,它成功地将最大工作马赫数提升至 3.2,且能够在马赫数 3.2 下保持高效推进。空气以马赫数 3.2 的速度进入进气道并被压缩,绕过发动机直接进入加力燃烧室与燃料混合燃烧,产生推力。公开数据表明,在马赫数 3.2 巡航状态下,它的进气道提供 58%的推力,涡轮核心机提供 17%的推力,尾喷管提供25%的推力。

6.1.3　第三代战斗机的基本特点

第三代战斗机主要指 20 世纪 70 年代中期开始装备部队的,以高机动性为主要特点的空中优势战斗机,如美国的 YF-12、F-111、F-14、F-15(见图 6-6)、F-16、F/A-18(见图 6-7),苏联的米格-23、米格-25(见图 6-8)、米格-29(见图 6-9)、米格-31、苏-24、苏-27、雅克-36/38,英国的"鹞"(见图 6-10)、"狂风",欧洲的联合攻击机 EF2000,法国的"幻影"-2000、"阵风",瑞典的 Saab-37,以色列的"幼狮",日本的 FS-X,印度的 LCA 等。

图 6-6　美国 F-15 战斗机

图 6-7　美国 F/A-18 战斗机

图 6-8　苏联米格-25 战斗机

图 6-9　苏联米格-29 战斗机

图 6-10　英国"鹞"战斗机

　　越南战争表明,在空战中飞机仍以近距格斗为主要作战方式,大都在中空亚声速范围内机动,高机动性和有效的火控系统及武器是空战制胜的关键。

　　在气动布局方面,第三代战斗机采用可大幅度提高气动效率的各类新型气动布局,如翼身融合、边条翼和鸭式布局,具有超声速作战和良好的跨声速飞行的机动能力,最大法向过载大于 $8g$,低空航程为 $1\,200\sim1\,400\,\mathrm{km}$,高空航程可达 $4\,000\,\mathrm{km}$;在发动机方面,采用小涵道比涡轮风扇发动机,发动机推重比为 $7\sim8$,飞机推重比为 $1\sim1.2$,油耗大幅度降低,飞机机动性、航程、作战半径提高,作战效能提高;在飞机系统方面,采用数传总线的主动飞行控制系统,具有良好的操稳特性,提高了武器发射精度,改善了作战方式,减轻了飞行员负担,保障了飞行安全;在电子火控与武器方面,综合化了电子、火控及电子对抗系统及较先进的空-空近距全向导弹、中距拦射弹和航炮,大幅度提高了作战效能。

第三代战斗机可进行近距格斗,全向攻击,超视距攻击和中、低空突防,前半球迎面攻击,离轴发射,具有上下发射能力,具有部分对地攻击能力;此外,还采用了新技术,如高升力的先进气动布局,涡扇发动机,全向近距及中距导弹,综合化航电设备,主动控制电传操纵系统,脉冲多普勒雷达,总线技术,计算机集成的综合火控系统。在结构与强度指标方面,第三代战斗机多为边条、翼身融合和整体结构,采用耐久性/损伤容限与腐蚀控制设计思想,结构质量系数为 29% ~ 32%,使用寿命为 4 000 ~ 8 000 飞行小时,日历寿命大于 30 年(苏-27 除外);在作战思想方面,强调先敌发现,先敌攻击,尽量减少自身的目标,超声速突防,快速攻击。

6.1.4 第四代战斗机的基本特点

美国于 20 世纪 90 年代初开始研制第四代战斗机,并于 21 世纪初开始装备部队,如美国的 F-22(见图 6-11)、F-35(见图 6-12),俄罗斯的苏-37(见图 6-13)、I-42、I-2000、S-54、米格-35,欧洲的 EF2000 和法国的"阵风"改进型等。

图 6-11 美国 F-22 战斗机

图 6-12　美国 F-35 战斗机

图 6-13　俄罗斯苏-37 战斗机

隐身飞机 F-117(见图 6-14)是第四代战斗机的先驱。20 世纪 70 年代,隐身与气动综合设计还不成熟,为追求高隐身而牺牲气动特性的典型飞机就是美国的 F-117 战斗机。飞机是三角面锥形,虽然 RCS 在 0.1 m^2 以下,但由于阻力大,只能亚声速飞行,无空战机动能力。

在气动布局方面,第四代战斗机可实现超声速巡航、超声速机动和过失速机动的布局,具备推力矢量技术,具有隐身、高机动性、高可靠性、高生存力、高出勤率、可维修性、长寿命和全埋武器等性能。最大飞行马赫数为 2.0,最大飞行高

图 6-14　隐身飞机 F-117

度大于 18 km,巡航马赫数为 1.5,RCS 小于 0.1 m^2。在动力装置方面,采用小涵道比带有推力矢量喷口的涡扇发动机,可适应广泛飞行范围的变循环控制,可进行超声速巡航,油耗进一步降低,与机上数传总线互联,可实现综合控制。发动机推重比约为 10,飞机推重比为 1.2~1.5。在武器及作战方式方面,飞机按隐身构型设计,武器内置;可挂发射后不管导弹、近距全向攻击导弹、超视距作战为主兼顾近距格斗,高空突防。第四代飞机先进的相控阵雷达和其他电子设备使其具有超视距作战能力。另外,还有低可探测性、高机动性、高敏捷性、持久作战能力强、出击率高等特点,在作战过程中能够先敌发现、先敌开火、先敌摧毁,全方位多目标攻击。在飞机系统、电子火控及武器方面,借助高度综合化机载航空电子系统和主动飞行控制系统,可实现对气动、结构、动力、武器火控的综合控制。具有一定保密通信、确定和摧毁多个战术目标的辅助决策、故障自行修复、全天候作战等能力,具有保形外挂、对地攻击、多目标攻击、抗干扰与自卫能力。飞行员作为战术家,是作战任务的管理员,可实现无忧虑操作。飞机具有良好操纵品质,无须担心失速、超载、发动机停车等问题。

> **拓展阅读**
>
> ### 歼-20 战斗机:最新一代双发重型隐身战斗机
>
> 　　歼-20 是一款具备高隐身性、高态势感知、高机动性等能力的第五代隐身制空战斗机,解放军研制的最新一代(欧美旧标准为第四代,俄罗斯新标

准为第五代)双发重型隐身战斗机,用于接替歼-10、歼-11等第三代空中优势/多用途歼击机的未来重型歼击机型号,该机将担负中国空军未来对空、对海的主权维护任务。

在 2016 年 11 月 1 日,第十一届珠海航展,歼-20首次进行空中飞行展示。两架歼-20做了公开飞行,不仅在现场引起轰动,也立刻被西方媒体大量报道。歼-20是中国现代空中力量的代表作,也进入了世界最先进的第五代战斗机行列,它是中国国防能力高速发展的一个象征。

2018 年 11 月 11 日,第十二届中国航展在珠海迎来"高光时刻":歼-20战斗机在公开飞行展示中挂弹开仓,震撼献礼人民空军成立 69 周年纪念日。2022 年 11 月,第 14 届中国航展正在进行中,此次航展歼-20全部换装中国心,装备全面升级。

歼-20是中国自主研制的第五代战斗机,它的研制实现了既定的四大目标——打造跨代新机、引领技术发展、创新研发体系、建设卓越团队。打造跨代新机,是按照性能、技术和进度要求,研制开发中国自己的新一代隐身战斗机。引领技术发展,指通过自主创新实现强军兴军的目标。歼-20在态势感知、信息对抗、协同作战等多方面取得了突破,这是中国航空工业从跟跑到并跑,再到领跑的必由之路。创新研发体系,是指建设最先进的飞机研制条件和研制流程。通过一大批大国重器的研制,建立了具有中国特色的数字化研发体系。建设卓越团队,是指通过型号研制,锤炼一支爱党爱国的研制队伍,这些拥有报国情怀、创新精神的优秀青年是航空事业未来发展的生力军。未来,中国在战斗机的机械化、信息化、智能化发展征程上不断前行。

歼-20战斗机

6.1.5　美国 X 系列计划

20 世纪末,美国空军研究实验室(AFRL)和美国国防高级研究计划局(DARPA)在研究新型太空战的同时,提出了"未来飞机技术提高"(FATE)的研究项目,要求研制具有新型结构和布局的飞机及飞行作战平台,其相应的验证机通常被冠名"X",相应的研制情况如表 6 - 1 所示。

表 6 - 1　美国 X 系列飞机研制情况汇总

机型代号	验证的关键技术	应 用 情 况
X - 29	前掠翼飞机的飞行性能	全复合材料机翼
X - 30	高超声速空天飞行器	计划已经取消
X - 31	短距起降验证机,验证使用三轴推力矢量技术后,失速机动在战术上的有效性	1990 年 10 月首飞
X - 32A X - 32B	波音公司的 JSF 验证机,验证短距垂直起降技术,竞争 JSF 失败	2000 年 9 月,X - 32A 首飞 2001 年 3 月,X - 32B 首飞
X - 33	未来可重复使用的太空运载飞行器	NASA 已经停止投资
X - 34	未来可重复使用的太空运载飞行器	NASA 已经停止投资
X - 35A X - 35B	洛克希德-马丁公司的 JSF 验证机 验证短距垂直起降技术,竞争 JSF 成功	2000 年 10 月,X - 35A 首飞 2001 年 6 月,X - 35B 首飞
X - 36	波音公司转向无尾翼无人飞行器,验证隐身和敏捷性	1997 年 5 月首飞,电子设备及发动机等技术用于 X - 50
X - 37	可重复使用航天飞机的技术验证机,是 X - 40A 的比例放大型,全复合材料机身	2010 年首飞
X - 38	返回式空间救生艇(乘员援救运载器) 80%结构为先进复合材料	1998 年 3 月由 B - 52 进行了首次投放试验,NASA 已经停止投资
X - 39	美国空军无人驾驶技术辅助验证机	研制资金已转向 X - 45
X - 40A	波音公司研制的无人驾驶空间机动飞行器,验证低速飞行动力特性和自主着陆技术	1998 年 8 月由 UH - 60 直升机首次低空投放
X - 41	通用航空飞行器的技术验证机,实验性低轨道机动式重返大气层飞行器	未公开
X - 42	实验性一次使用液体火箭助推器	未公开

（续表）

机型代号	验证的关键技术	应 用 情 况
X-43A X-43B X-43C X-43D	NASA 高超声速空气动力学技术验证机，飞行马赫数为 7~10	2001 年 6 月，X-43A 首飞失败；2004 年 3 月第二次试飞时速度最高达到马赫数 7；2004 年 12 月第三次试飞时速度最高达到马赫数 9.8，但飞行 10 min 后坠落 X-43B、X-43C、X-43D 计划于 2004 年 3 月被暂停
X-44	美国空军多轴无尾翼有人驾驶战斗机的技术验证机，验证多轴推力矢量技术	F-22 原型机的改进型，处于停滞状态
X-45A X-45B	波音公司为美国空军和 DARPA 研制的无人驾驶战斗机（UCAV）的技术验证机，X-45 生产型的复合材料用量达 90% 以上	2002 年 5 月 22 日，X-45A 首飞成功，X-45B 是 X-45A 的放大机型，但后续未继续研制
X-46A	波音公司海军无人驾驶战斗机的技术验证机，验证航空母舰上操作和监视无人机、压制敌人对空防御和完成深入打击的能力	正在竞争，美国海军和 DARPA 尚未达成一致意见
X-47A	诺斯罗普·格鲁曼公司海军无人驾驶战斗机的技术验证机，验证从航空母舰上实施自主操作的空气动力特性	正在竞争，美国海军和 DARPA 尚未达成一致意见，2003 年 2 月 23 日首飞成功
X-48	诺斯罗普·格鲁曼公司正在研制的有人驾驶翼身混合体	可载 40 名士兵，2007 年首飞
X-49	SH-60"海鹰"改装的高速直升机	2007 年首飞
X-50A	波音公司正在研制的鸭式旋翼机验证飞行中的旋转翼与固定翼转换技术	2006 年项目取消
X-51 "乘波者"	高超声速乘波体空天飞行器	2010 年首飞
X-53	基于 F/A-18 改型的主动气动弹性机翼概念试验机	2002 年首飞
X-54	低噪声超声速运输机	未公开
X-55	先进复合材料货运飞机	未公开
X-56	弹性机翼长航时无人机	2015 年首飞
X-57 "麦克斯韦"	全电推进飞机	2020 年首飞

机型代号	验证的关键技术	应用情况
XQ-58"女武神"	低成本隐身无人僚机	2019 年首飞
X-59	静音型超声速飞机	2019 年首飞
X-60	高超声速飞行器	2020 年首飞
X-61	蜂群作战无人机	2020 年首飞
X-62	可变稳定性飞行测试	2021 年首飞

6.2 民用飞机分级与先进技术

民用飞机"划代"的概念并不清晰,难度较大,这是因为民用飞机的先进性是以市场为标志的,而不是以技术为标志的。因此,通常对民用飞机进行"分级"。

6.2.1 大型飞机和大型民用飞机

大型飞机一般指客运型 100 座级以上的民用客机或货机(国内以往常称为"干线飞机",目前绝大多数以涡扇喷气发动机为动力),以及最大起飞重量 100 t 以上的军用运输机和诸如预警机、加油机、通信中继机等军用特种飞机。

大型民用飞机是航空运输业的主要营运工具,对实现安全、经济地"将地球变得越来越小",促进人类社会的经济发展和社会进步,发挥了不可替代的重大作用,也有力推动了航空工业发展。

大型民用飞机作为一种特殊的产品与所有民用飞机一样,讲求安全性、经济性、舒适性和环保性。为保障航空安全,维护公众利益,其必须具备适航性,即符合法定的适航标准并处于合法的受控状态,明确适航性责任,采用与时俱进的先进适航标准,实施法制的适航管理,就能用适航标准控制适航性,保证航空安全。为保护环境,必须符合法定的外场噪声要求和排放污染标准。为满足市场多方位、多层次的需求,产品采用系列化方式发展。

6.2.2 民用飞机的类别及座级和典型大型民用飞机

民用飞机主要可分为支线飞机和干线飞机,其中支线客机通常在 100 座级以下,而干线客机通常在 100 座级以上。以机身特征来分,民用飞机还可分为单通道窄体飞机和双通道宽体飞机,如图 6-15 所示。

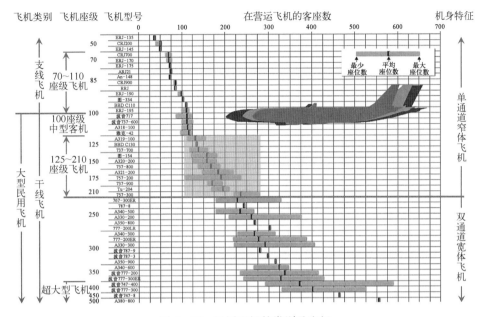

图 6-15 民用飞机的类别及座级

如图 6-16 所示是典型的大型民用飞机型号。

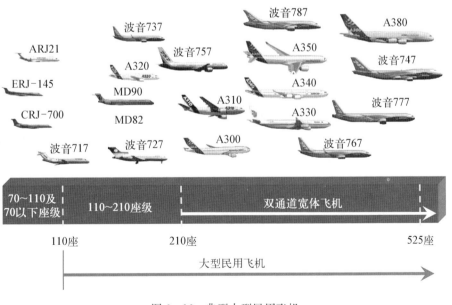

图 6-16 典型大型民用飞机

6.2.3 运-10 研制历程

运-10 是我国首架国产大型喷气式客机,由上海飞机制造厂在 20 世纪 70 年代研制。如图 6-17 所示是运-10 研制的工程框架,可见运-10 的研制是一项并行工程。运-10 研制共完成设计试验 163 项,其中总体气动 59 项,结构强度 50 项,机械系统 29 项,航电系统 25 项。

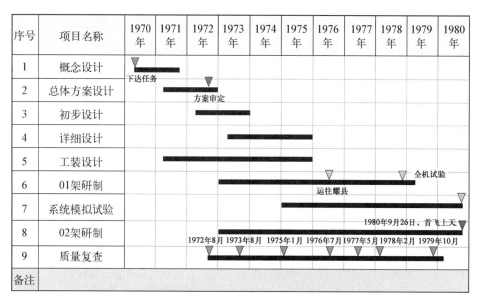

图 6-17 运-10 的研制是一项并行工程

运-10 飞机有 10 项技术突破。

(1) 国内首次采用美、英民用飞机设计规范,突破了过去一直沿用苏联设计规范的局面。

(2) 国内首次采用尖峰式高亚声速翼型。

(3) 国内首次采用"破损安全""安全寿命"概念飞机结构。

(4) 国内首次采用全翼展整体油箱,最大装油量达 51 t,首次研制出机身大气密客舱,最大气密容积达 318.85 m³。

(5) 国内首次采用机翼下吊发动机的总体气动布局。

(6) 国内首次采用由调整片带动操纵面的气动助力操纵形式,省去了液压助力装置。

(7) 国内首次进行规模较大的全机各系统地面模拟试验,进行了自由飞模型试验,共完成全机各种试验 163 项。

（8）全机选用材料 415 项，其中新材料 76 项，占 18%；选用标准 955 项，其中新标准 164 项，占 17%；选用配套成品 435 项，其中新成品 305 项，占 70%；选用轴承 185 项。

（9）国内首次将计算机用于飞机型号设计，编制应用软件 138 项。

（10）国内首次组织大型客机的研制试飞。

6.2.4　民用飞机上的标志性先进技术

1）先进的飞机总体布局与气动力技术

每一个飞机机型的总体布局和气动外形设计都离不开大量的风洞试验。20世纪 80 年代设计的波音 767、波音 757 飞机翼型是在完成 77 个缩比机翼模型风洞试验后才确定的，耗费了大量时间和经费。随着 CFD 技术的发展，所需风洞模型数大大减少，时间也大大缩短。

2）先进的复合材料体系与复合材料结构设计技术

在 A320 飞机中，先进复合材料用量占飞机结构总质量的 11%，在 A340-600 飞机中为 16%，而在 A380 飞机中，先进复合材料用量已经占结构质量的22%；波音 787 飞机结构中先进复合材料用量达到了 50%。

3）先进的驾驶舱电传操纵系统

最早在 A320 飞机上使用的驾驶舱布局和电传操纵系统成为空客公司赶超波音公司的杀手锏技术，该技术后来成为空客系列飞机上通用的标准配置。事实证明，正是这种驾驶舱电传操纵系统的通用性，使空客飞机的飞行员从一个系列飞机转到另一个系列飞机所需的训练时间大大缩短。

参考文献

［1］ 罗晨.图解米格-15 战斗机［J］.军事文摘,2017(7)：35-38.

［2］ 施征.长空利剑：盘点世界八大著名战斗机［J］.科学 24 小时,2011(5)：53-55.

［3］ 钟兆云.新中国上天记［J］.报告文学,2009(10)：66-107.

［4］ Ropelewski R. SR-71 Impressive in high-speed regine［R］. 1981.

［5］ 高原.话说现代战斗机［J］.科技文萃,2004(3)：181-184.

［6］ 牛晨斐.“战场幽灵”：世界各国隐形战机盘点［EB/OL］.(2014-11-27)［2024-04-02］.http://www.81.cn/jmbl/2014-11/27/content_6245728_2.htm.

［7］ 沈海军.2016 年 11 月 1 日：歼-20 首次公开亮相的那一刻［J］.百科知识,2019(25)：12-13.

［8］ 张娜.用奋斗的双手创造美好未来［N］.中国经济时报,2018-03-21(A06).

［9］ 吴斌斌.歼 20 总师杨伟在“代表通道”答记者问［N］.中国航空报,2018-03-22(A01).

［10］　朱峰. 先进的 X 系列验证机［J］. 航空知识,2002(12)：38－41.

［11］　张辉. 我国大型民用飞机产业发展战略研究［D］. 上海：上海交通大学,2008.

［12］　黄微. 中国大飞机计划揭秘［J］. 沪港经济,2007(8)：16－17.

［13］　佚名. 一次有意义的攀登：谈运 10 飞机研制的经验和教训［J］. 民用飞机设计与研究,
　　　2000(3)：16－21.

第7章 大型飞机设计方案与分工

本章将重点介绍大型飞机设计方案与方案对应的相关分工。对大型客机的设计而言,其各部分的组成是复杂的,需要多学科交叉融合与合理分工。本章分别从大型飞机的总体方案、C919 大型客机总体设计及其设计方案的经济性评估。通过本章的介绍可以全面了解和掌握大型商用飞机设计方案的设计与分工。

7.1 大型飞机的总体方案

本节将从布勒盖(Breguet)航程公式与待机续航时间公式出发,介绍飞机总体设计的方案分工。

7.1.1 航程公式与续航时间公式

为了更好地介绍飞机的相关设计方案,首先需要引入两个具体的公式,布勒盖航程公式与待机续航时间公式。其中布勒盖航程公式为

$$R = \frac{V}{C} \cdot \frac{L}{D} \ln \frac{W_{i-1}}{W_i} \Rightarrow \frac{W_i}{W_{i-1}} = \exp \frac{-RC}{V\left(\frac{L}{D}\right)} \tag{7-1}$$

式中,V 为飞机飞行速度;R 为航程;C 为耗油率;$\frac{L}{D}$ 为升阻比。$\frac{W_i}{W_{i-1}}$ 为飞机飞行重量与燃料耗尽后重量的比值。从布勒盖航程公式可以看出,飞机的巡航主要与飞机的推进效率和升阻比有关。

待机续航时间公式为

$$E = \frac{\frac{L}{D}}{C} \ln \frac{W_{i-1}}{W_i} \Rightarrow \frac{W_i}{W_{i-1}} = \exp \frac{-EC}{\frac{L}{D}} \tag{7-2}$$

式中,E 为续航时间。通过布勒盖航程公式和待机续航时间公式可以很好地反映大型客机的飞行效能,也是飞机设计的重要参考。

7.1.2 飞机气动设计

飞机的气动布局方案是飞机总体设计的核心点,自 20 世纪 30 年代提出"现代客机"的概念以来,飞机的气动布局就一直是飞机总体设计中需要优先解决的难点问题。通过飞机的气动布局演变也可以直观地看出民用航空工业的总体水平,从最早的活塞螺旋桨客机,如道格拉斯公司的 DC-3,到后来采用燃气涡轮发动机的英国"彗星"客机,再到采用涡喷发动机的波音 707 客机,到最后采用涡扇发动机的波音 737 与空客 A320 等经典机型,民用飞机的气动布局逐渐形成细长机身、后掠翼的飞机布局,其中翼吊双发布局更是成为客机气动布局的主流形式。

飞机的气动布局形式主要有常规布局、鸭式布局、V 尾布局等。其中常规布局表示飞机的水平尾翼和垂直尾翼都放在机翼后面的飞机尾部(见图 7-1),是现代飞机最常采用的气动布局,也是其常规布局命名的由来,它的技术成熟,有大量的研制、使用、维护经验,成为客机的重要布局形式。

图 7-1 常规布局单通道飞机气动布局

同时,飞机的气动设计需要解决飞机的机翼气动设计,包括飞机机翼翼型的选择以及后掠角等安装角度的设计。翼型是机翼等翼面的二维截面,对于翼面乃至飞机气动性能都有重要影响,所以选择翼型是翼面设计的基础和重点。翼型参数的基本定义如图 7-2 所示,主要的影响参数主要有以下几种。

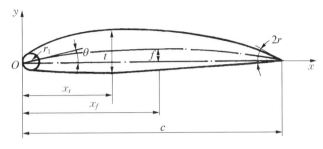

图 7-2　翼型参数的基本定义

（1）弦长 c：前缘到后缘的距离。

（2）最大厚度 t：垂直于弦线，上下曲线之间的最大距离。一般将最大厚度除以弦长，称为"最大相对厚度"，比如常说某翼型厚度 12%，就是说其最大相对厚度为 12%。

（3）最大厚度位置 x_t：最大厚度处的 x 位置，常除以弦长，以百分比表示，如某翼型最大厚度位置为 30%。

（4）最大弯度 f：中弧线与弦线之间的最大距离。常除以弦长称为"最大相对弯度"，如某翼型最大弯度为 3%。

（5）最大弯度位置 x_f：最大弯度的 x 位置，常除以弦长，称为"最大弯度位置"，如某翼型最大弯度位置为 50%。

（6）前缘半径：前缘的曲率半径。

（7）后缘角：翼型上下曲线在后缘的夹角。

飞机气动设计的参数确定和性能评估是非常复杂的设计过程，伴随着空气动力学理论的发展和计算机技术的进步，飞机的气动设计逐渐形成了计算流体力学(CFD)和风洞试验相结合的设计方案。在 20 世纪 50—60 年代，风洞试验是飞机气动设计的主要依赖手段，为超临界翼型和翼梢小翼等设计方案提供了大量的支撑数据，直接影响了超声速飞机和高亚声速飞机的气动外形设计。CFD 分析程序在 20 世纪 70 年代开始成熟，并逐步成为指导飞机气动设计的有效工具。可以说，未来飞机的气动设计将更依赖于 CFD 的分析能力，此外，气动设计水平的不断提升可能会使越来越多的新型布局形式应用于民用飞机。图 7-3 所示为飞机气动设计中的 CFD 分析和风洞试验。

7.1.3　飞机结构设计

飞机的结构设计是飞机总体设计的重要一环，主要涉及飞机机翼结构、飞机机身结构、飞机起落架布局等方面。民用客机的机翼结构主要可分为中央翼、外

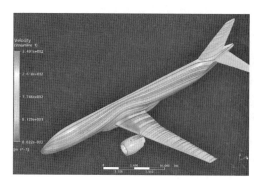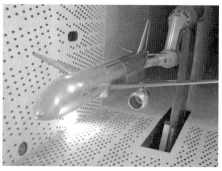

图 7-3　飞机气动设计中的 CFD 分析和风洞试验

翼盒段、前后缘、翼梢小翼四个部分，如图 7-4 所示。现代飞行器翼面和机体多是由骨架和蒙皮组成的薄壁加筋结构，这种承力蒙皮结构既承受飞行载荷，也保持着飞行器的流线型表面。加筋式壁板结构在保证可靠性和耐用性的同时能明显节省材料，减轻结构质量，从而提高结构效率和经济性，因而被广泛应用于航空航天等大型结构工程领域。通常，民机机翼主结构优化是在外形、各工况、界面、强度、刚度、稳定性、耐久性、损伤容限、制造工艺、可维护性、成本等多种约束条件下综合处理结构布置、截面形式、结构尺寸和铺层等各级诸多设计变量，以质量最小为目标的复杂系统、多层次、多约束、多变量综合优化设计过程，并且在实际工程型号设计中，结构设计最优目标可能还需要在结构质量、用户需求、技术风险、工艺路线、项目周期、寿命周期成本等多目标之间进行平衡。

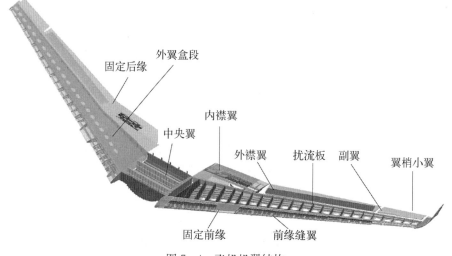

图 7-4　飞机机翼结构

机身是飞机的五大组成部分之一,它具有固定机翼、尾翼、起落架等部件的功能,同时还将其连成一个整体。除此之外,机身是容纳飞行员(旅客)、货物,装载燃油及各种设备的地方。飞机的机身依据其位置可分为机头、前机身、中机身、中后机身、后机身五个部分,如图 7-5 所示。按照机身各部件,现代飞机的机身结构是由纵向元件(沿机身纵轴方向,包括长桁、桁梁和垂直于机身的横向元件隔框)以及蒙皮组合而成。

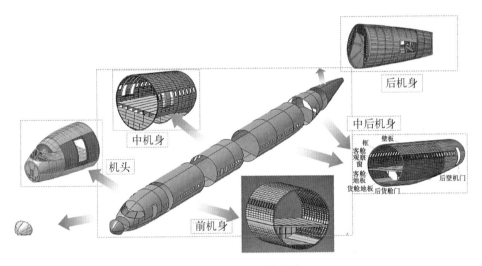

图 7-5　飞机机身结构

隔框分为普通框和加强框两大类。普通框用来维持机身的截面形状。一般沿机身周边空气压力对称分布,此时空气动力在框上自平衡,不再传到机身别的结构。普通框设计成环形框,当机身为圆截面时,普通框的内力为环向拉应力;当局部机身截面接近平直段时,普通框内就会产生弯曲内力。普通框还对蒙皮和长桁起支持作用,隔框间距影响长桁的总体稳定性。加强框除上述作用外,其主要功用是将装载的质量力和其他部件上的载荷经接头传到机身结构上的集中力加以扩散,然后以剪流的形式传给蒙皮。

长桁作为机身结构的纵向构件,在桁条式机身中主要用以承受机身弯曲时产生的轴力。另外长桁对蒙皮有支持作用,它提高了蒙皮的受压、受剪失稳临界应力;它承受部分作用在蒙皮上的气动力并将其传给隔框。桁梁的作用与长桁相似,只是截面积比长桁的大。

机身蒙皮在构造上的功用是构成机身的气动外形,并保持表面光滑,所以它承受局部空气动力,以及面内的剪力和绕飞机航向的扭矩;同时和长桁等一起组成壁板,承受两个平面内弯矩引起的轴力,只是造型不同,机身承弯时它的作用大小不同。

7.1.4　发动机设计

发动机是飞机的心脏,是飞机最重要的组成部分之一,发动机的设计本身涉及力学、材料、传热、控制等多学科领域的交叉融合,发动机性能的好坏也是航空工业发展水平的重要指标。对现代大型客机而言,涡扇发动机是飞机发动机采用的主要发动机形式,其中涵道比大于 4 的涡扇发动机称为"大涵道比发动机",它的耐久性、可靠性等方面与早期的涡喷发动机相比有了很大提升,同时具备大推力、低油耗和低噪声等特点,因此现代高亚声速民航客机和军用运输机大多采用大涵道比涡扇发动机作为动力系统,以保证航空发动机在各种飞行状态和环境条件下均能正常工作,现在普遍使用由进气道、整流罩和尾喷口组成的短舱(见图 7 - 6)将发动机核心部件包含在内,为航空发动机提供防护和安装条件,同时起到整流、降噪的作用。

图 7 - 6　飞机发动机短舱

短舱设计的主要目的是提供一个能包含发动机核心部件的最紧凑流线外形,且对飞机的飞行性能影响最小,同时兼顾防冰、防火、防噪、安装和维护等功能。短舱的外部型面主要影响发动机的气动阻力,随着发动机推力的增加和涵道比的增大,发动机的长度和风扇半径也随之增大,带来的短舱外部阻力问题也越来越显著。大涵道比涡扇发动机短舱产生的阻力约占飞机飞行阻力的 5%，当短舱产生的阻力减小 40% 时，能降低飞机总阻力和燃料消耗的 1%～2%。短舱内部型面为皮托式发动机进气道，基本功能是引导气流减速增压，为发动机持续不断地提供所需要的空气流量。进气系统的内部流场是影响发动机性能的关键因素，流动损失较大的进气道会降低发动机性能，在一定的飞行高度和速度下，进气道总压恢复每损失 1%，发动机的总推力就损失 1.25%。飞机发动机短舱进气道如图 7-7 所示。

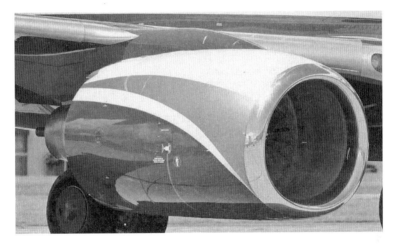

图 7-7　飞机发动机短舱进气道

7.1.5　飞机航电系统设计

随着航空电子系统的发展，航电系统经历了 20 世纪初的分立式、20 世纪 70 年代以美军提出的"数字航空电子信息系统"为基础的联合式、以 F-22 为典型代表的综合航电系统以及先进综合航电系统，航空系统从单功能到高度综合的模块化不断发展。

第一代航空电子系统从 20 世纪初逐渐萌芽，这段时间内，载人飞行和无线电技术也同时诞生，一直到 20 世纪 70 年代，都属于第一代航电系统，称为"分立式结构"。在这种分立式结构下，不同的航电子系统负责不同的功能任务，拥有独立和完整的硬件，涉及传感器、执行器、数据处理、控制和显示等设备。飞行员通过观察不同子系统的状态对飞机的各个部件保持了解并且通过控制部件进行操作，但这种显示和控制方式操作慢、效率低。

20 世纪 70 年代初，美国著名的莱特实验室宣布了"数字航空电子信息系统"的诞生,同时考虑数据总线和综合显示控制等技术,开创了航空电子系统的新篇章,称为"第二代航空电子系统",是联合式航电系统。其通过标准多路传输数据总线(MIL-STD-1553)实现航电系统设备间的信息共享,对硬件的互连起到了简化作用。

第三代航空电子系统以美国 F-22"猛禽"战斗机为代表,采用信号和数据处理机组成航空电子系统核心处理系统,核心处理系统主要由支撑各类飞机任务的计算模块所组成,大大减少了航电系统整体的机载资源以及质量。此外,综合式航电系统还提出了任务分区的概念,打破了各子系统的物理界限。

第四代先进综合航电系统代表航空电子系统的最高水平,提出了综合化和模块化的概念,采用综合核心处理系统(ICP)、传感器综合和天线综合、开放式系统结构和商用货架技术等。

新一代分布式综合模块化航空电子(DIMA)系统集中了综合式和分立式两种综合模块化航空电子(IMA)体系架构的设计特点,对通信系统的稳定性、可靠性以及容错性能提出了更高的要求。DIMA 系统将通用处理模块分散放置于机身各处,使 I/O 接口处理靠近传感器和受动器,并且分离应用处理模块和 I/O 处理模块。DIMA 系统同时被视为是未来新一代航空电子系统发展的主流方向。放眼未来,对我国航空事业高速、健康地发展有着巨大的推动作用。

对现代大飞机而言,航空电子系统提供飞机通信、指示/飞行数据记录、导航/监视、核心处理、机载娱乐、机载维护、信息管理等功能,其系统组成如图 7-8 所示。整个航电系统由自动飞行、通信、指示和记录、导航、综合处理、客舱、机载维护、信息等部分组成。

同时,飞机的飞控系统也是飞机航电设计的一部分,随着民用飞机的快速发展,现代先进民用飞机上的自动飞控系统已由稳定飞机三轴角运动、功能简单的自动驾驶仪发展为高度集成化的自动飞控系统专用模块,形成了高集成、高安全、高传输速率、多阶段自动控制、模态复杂的先进民用飞机自动飞控系统,如图 7-9 所示。

自动飞控系统相较于人工飞控系统,可以辅助飞行员对飞机进行飞行控制,对飞机的俯仰角稳定、滚转角保持、高度改变及保持、自动着陆等进行自动控制,进而减轻飞行员的驾驶负担,提高飞行品质,提升乘坐舒适性,提高飞机性能。自动飞控系统可在起飞阶段(飞机起飞、离场、爬升),巡航阶段,下降及进近着陆阶段(进近、着陆、滑跑)等全飞行阶段使用,主要包含飞行导引控制、自动推力、自动着陆、显示告警、飞行包线保护等功能。在控制过程中,飞行导引控制功能

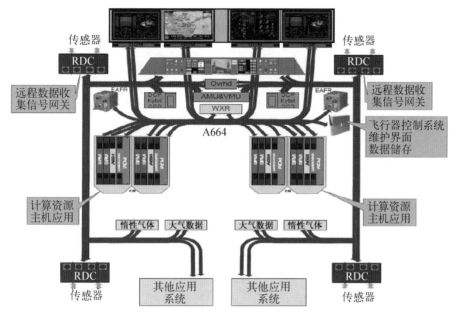

图 7-8　飞机航电系统组成

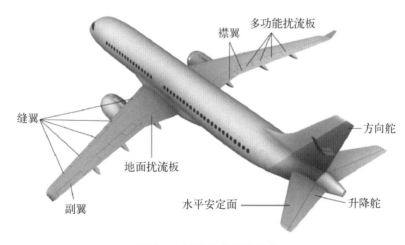

图 7-9　飞机飞控系统组成

基于机上多源传感器信号的数据(如惯导系统提供的姿态信息、飞管系统提供的指令信息、飞行控制板提供的控制指令等),进行姿态解算,提供飞行指引和自动驾驶功能,最终对飞机垂直方向和水平方向进行控制;自动推力功能通过计算油门杆指令信息调节油门杆位置,进而实现发动机推力控制;自动着陆功能可根据不同的气象条件对飞机在进近着陆阶段进行精准控制,确保飞机在关键飞行阶段精密和安全进近；通过显示及告警信息，向飞行员提供飞行指引及自动驾驶的进出状态和故障告警信息；飞行包线保护功能则通过多工作方式的耦合工作，协同限制自动飞控系统在工作状态下的飞行包线，提供全飞行过程中的速度保护功能。

7.2 飞机的总体设计——以 C919 为例

C919 大型客机是中国按照国际民航规章自行研制、具有自主知识产权的大型喷气式民用飞机，座级为 158～192 座，航程为 4 075～5 555 km。2015 年 11 月 2 日完成总装下线，2017 年 5 月 5 日成功首飞，2022 年 9 月 29 日获得中国民用航空局颁发的型号合格证，2023 年 5 月 28 日正式投入商业运营。C919 的总体设计方案是我国大飞机设计智慧的结晶，其总体方案及各方案特色对国际民航飞机设计具有重要的借鉴意义。

7.2.1 C919 总体方案

C919 的航程与部分起飞参数如表 7-1 所示。C919 飞机的飞行参数主要有四个：载客数、升阻比、巡航耗油率和待机耗油率。C919 的载客数为 150 人，升阻比 $L/D=17$，巡航耗油率为 12 mg/(N·s)，待机耗油率为 9.4 mg/(N·s)，是标准的单通道大型干线客机。

表 7-1　C919 航程与起飞参数

航程/km	起飞重量/kg	油量/kg
1 000	33 158.29	934.51
2 000	35 145.49	1 953.12
3 000	37 310.36	3 066.53
4 000	39 675.73	4 287.23
5 000	42 268.42	5 629.94
6 000	45 120.02	7 112.02
7 000	48 268.00	8 754.15

C919 的飞机总体设计是反复迭代逐渐逼近的过程，包括推进构型、客舱布局、运营设计、机翼构型等多方面的优化设计，通常满足设计要求的可行方案有多种，需要确定总体设计参数和参数分析进行筛选迭代。

7.1.2 节介绍了飞机总体气动布局的种类,而在 C919 的设计中,气动布局的方案也几经迭代,最终选择了常规布局单通道的布局形式。在这种布局下,飞机的座位是按照一排一排的方式排列的,而不是像其他布局那样交叉排列的。这种布局可以使乘客更容易找到自己的座位。值得注意的是,C919 的气动布局与常规气动布局依然有所不同,其气动布局特点如图 7 - 10 所示。C919 整体采用常规布局形式,后掠下单机翼、左右机翼下各安装一台高涵道比涡轮风扇发动机、常规型尾翼及前三点可收放起落架。C919 的机翼为超临界后掠下单翼,优势在于可提供更大的机身内可用容积,但固定在机身下部的翼梁会限制安装在机翼下部部件的尺寸,吊装在

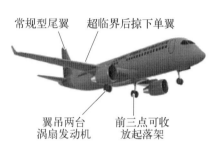

图 7 - 10　C919 飞机气动布局

下单翼飞机下部的发动机会导致起落架支柱较高,支架质量增加,但有利于起落架的收放且维护比较方便。C919 的起落架为前三点式,可以显著地提高飞机的着陆速度,提高起飞着陆时滑跑的稳定性,同时由于机身处于接近水平的位置,故飞行员座舱视界的要求较容易满足。

C919 长 38.9 m,宽 35.8 m,高 11.952 m,主轮距 7.62 m,前轮距 13.468 m,最大起飞重量 72 500 kg,机舱宽度为 3.73 m,符合机场 C 类要求。

C919 总体方案的主要参数特点如下。

(1)两人机组驾驶舱体制。

(2)大屏 LCD 显示器。

(3)低油耗、低噪声、低排放先进涡扇发动机。

(4)全权限电传操纵和先进主动控制技术。

(5)通用性、开放式、模块化航电系统,AFDX 总线网络。

(6)提高复合材料、铝锂合金、钛合金应用比例,减小结构质量。

7.2.2　C919 方案各方面特色

对 C919 大型客机而言,其设计方案主要分为以下几个方面:气动布局方案、结构设计方案、发动机方案、航电系统方案、舱位布置方案等,可以看出,大型客机的设计和总体方案需要多学科的交叉合作。

气动布局方案主要解决飞机的整体气动布局以及与机翼相关的参数。C919 的机翼设计如图 7 - 11 所示。机翼的前缘部分设置前缘缝翼,它的作用是

让空气流动的速度加快,防止气流分离,避免出现大的气流漩涡,也可以防止飞机失速坠毁。C919 飞机在大迎角状态下飞行时,前缘缝翼会完全打开。C919的副翼在机翼后缘靠外的侧面,是飞机飞行时最重要的控制舵面,连接在机翼主体结构上。作为操纵界面,它可以绕轴偏转,实现控制横向机动的效果。在后缘中部设置有多功能扰流板,在机翼与机身连接处设置有地面扰流板,其作用主要在于减阻和辅助转弯,在飞机降落时扰流板升起,扰乱气流,破坏机翼气动外形,减小升力、增大阻力,从而帮助机翼完成减速。在飞机转弯时下沉机翼一侧扰流板升起,减小升力、增大阻力,有利于形成坡度帮助飞机转弯。

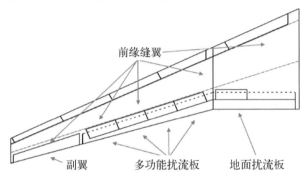

图 7 - 11　C919 机翼设计

　　结构设计方案的作用在于确定全机结构布局,确定飞机部件的结构打样设计,确定飞机各零部件的合理性,以 C919 客机为例,其结构设计方案如图 7 - 12所示。在结构设计上,C919 的要求是要具有良好的舒适性、经济性和安全性,这三者之间是相互矛盾但需要统一的。提高安全性,就可能超重,进而降低经济性;提升经济性,又很可能影响舒适性。因此,为了协调三者之间的关系,C919 采用创新结构设计,应用高性能材料。全机采用大量强度更好、密度更低的新型结构材料。以第三代铝锂合金、复合材料为代表的先进材料总用量占比达到飞机结构质量的 26.2%。C919 还应用了 3D打印钛合金零件,从而降低飞机的结构质量,延长使用寿命,提

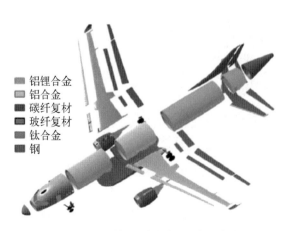

■ 铝锂合金
▢ 铝合金
■ 碳纤复材
■ 玻纤复材
■ 钛合金
■ 钢

图 7 - 12　C919 结构设计方案(见附图中彩图 7)

高燃油经济性。

在发动机方案方面,C919 采用了两个 CFM 公司的 LEAP-X1C 发动机,发动机类型为中型涡扇发动机,布局方案为吊装在机翼下方。涡扇发动机是以涡喷发动机为基础,增加一个外涵道而形成的,如图 7-13 所示。当气流通过其内涵道和外涵道时,动量均有所增加,因此内外涵道都能产生推力。与涡喷发动机相比,由于增加了外涵道,使空气流量增加,排气的平均速度降低,故涡扇发动机在低速时效率提高,耗油率降低。

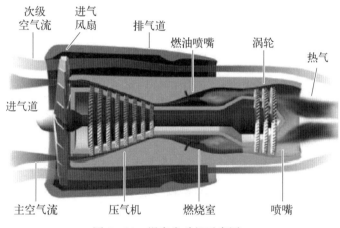

图 7-13　涡扇发动机示意图

C919 大型客机航电系统以综合模块化航电平台、航空全双工以太网作为数据交换和处理的中枢,包含综合显示、飞行管理、通信、无线电导航、综合监视、大气数据测量、惯性导航、飞行记录和机载维护等系统功能。此外,航电系统还与飞机众多系统的电子控制单元有错综复杂的交联关系。

飞机舱位布置是乘客感知最明显的设计部分。C919 的舱位布置如图 7-14 所示,客舱过道高度为 2.25 m,单曲圆弧造型设计的下拉式行李舱设计能给旅客提供更大的顶部和前方视觉空间;10 种情景化照明模式、较低的噪声水平、健康清新的空气质量,能为旅客提供更加舒适的乘坐环境。相比于 A320neo,C919 客舱横截面具有更大的宽度,会带来更愉悦的乘坐体验。

7.3　C919 设计方案的经济性评估

民航客机的经济性评估是指对飞机的经济效益进行评估,以确定飞机的投资回报率和成本效益。经济性评估的基本原理如下:对期望结果的预测(如对

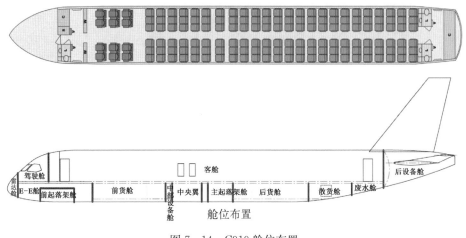

图 7-14　C919 舱位布置

飞机全寿命周期的运行收入预测);对影响结果的因素进行分析(如飞机选型、航线规划、机队管理等);对结果进行评价(如飞机投资回报率、成本效益等)。

　　对商用飞机来说,运营商是飞机研发的"隐形"核心决策者,飞机制造商必须从运营商处获得相关投资和收益,它是飞机研发的直接决策者,因此,"飞机全寿命周期成本最低和价值最大化"也是运营商重视的关键目标之一。此外,政府部门须从宏观上科学地决策和调整产业的财税政策,更为关注航空产业的投入产出比。一架优秀的商用飞机不仅需要满足对飞行性能的要求,还需要对飞机设计运营的经济性进行评估。

7.3.1　C919 设计方案的项目经济可行性分析

　　研制成本包括非重复成本(也称为"沉没成本")和重复成本两大部分,即设计成本和制造成本。飞机的设计重量是与飞机所有组/部件都关联的唯一技术参数,也是涉及飞行速度、起降能力、航程以及商载等基本性能的重要技术参数。基本空重(BEM)定义为使用空重(OEW)扣除使用项目重量后的重量。在分析飞机设计方案的项目经济可行性时,通常会假设研制成本与基本空重成正比,在此基础上建立项目经济可行性的评估。

　　第一步:把飞机按组/部件分解成若干成本模块。图 7-15 示例给出了飞机组/部件的分解。可以多层次分解,将装配和系统列为单独模块。以第一层次的分解为例,飞机系统可分为机身、尾翼、机翼、起落架、动力装置安装、系统、客货舱、总装等若干模块。在此基础上,通过各模块的分类完成商用飞机的重量分解,如图 7-16 所示。

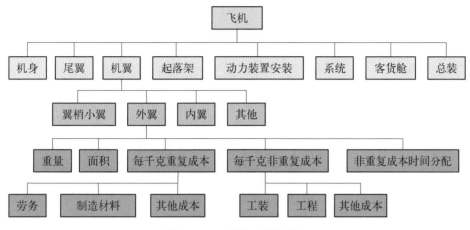

图 7-15　飞机组/部件分解

第二步：确定每一成本模块的设计重量和每千克重量设计/制造成本。每千克重量设计/制造成本，可利用过去项目历史数据的回归分析来确定，并应用判断因子修正到当前的项目。判断因子包含构型因子、复杂性因子、复合材料因子、熟练因子和共通性因子等。

第三步：确定设计成本和制造成本。非重复成本（NRC）即设计成本。成本模块的非重复成本为成本模块的重量与相对应的每

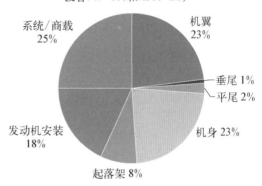

图 7-16　商用飞机重量分解统计

千克重量设计成本之乘积，总非重复成本是所有成本模块之和。NRC 应该按比例分配到下述成本项目上。

（1）工程设计：包括总体定义和构型控制、机体设计和分析以及系统综合，占 60%。

（2）制造工程：包括制造工艺、程序和计量方法等，占 10%。

（3）工装设计：包括工具和型架的设计，占 6%。

（4）工装制造：包括工具和型架的制造，占 16%。

（5）其他成本：包括研发支持（风洞试验、强度和疲劳试验等）和试飞验证，占 8%。

重复成本(RC)即单机制造成本。成本模块(包含劳务成本、制造成本和其他)的重复成本为成本模块的重量与相对应的每千克重量制造成本之乘积,总的重复成本为所有成本模块的重复成本之和。

重复成本应该按比例分配到下述成本项目上。

(1) 劳务成本:制造、装配和总装,占43%。

(2) 制造材料:原材料、外购产品和设备,占43%。

(3) 其他成本:质量控制、产品工装支持、工程设计支持,占14%。

在明确 NRC 和 RC 的定义和成本分解的基础上,C919 的成本分解如图 7-17 所示,通过成本分解图可以直观地明确飞机各模块在飞机研发成本中的占比,对飞机的生产研发乃至后续的运营维护提供有力的参考。

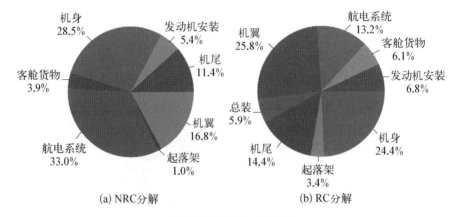

(a) NRC分解　　　　　　　　　　(b) RC分解

图 7-17　C919 成本分解

飞机收益为飞机价格减去若干成本项的结果,例如某宽体机型销售价格为1.4亿美元,其收益计算如表 7-2 所示。

表 7-2　收益计算

收 益 分 析	收 益
单机基本价格/亿美元	1.4
成交价平均折扣/折让率/%单机基本价格	12
销售成本/%单机基本价格	1
飞机交付费用/%单机基本价格	0.5
销售中的索赔和诉讼费等/%单机基本价格	0.2
客户服务支出/%单机基本价格	5
单机销售收益/亿美元	1.14

通过 NRC、RC 和飞机销售收益(revenue)即可评估出飞机产品的盈亏平衡点,如图 7-18 所示。

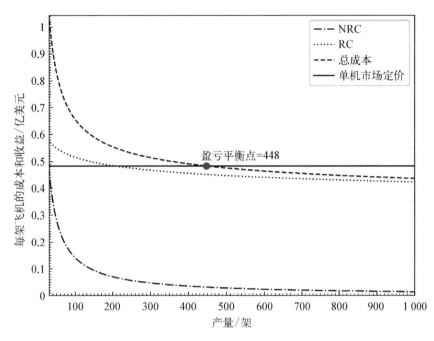

图 7-18　盈亏平衡分析(基于 2023 年的中国市场)

7.3.2　C919 设计方案的运营经济性分析

产品运营经济性以直接运营成本(direct operating cost,DOC)指标为核心。C919 的直接运营成本主要包括财务成本(financial cost)、燃油成本(fuel cost)、维修成本(maintenance cost)、机组费用(crew cost)、机场费用(airport fee)、导航费用(navigation charge)、地面服务费(ground handling charge)、餐食费用(catering cost)和民航发展基金(CAAC development fund)。

1) 财务成本

财务成本主要包含折旧、贷款利息和保险三部分。折旧成本可以通过式(7-3)计算而得:

$$DC = TI \cdot \frac{1 - RV}{DEPR \cdot U} \qquad (7-3)$$

式中,DC 为飞机折旧成本(美元/轮挡小时);TI 为飞机及初始备件的投资总额(美元),包括飞机采购价和初始备件采购价;RV 为飞机和备件的残值(一般取

5%投资额);DEPR 为飞机折旧年限;U 为飞机有效年利用率(轮挡小时/年)。

折旧年限一般取 20 年,航段轮挡时间一般为航段飞行距离加 0.25 h(暖机和滑出 10 min,滑进 5 min)。贷款利息成本取决于购机融资的方式。保险费用取 0.35%的飞机价格。

2) 燃油成本

燃油成本等于轮挡燃油量乘以燃油价格。轮挡燃油是指发动机和辅助动力装置(APU)从飞机撤除轮挡滑行起飞至飞机着陆停稳后安放轮挡为止所消耗的全部燃油。

以窄体飞机为例,燃油成本约占 DOC 的 35%左右,它是影响经济性的主要指标之一。

3) 维修成本

维修成本根据下述方法来计算,其与单台发动机未安装海平面静推力(SLST)和机体质量等设计参数正相关,由机体维修费用和发动机维修费用组成。

(1) 机体维修劳务成本。

$$\text{AML}_{\text{FH}} = 1.26 + 1.774 \cdot \frac{\text{AFW}}{10^5} - 0.170\,1 \cdot \left(\frac{\text{AFW}}{10^5}\right)^2 \qquad (7-4)$$

$$\text{AML}_{\text{FC}} = 1.614 + 1.722\,7 \cdot \frac{\text{AFW}}{10^5} + 0.102\,4 \cdot \left(\frac{\text{AFW}}{10^5}\right)^2 \qquad (7-5)$$

$$\text{AML} = \text{AML}_{\text{FH}} \cdot \text{FH} + \text{AML}_{\text{FC}} \qquad (7-6)$$

$$\text{AMLC} = \text{AML} \cdot R \qquad (7-7)$$

式中,AML_{FH} 为与飞行小时有关的机体维修小时数(维修小时/飞行小时);AFW 为机体质量(lb[①]),等于制造空重减去发动机干重;AML_{FC} 为与飞行循环有关的机体维修小时数(维修小时/飞行循环);AML 为机体维修劳务小时数(维修劳务小时/航段);FH 为每航段飞行小时数(飞行小时/航段);R 为机体维修劳务费率(美元/小时);AMLC 为机体维修劳务成本(美元/航段)。

(2) 机体维修材料成本。

$$\text{AMM}_{\text{FH}} = \left[12.39 + 29.80 \cdot \frac{\text{AFW}}{10^5} + 0.180\,6 \cdot \left(\frac{\text{AFW}}{10^5}\right)^2\right] \cdot F_{\text{CPI}} \quad (7-8)$$

---

① lb:磅,质量单位,1 lb≈0.45 kg。

$$\text{AMM}_{\text{FC}} = \left[15.20 + 97.33 \cdot \frac{\text{AFW}}{10^5} - 2.862 \cdot \left(\frac{\text{AFW}}{10^5} \right)^2 \right] \cdot F_{\text{CPI}} \quad (7-9)$$

$$\text{AMMC} = \text{AMM}_{\text{FH}} \cdot \text{FH} + \text{AMM}_{\text{FC}} \quad (7-10)$$

式中，AMM_{FH} 为与飞行小时数有关的机体维修材料成本（美元/飞行小时）；AMM_{FC} 为与飞行循环数有关的机体维修材料成本（美元/飞行循环）；AMMC 为机体维修材料成本（美元/航段）；F_{CPI} 为消费价格指数修正系数。

（3）机体维修管理成本。

$$\text{AMOC} = 2.0 \cdot \text{AMLC} \quad (7-11)$$

（4）发动机维修劳务成本。

$$\text{EML} = \left(0.645 + 0.05 \cdot \frac{\text{SLST}}{10^4} \right) \cdot \left(0.566 + \frac{0.434}{\text{FH}} \right) \cdot \text{FH} \cdot N_{\text{E}} \quad (7-12)$$

$$\text{EMLC} = \text{EML} \cdot R \quad (7-13)$$

式中，EML 为每航段发动机维修小时数（维修小时数/航段）；SLST 为单台发动机未安装海平面静推力（lbf）；N_{E} 为每架飞机的发动机数；EMLC 为每航段发动机维修劳务成本（美元/航段）。

（5）发动机维修材料成本。

$$\text{EMMC} = \left[\left(25 + 0.25 \cdot \frac{\text{SLST}}{10^4} \right) \cdot \left(0.62 + \frac{0.38}{\text{FH}} \right) \cdot \text{FH} \cdot N_{\text{E}} \right] \cdot F_{\text{CPI}}$$
$$(7-14)$$

式中，EMMC 为每航段发动机维修材料成本（美元/航段）。

（6）发动机维修管理成本。

$$\text{EMOC} = 2.0 \cdot \text{EMLC} \quad (7-15)$$

在使用上述模型时需要考虑通货膨胀的影响。

4）机组费用

飞行机组费用包含工资、驻外津贴和培训费用，计算公式如式（7-16）所示。中国民航规定民航运输飞行人员每年的飞行小时不超过 1 000 小时（$\text{BH}_{\text{FCM}} = 83$ 小时/月）。

$$\text{FCC} = \frac{N_{\text{FC}}(S_{\text{C}} + S_{\text{F}} + \text{TRN})}{U} \quad (7-16)$$

式中，N_{FC} 为每架飞机需要配备的飞行机组数，$\dfrac{U}{11BH_{FCM}}$；S_C 为机长年薪（包括各类福利和补贴）（元/年）；S_F 为副驾驶年薪（包括各类福利和补贴）（元/年）；TRN 为每年双人飞行机组的复训成本（元/年），$TRN = 2(SR + TDA) \cdot D \cdot ER$，SR 为模拟器日租金（美元/日），TDA 为培训每日津贴（美元/日），D 为飞行机组每年复训天数，通常假设为 8 天，ER 为美元与人民币兑换率。

客舱乘务员费用与飞行机组费用类似，不考虑培训费用，计算公式见式（7-17）。需要注意的是每个航空公司配置的乘务人数差距很大，但普遍高于适航条例规定的标准（每 50 名旅客座位至少配置 1 名客舱乘务员），本章按照 35 个旅客座位配置 1 名客舱乘务员计算乘务成本（计算结果为小数时向上取整）。与飞行机组相同，中国民航规定空乘每月的轮挡小时数为 83 小时（BH_{CCM}）。

$$CCC = \dfrac{N_{CC} \cdot S_{CA} \cdot \dfrac{S}{35}}{U} \qquad (7-17)$$

式中，N_{CC} 为每架飞机需要配备的空乘机组数，$\dfrac{U}{11BH_{CCM}}$；S_{CA} 为客舱乘务员年薪（包括各类福利和补贴）（元/年）；S 为客舱座位数。

5) 机场费用

在中国市场，机场收费标准与最大起飞重量、机场类别有关，最大起飞重量越大，机场等级越高，收费标准越高。按照业务量，将全国机场按表 7-3 所示类别进行划分。

表 7-3 2022 年机场分类目录

类　别	机　　　场
一类 1 级	北京首都、上海浦东、广州等 3 个机场
一类 2 级	深圳、成都、上海虹桥等 3 个机场
二类	昆明、重庆、西安、杭州、厦门、南京、郑州、武汉、青岛、乌鲁木齐、长沙、海口、三亚、天津、大连、哈尔滨、贵阳、沈阳、福州、南宁等 20 个机场
三类	除上述一、二类机场以外的机场

资料来源：中国民用航空局，《民用机场收费标准调整方案》。

机场费用主要包括起降费、停场费、客桥费、旅客服务费和货邮安检费等，其中起降费（与最大起飞重量有关）如表 7-4 所示。

表 7‑4　起降费

类别	飞机最大起飞重量(T)收费标准/元				
	25 t 以下	26~ 50 t	51~100 t	101~200 t	201 t 以上
一类 1 级	240	650	$1\,200+24(T-50)$	$2\,400+25(T-100)$	$5\,000+32(T-200)$
一类 2 级	250	700	$1\,250+25(T-50)$	$2\,500+25(T-100)$	$5\,100+32(T-200)$
二类	250	700	$1\,300+26(T-50)$	$2\,600+26(T-100)$	$5\,200+33(T-200)$
三类	270	800	$1\,400+26(T-50)$	$2\,700+26(T-100)$	$5\,300+33(T-200)$

6) 导航费用

在中国市场,导航费用分为航路导航费用(与飞行距离和最大起飞重量有关)(见表 7‑5)和进近指挥费用(与最大起飞重量有关)(见表 7‑6)。

表 7‑5　航路导航费

飞机最大起飞重量/t	收费标准/(元/千米)
0~25	0.11
26~50	0.23
51~100	0.39
101~200	0.52
>200	0.56

表 7‑6　进近指挥费

最大起飞重量/t	收费标准/(元/吨)		
	一类机场	二类机场	三类机场
0~25	2.46	2.42	2.20
26~50	3.22	3.17	2.88
51~100	3.64	3.58	3.25
101~200	5.10	5.01	4.55
>200	6.27	6.16	5.60

7) 地面服务费

在中国市场,地面服务费的收费标准与飞机最大商载或座级成正比,服务项目包括配载、通信、集装设备管理及旅客与行李服务、货物和邮件服务、客梯、装卸和地面运输服务,过站服务和飞机勤务。除基本项目外,还有客梯、摆渡车和机组摆渡车等额外的服务。

8) 餐食费用

餐食费用是客舱等级和航线距离的函数,计算公式为

$$CAC = k_{CA}(13.63\ln BR - 69.45) \tag{7-18}$$

式中,BR 为轮挡距离(海里);k_{CA} 为舱位因子,经济舱为 1,公务舱为 1.6,头等舱为 2。

9) 民航发展基金

民航发展基金是中国特有收费项目(见表 7-7),它与最大起飞重量和航线距离成正比。

表 7-7　民航发展基金

最大起飞重量/t	收费标准/(元/千米)		
	一类航线	二类航线	三类航线
≤50	0.46	0.36	0.30
51~100(含)	0.92	0.74	0.58
101~200(含)	1.38	1.10	0.88
>200	1.84	1.46	1.16

表 7-7 中的航线分类如表 7-8 所示。

表 7-8　航线类别

航线类别	区　　　域
一类	内地(大陆)至港澳(台)地区航线,东中部 16 个省、直辖市(包括北京、天津、上海、河北、山西、江苏、浙江、福建、山东、安徽、江西、河南、湖北、湖南、广东、海南,下同)范围内的航线
二类	东中部 16 个省、直辖市与西部和东北 15 个省、自治区、直辖市(包括内蒙古、广西、四川、云南、贵州、西藏、重庆、陕西、甘肃、宁夏、青海、新疆、辽宁、吉林、黑龙江,下同)之间的航线,国际航线国内段,飞越内地(大陆)空域的航线,以及内地(大陆)串飞至港澳(台)的航班按第二类航线征收
三类	西部和东北 15 个省、自治区、直辖市范围内的航线

需要特别指出 DOC＝现金运营成本(COC)＋财务成本,也常被用于飞机产品的经济性分析。新进入市场的制造商通常采取低价策略加入航空市场竞争,因此,COC 模型有利于成熟制造商,而不利于新进入市场的制造商。

参与市场竞争必须具有市场生存力,DOC 是产品市场生存力的重要指标之一(见图 7-19)。C919 的 DOC 为 0.33 元/(座·千米),具备良好的运营经济性。

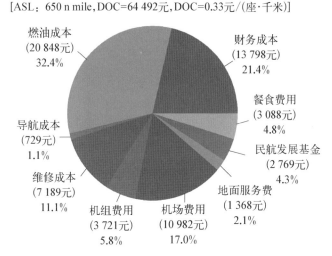

图 7-19　2023 年 C919 在中国市场的直接运营成本组成

7.3.3　C919 设计方案的产业经济性分析

民用航空工业产出依然符合劳动、土地和资本等生产要素的报酬递减规律,在 7.3.1 节中,飞机产品全寿命周期成本模型已经考虑上述生产要素投入与飞机质量(BEW)之间的关系。商用飞机工业与民用航空工业之间具有强关联性,可以采用投入产出法估算商用飞机投入对民用航空工业的波及效应。

以商用飞机产品为核心的民用航空工业产业集群 GDP 指标(产出)覆盖民用航空的整机、飞机零部件以及相关的维修服务产业,涵盖与新增飞机和存量飞机相关的业务。根据工业和信息化部装备工业发展中心发布的《中国民用航空工业年鉴》(2011—2021 年),可以获取商用飞机投产以来的民用航空工业生产总值(不含无人机)的变化情况,如表 7-9 所示。

表 7 - 9　民用航空工业生产总值(2011—2021 年)

年　份	飞机架数 (重量加权)	ARJ21 /架	C919 /架	累积总产值 /亿元	总产值 /亿元	总产值(含 无人机)/亿元
2010	1.4	4	0	0.0	170.9	170.9
2011	1.4	4	0	200.1	200.1	200.1
2012	1.4	4	0	454.5	254.4	372.7
2013	1.8	5	0	732.5	278.0	451.7
2014	2.4	6	0.5	1 097.2	364.7	601.4
2015	3.1	7	1	1 487.6	390.4	740.6
2016	4.1	9	1.5	1 854.7	367.1	802.9
2017	5.2	11	2	2 338.9	484.2	656.6
2018	7.2	13	4	2 950.0	611.1	777.1
2019	11.7	24	5	3 646.0	696.0	865.0
2020	20.5	49	5	4 197.0	551.0	765.0
2021	29.4	74	5	4 711.8	514.8	909.1

　　基于 C919 的技术性能分析,可以计算 C919 飞机的投入产出比(见图 7 - 20)。根据计算结果可得,在达到盈亏平衡点时,多生产一架 C919,就能够产生 52 倍的工业产值。

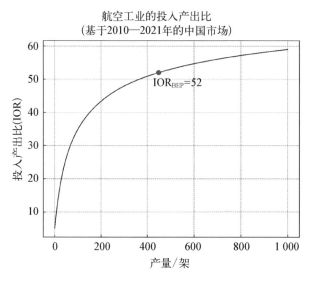

图 7 - 20　C919 投入产出比(1∶N)

　　C919 大型客机的研发和生产是一个复杂且严谨的过程,涉及多个领域的专业知识和技术。它并非简单地将各个部件拼凑在一起,而是通过深入的经济学分析和设计,确保每一个环节都符合经济效益和市场需求。从经济学的角度来看,C919 的设计必须考虑成本效益,这包括原材料的选择、生产工艺的优化、人力资源的配置等各个方面。在设计过程中,工程师需要进行大量的数据分析和模型预测,以确保最终的产品能够在控制成本的同时,实现最大的经济效益。C919 的设计也需要考虑市场需求。这意味着飞机的设计必须能够满足不同客户的需求,包括座位数、航程、载重等因素。同时,飞机的性能也必须能够与竞争对手的产品相抗衡,以赢得市场份额,其中关于减阻和除冰的相关研究是 C919 客机具有竞争力的关键,减阻可以提高飞机的燃油效率,降低运营成本,同时也可以减少排放,保护环境。除冰则是保证飞机安全运行的必要措施之一。机翼尾翼结冰会使翼型阻力增加导致升力下降,飞机操纵性能降低,仪表探头结冰会使探测数据失误,导致仪表系统失灵等。空速管、静压管、发动机进气道等部位结冰会导致失去动压速度显示和发动机喘振等失效故障。还有机翼前缘、风挡等部位结冰都会导致操控失效或影响飞机飞行。

　　总的来说,C919 大型客机并非是简单地拼拼凑凑的产物,而是通过严格的经济学分析和设计,确保每一个环节都符合经济效益和市场需求的产物。这也是中国航空工业发展的一个重要标志,展示了我国在高技术产业领域的自主创新能力。

参考文献

[1]　张帅,夏明,钟伯文.民用飞机气动布局发展演变及其技术影响因素[J].航空学报,2016,37(1):30-44.

[2]　Bejan A, Charles J D, Lorente S. The evolution of airplanes[J]. Journal of Applied Physics, 2014, 116(4): 044901.

[3]　Anderson J D. Fundamentals of aerodynamics[M]. 7th ed. New York: McGraw-Hill, 2023.

[4]　余雄庆.飞机总体多学科设计优化的现状与发展方向[J].南京航空航天大学学报,2008,40(4):417-426.

[5]　郑辉洲.机身整体壁板结构分析[D].南京:南京航空航天大学,2007.

[6]　Baskharone E A, Hill D L. Principles of turbomachinery in air-breathing engines[M]. 2nd ed. Cambridge: Cambridge University Press, 2006.

[7]　朱自强,王晓璐,吴宗成,等.民机设计中的多学科优化和数值模拟[J].航空学报,2007,28(1):1-13.

[8]　Sharp D C, Bell A E, Gold J J, et al. Challenges and solutions for embedded and

networked aerospace software systems[J]. Proceedings of the IEEE, 2010, 98(4):
621 - 634.

[9] 吴森堂. 飞行控制系统[M]. 北京：北京航空航天大学出版社, 2013.

[10] 陈迎春, 宋文滨, 刘洪. 民用飞机总体设计(第二版)[M]. 上海：上海交通大学出版社,
2022.

[11] 顾诵芬. 飞机总体设计[M]. 北京：北京航空航天大学出版社, 2001.

[12] 叶叶沛. 民用飞机经济性[M]. 成都：西南交通大学出版社, 2013.

[13] 宋文滨. 航空经济学及面向价值的飞机设计理论与实践[J]. 航空学报, 2016, 37(1):
15.

[14] 都业富. 民用飞机经济评价的新方法[J]. 航空学报, 1995(4): 126 - 128.

[15] Markish J. Valuation techniques for commercial aircraft program design[R]. 2002.

[16] 李晓勇, 叶叶沛, 邓磊. 基于 LCC 的民机项目盈亏平衡分析模型研究[J]. 中国民航大
学学报, 2015, 33(2): 41 - 46, 64.

[17] Niazi A, Dai J S, Balabani S, et al. Product cost estimation: technique classification
and methodology review [J]. Journal of Manufacturing Science and Engineering, 2006,
128(2): 563 - 575.

[18] 梁剑, 左洪福. 民用飞机维修成本评估[J]. 交通运输工程学报, 2002, 2(4): 95 - 98.

[19] 许敏, 党铁红, 叶叶沛, 等. 中国市场直接运营成本(DOC)计算方法研究与应用[J]. 民
用飞机设计与研究, 2010(4): 45 - 50.

[20] Martin S. Advanced industrial economics[M]. 2nd ed. Hoboken: Wiley-Blackwell,
2001.

第8章 空天推进系统

本章将详细介绍航空航天飞行器的推进系统。首先剖析航空领域经典的"协和"式飞机与 SR - 71 以及对应的发动机,从时间脉络梳理航空发动机的发展历程。然后介绍火箭发动机的工作原理以及国内外的先进发动机。接着讲解冲压发动机与组合动力的工作模式,指出未来空天飞行的动力系统发展方向。最后介绍航空航天的新概念推进系统。

8.1 "协和"式飞机与 SR - 71

"协和"式飞机是世界上唯一民用运营的超声速客机,由英国宇航公司与法国宇航公司在 20 世纪 60 年代合作研制而成。"协和"式飞机于 1969 年初试飞,1975 年底取得两国适航合格证后开始投入使用,巡航速度高达马赫数 2.02,标准载客 100 位,最大载客 140 位。"协和"式搭载的奥林匹斯(Olympus - 593)发动机让"协和"式实现了超声速运行(见图 8 - 1),但其油耗过大,经济性差,航程较短,最大耗油航程超 7 000 km,最大载客航程为 5 000 km,勉强能够横跨大西

图 8 - 1 "协和"式飞机及 Olympus - 593 发动机

洋。再加上发动机噪声太大、声污染严重导致舒适性较差。2003 年,运营了 27年的"协和"式飞机在严重亏损中退役。

洛克希德公司的 SR-71 是美军的一种远程、马赫数大于 3 的战略侦察飞机(见图 8-2),其翼展为 16.94 m,机长 32.74 m,机高 5.64 m,最大起飞重量为78 t,最大飞行马赫数为 3.3。SR-71 于 1964 年完成首飞,1966 年开始服役。由于 SR-71 的飞行速度和高度都远远超出了当时的防空导弹和战斗机的能力范围,在别国领空上的飞行安全性极高,因此 SR-71 主要用于侦察世界各国的导弹发射井、雷达阵地、核潜艇基地、核爆炸试验现场等高价值目标。SR-71 飞机的动力装置是以 J58 发动机为基础改进的变循环发动机,实现了涡轮喷气发动机马赫数 3.3 的极限工作条件。但其发动机在马赫数>1.5 后耗油率巨大,极大程度地限制了 SR-71 飞机的航程,使其最终在 1990 年退役。

图 8-2 SR-71 飞机及 J58 变循环发动机

8.2 航空推进系统

8.2.1 定义及分类

航空推进系统定义为利用反作用原理为航空飞行器提供推力的动力装置。

航空推进系统主要包括活塞发动机、燃气涡轮发动机、冲压发动机。其中燃气涡轮发动机可分为涡轮喷气发动机、涡轮风扇发动机、涡轮螺旋桨发动机、涡轮轴发动机。

活塞发动机工作过程主要包括进气、压缩、燃烧、排气、循环重复等过程。著名的活塞发动机有英国的梅林 V 型液冷发动机、美国普惠公司的"黄蜂"系列星型气冷发动机,如图 8-3 和图 8-4 所示。

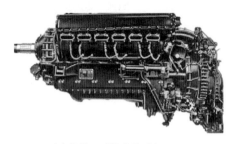

(a) 梅林 V 型液冷发动机　　　　　　(b) "黄蜂"系列星型气冷发动机

图 8-3　活塞航空发动机

第二次世界大战时期战斗机

"喷火"战斗机(英国制空称霸)　　　BF-109 战斗机(德国王牌战机)

水平机动性强　　　　　　　　　　　　　　　　　　极限速度大

飞机型号	喷火	BF-109
发动机型号	梅林 V 型	戴姆勒-奔驰 DB601
类型	V 型 12 缸液冷直列式	
最大作战功率	1 120 kW	1 162 kW
最大速度	660 km/h	710 km/h

图 8-4　活塞发动机及装备飞机型号

　　燃气涡轮发动机利用高速旋转的涡轮和压气机,通过压缩、燃烧和排气的过程,将化学能转化为机械能,提供强大的推力。如图 8-5～图 8-7 所示为经典的燃气涡轮发动机及对应装配飞机的型号。

　　冲压发动机是应用于高超声速飞行器的极具潜力的动力装置。不同于涡轮喷气发动机,它利用来流高超声速的冲压效果实现减速增压,从而在燃烧室组织燃烧,通过喷管排气产生推力。如图 8-8 所示为冲压发动机的应用场景及工作原理。

8.2.2　发展历程

　　航空推进系统的发展历程可总结为三个阶段(见图 8-9):

　　(1) 1903—1945 年:活塞发动机统治时代。1903 年,莱特兄弟的"飞行者

(a) 罗罗公司AE2100涡轮螺旋桨发动机　　　(b) 罗罗公司RTM322涡轮轴发动机

图 8-5　经典涡轮轴发动机和涡轮螺旋桨发动机

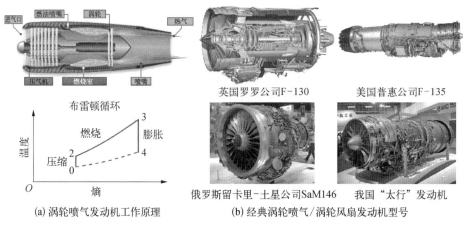

(a) 涡轮喷气发动机工作原理　　　(b) 经典涡轮喷气/涡轮风扇发动机型号

图 8-6　涡轮喷气发动机工作原理及经典涡轮喷气/涡轮风扇发动机型号

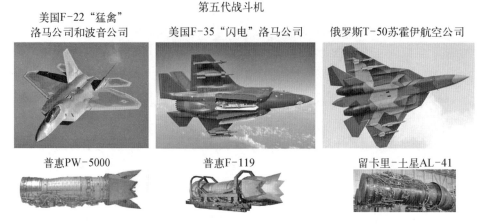

图 8-7　经典飞机及装配的发动机型号

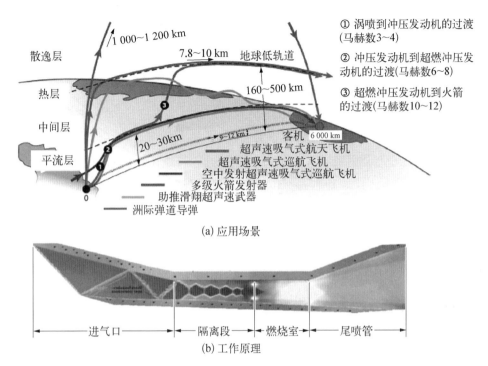

(a) 应用场景

① 涡喷到冲压发动机的过渡(马赫数3~4)

② 冲压发动机到超燃冲压发动机的过渡(马赫数6~8)

③ 超燃冲压发动机到火箭的过渡(马赫数10~12)

进气口　　隔离段　　燃烧室　　尾喷管

(b) 工作原理

图 8-8　冲压发动机的应用场景及工作原理(见附图中彩图 8)

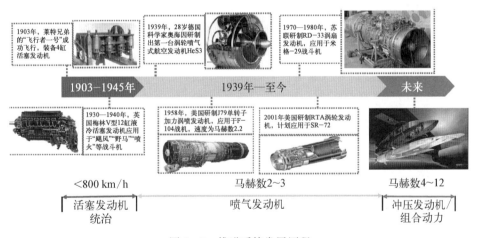

图 8-9　推进系统发展历程

一号"成功飞行,其装备的发动机为 4 缸活塞发动机。1930—1940 年,英国梅林
V 型 12 缸液冷活塞发动机应用于"飓风""野马""喷火"等战斗机。

(2) 1939 年至今:喷气发动机时代。1939 年,28 岁的德国科学家奥海因研制出第一台涡轮喷气航空发动机 HeS3。1958 年，美国研制出 J79 单转子加力涡轮喷气发动机，应用于 F‑104 战斗机，速度为马赫数 2.2。1970—1980 年，苏联研制出 RD‑33 涡轮风扇发动机，应用于米格‑29 战斗机。2001 年，美国研制出 RTA 涡轮发动机，计划应用于 SR‑72。

自 20 世纪末以来，喷气发动机技术取得了显著的进展，涵盖效率提升、材料创新、环境友好和高性能应用等多个方面。

a) 高效涡轮风扇发动机的发展：商用航空领域见证了高涵道比涡轮风扇发动机的广泛应用，如普惠公司的 PW1000G 系列发动机和通用电气的 LEAP 发动机。这些发动机通过采用齿轮涡轮风扇技术，实现了燃油效率的大幅提升和排放量的显著降低，广泛应用于波音 737MAX、A320neo 等新型客机上。

b) 先进材料的应用：材料科学的突破，如陶瓷基复合材料（CMC）和单晶超合金的应用，显著提高了发动机的耐高温性能和结构强度。这些先进材料使得发动机能够在更高的温度和压力下运行，提高了整体效率和可靠性。

c) 环境友好技术：随着航空业对环保要求的提升，推进系统逐步向更低排放和更高燃效方向发展，包括生物燃料的兼容性研究和低噪声发动机设计，如主动噪声抑制（AWS）技术的应用，有效减少了航空噪声污染。

d) 军用发动机的创新：军用发动机在推重比、隐身性能和适应性方面取得了重要突破。例如，通用电气的 XA100 发动机为 F‑35 战斗机提供了高性能动力支持，满足了其对隐身和高机动性的需求。此外，增材制造技术（3D 打印）的应用使得复杂发动机部件的制造更加高效和灵活。

e) 高超声速推进技术：高超声速飞行器对推进系统提出了更高的要求，促使冲压发动机和可变循环发动机发展。美国洛克希德·马丁公司的 SR‑72 项目计划采用先进的涡轮增压冲压发动机，实现超过马赫数 6 的飞行速度，极大缩短了全球响应时间。

f) 数字化与智能化：数字化控制系统和智能监控技术的引入，提高了发动机的运行效率和维护便捷性。机载诊断系统（CBM）能够实时监测发动机状态，进行预测性维护，延长发动机寿命并减少故障率。

g) 增材制造技术（3D 打印）的广泛应用：增材制造技术在发动机部件生产中的应用，使得复杂结构和轻量化设计成为可能，同时提升了制造效率和材料利用率。GE 航空的燃气轮机通过增材制造技术制造了多个关键部件，显著减少了生产周期和成本。

　　喷气发动机在燃油效率、材料技术、环保性能、智能控制和高超声速推进等方面取得了多项突破。这些进展不仅提升了现代航空器的性能和可靠性,也为未来航空推进技术的发展奠定了坚实基础。

　　(3)未来:实现更宽速度域的高超声速飞行,推进系统进入冲压发动机/组合动力的时代。随着航空科技的不断进步和全球对快速交通需求的增加,未来航空推进系统的发展将迈向更宽的速度域,特别是高超声速飞行(马赫数 5 及以上)的实现。这一阶段的推进系统将主要依赖于冲压发动机(ramjet)、超燃冲压发动机(scramjet)以及复合动力系统(combined cycle engines)的发展与应用。实现更宽速度域的高超声速飞行将彻底改变航空运输、军事侦察和空间探索等多个领域的格局。推进系统向冲压发动机和组合动力的转变,不仅需要在基础理论和技术上取得重大突破,而且需要在材料科学、智能控制和系统集成等方面实现协同发展。随着科技的不断进步和创新,高超声速推进系统的全面实现指日可待,将为人类探索更广阔的天空和太空开辟新的道路。

8.3　航天推进系统

　　火箭发动机按燃料属性分为固体火箭发动机和液体火箭发动机。固体火箭发动机组成结构包括药柱、燃烧室、喷管组件等。液体火箭发动机主要由燃料供给系统、氧化剂供给系统、燃烧室、推力室等构成。

8.3.1　固、液火箭发动机原理

1)固体火箭发动机原理

　　固体火箭发动机是一种使用固体燃料作为推进剂的发动机[见图 8 - 10 (a)],这种固体燃料通常是一种混合物,由燃料和氧化剂组成,它们在固态条件下混合在一起。固体燃料在燃烧室内开始燃烧,产生大量的热能和高压气体。这些高温高压的气体会以极高的速度从火箭发动机的喷嘴喷射出来,产生喷射推力,推动火箭运动。我国早在 20 世纪 60 年代中期就已开始研制航天用固体火箭发动机,并于 1970 年首次应用于"东方红一号"卫星的发射[见图 8 - 11 (a)],迄今成功研制和应用了多种不同的固体火箭发动机。在 2015 年 9 月 25 日,我国自主研制的首枚固体运载火箭"长征十一号"在酒泉卫星发射中心圆满发射[见图 8 - 11(b)]。该火箭采用固体发动机和固体燃料,此次将一次性搭载 4 颗卫星升空。这也是我国首次实现固体运载火箭一箭多星发射,"长征十一号"使我国具备了快速发射卫星能力。这些固体火箭发动机技术性能及应用的

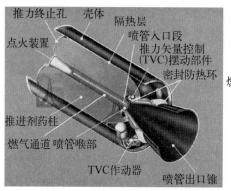

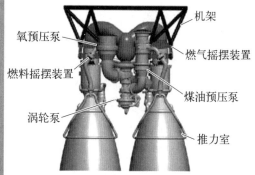

（a）固体火箭发动机示意图　　　　　（b）液体火箭发动机示意图

图 8-10　　固体/液体火箭发动机结构示意图

（a）1970年"东方红一号"卫星成功发射　　（b）2015年我国首枚固体运载火箭"长征
　　发动机型号：FG-02　　　　　　　　十一号"成功发射四级全固体火箭发动机

图 8-11　　国内固体火箭发动机发展里程碑

情况表明，我国航天用固体火箭发动机具有优良的性能和良好的可靠性，一些方面在当时已达到国际先进水平。

　　2）液体火箭发动机原理

　　液体火箭发动机是一种使用液体燃料和液体氧化剂作为推进剂的发动机[见图 8-10(b)]。其工作过程相对复杂，但也能够提供更灵活的推力控制。液体火箭发动机通常使用的液体需要储存在发动机中的燃料箱和氧化剂箱中。液体燃料可以是液态氢、煤油等，液体氧化剂可以是液态氧等。点火信号触发时，液体燃料和液体氧化剂会被泵送到燃烧室内，混合并点燃。点燃后的燃料在高温高压环境中燃烧，产生大量的热能和高压气体。燃烧产生的高温高压气体从燃烧室喷射出来,经过喷嘴,产生喷射推力。如图 8 - 12～图 8 - 14 所示为国内外经典的液体火箭发动机型号。

(a) YF-100, "长征五号"
助推器发动机

(b) 中国运载能力最强的火箭"长征五号"

图 8 - 12　国内液体火箭发动机发展里程碑

(a) RD-107/108(1957年, 80吨
级), 发射的第一枚人造卫星,
把第一名宇航员送入太空

(b) RD170(1978年, 740吨级), 最大推力

图 8 - 13　俄罗斯液体火箭发动机发展里程碑

8.3.2　固、液火箭发动机优缺点

固体火箭发动机的优点是结构简单,可靠性高;缺点是比冲低,推力不易精确控制。

液体火箭发动机的优点是比冲高,推力可控;缺点是结构复杂,可靠性差。

(a) 土星5号运载火箭(690吨级)，实现了载人航天　　　　(b) Space X商用航天：强运载能力

图 8-14　美国液体火箭发动机发展里程碑

8.4　超燃及组合动力系统

8.4.1　超燃冲压发动机

超燃冲压发动机是一种高速飞行器上使用的发动机，主要用于超声速至高超声速速度范围内的飞行。与传统的喷气发动机不同，超燃冲压发动机在高速飞行时不需要旋转的涡轮，而是依赖气动压缩将进气气流压缩至足够高的压力，然后与燃料混合燃烧。

超燃冲压发动机基于空气动力压缩原理工作。在高速飞行时，来流空气会在进气道及隔离段内受到压缩，然后以超声速通过燃烧室时混合燃料并点燃，释放出巨大的热能。这种燃烧产生的高温高压气体会在喷管中加速，并通过喷管产生推力，推动飞行器前进。超燃冲压发动机为自吸式发动机，可以完全省略涡轮和相关的复杂设计；主要部件包括进气道、隔离段、燃烧室和尾喷管；主要使用碳氢燃料和氢燃料。图 8-15 和图 8-16 为超燃冲压发动机工作原理和组成结构示意图。

8.4.2　组合动力系统

组合动力系统由两种或两种以上的工作原理不同的发动机组合而成（见图 8-17），典型的有涡轮基组合发动机（TBCC）和火箭基组合发动机（RBCC）。

TBCC 由涡轮发动机与冲压发动机组合而成，其工作范围广，有更好的燃料利用效率。

涡轮基推进系统一般工作于马赫数 0～3，亚燃冲压推进系统一般工作于马赫数 2～6，超燃冲压推进系统则一般大于马赫数 6。图 8-15 展示出了各种典型类型的发动机燃油比冲和单位燃油消耗量随飞行马赫数变化的典型曲线。可

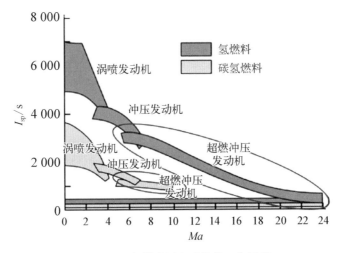

图 8-15　超燃冲压发动机的工作原理

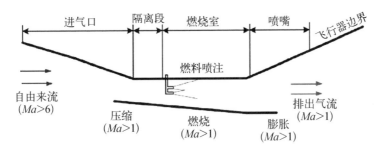

图 8-16　超燃冲压发动机的组成结构

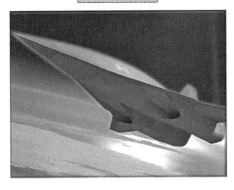

· 低速：涡轮发动机或火箭发动机
· 高速：（超燃）冲压发动机

优势：
· 可在普通机场起降
· 可重复回收使用

图 8-17　SR-72 飞机的组合动力系统

知,要实现从地面静止启动到高超声速飞行,仅依靠单一类型发动机是无法满足使用需求的。因此,国内外研究者和机构均提出使用组合动力作为高超声速飞行器的推进系统。当涡轮基冲压组合循环发动机按其设计状态工作时,即① 马赫数为 0～2.5 时,涡轮基模式工作;② 马赫数为 2.5～3 时,涡轮基与冲压模式共同工作;③ 马赫数为 3 以上时,冲压模式工作。多种工作模式的转换使得组合发动机可根据任务需求调整工作模式,以获得更为合适的推进系统性能。

依据两种类型发动机的组合特点,可分为上下并联型和共轴串联型布局方式,工作速度范围更广泛,可能有更好的燃料利用效率,如图 8 - 18 和图 8 - 19 所示。

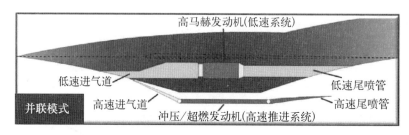

图 8 - 18　TBCC 并联型布局方式

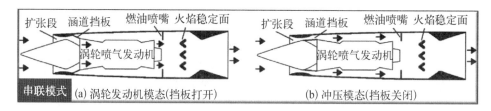

图 8 - 19　TBCC 串联型布局方式

TBCC 发展历程如下。

美国在 20 世纪中期开始研制 J58(SR - 71 飞机发动机原型)发动机,J58 发动机被认为是世界上最早的 TBCC 原型。它由涡喷发动机和加力燃烧室/亚燃冲压燃烧室串联组成,表 8 - 1 记录了发动机工作模态。J58 发动机在整个飞行包线内具有涡轮模态和冲压模态两种工作模态。在起飞和爬升阶段,模态转换阀使冲压旁路关闭,气流全部进入涡喷发动机主燃烧室,J58 发动机以涡喷发动机模式工作,该过程中超级燃烧室不参与燃烧;当达到高亚声速时,超级燃烧室作为加力燃烧室使用,使飞行加速到跨声速,直到马赫数为 1～3 时,超级燃烧室一直作为加力燃烧室使用。当马赫数＞3 时,模态转换阀使涡喷旁路关闭,气流从冲压旁路进入超级燃烧室,此时超级燃烧室作为亚燃冲压燃烧室为发动机提供推力,发动机完全处于冲压模式工作,涡喷发动机关闭或处于慢车状态。J58(SR-71)工作模态如图 8-20 所示。

表 8-1　J58(SR-71)工作模态

模　态	飞　行　状　态			
	起飞、爬升	高亚声速	马赫数 1~3	马赫数>3
涡喷发动机	工作	工作	工作	关闭
冲压发动机	关闭	关闭	关闭	工作

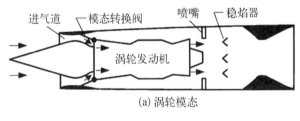

(a) 涡轮模态

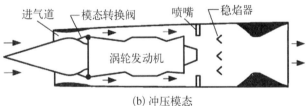

(b) 冲压模态

图 8-20　J58(SR-71)工作模态示意图

2001 年美国开始研究 RTA 发动机,目的在于研制出用于巡航马赫数 5.0 的高超声速飞行器推进系统。革新涡轮加速器的研制主要分为两个阶段,阶段一时期试验样机编号为 RTA-1,概念图如图 8-21 所示。通过一系列的地面试验对涡轮基发动机马赫数 3 范围内的工作性能进行验证和考核。阶段二时期试验样机编号为 RTA-2,

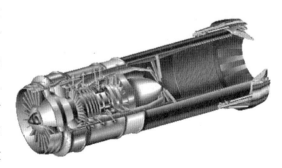

图 8-21　RTA-1 发动机概念图

通过一系列的地面试验对推重比为 15 的涡轮发动机在马赫数 5.0 下的工作性能进行验证。

日本也是较早开始研究组合推进系统的国家之一。其在 1986 年开展了吸气式涡轮基冲压膨胀组合循环推进系统(ATREX)的研究计划,其后又于 1989 年开始为期 10 年的高超声速推进系统(HYPR)研究计划,并生产了 HYPR-90C 的样机,如图 8-22 所示。HYPR-90C 样机采用变循环发动机与冲压发动机的串联结构形式,先后验证了变几何涡轮技术、涡轮发动机控制算法以及模式切换等。

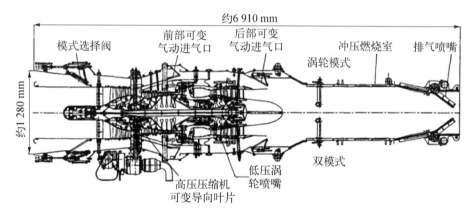

图 8-22　HYPR-90C 发动机

并联式 TBCC 的特点在于两类发动机上下并排放置在飞行器中,流道相互独立,涡扇发动机加力燃烧室和亚燃冲压燃烧室也相互独立工作。并联式 TBCC 以 SR-72 飞机为代表,2013 年洛马公司公布开始研制 SR-72 飞机,其发动机方案如图 8-23 所示,其最高巡航速度将达到马赫数 6。

串联式 TBCC 的优点为结构紧凑、轻巧、迎风面积较小,缺点为对涡轮发动机的结构可靠性和热防护要求更高。并联式 TBCC 的优点为两类发动机共用部件较少,可调几何所需的调节范围较小,高马赫数条件下燃气涡轮发动机的热防护难度较低,可利用现有成熟燃气涡轮发动机作为涡轮加速器;缺点为迎风面积较大、较重,并且需与机身进行复杂集成。

RBCC 将高推重比、低比冲的火箭发动机和高比冲、低推重比的冲压发动机组合在同一流道内,利用火箭射流和冲压流道形成新的热力循环方式,可以实现从地面零速起飞,同时具有加速和机动的能力。RBCC 是空天探测及高超声速飞行器的理想动力装置之一,是未来空天领域的核心技术,世界各国竞相投入巨

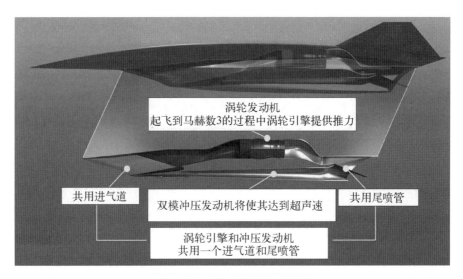

图 8-23　SR-72 发动机方案

大人力、物力、财力开展一系列研究。

　　如图 8-24 所示,RBCC 发动机作为两级入轨第一级飞行器或自加速高超声速巡航飞行器推进系统,可以工作在马赫数 0～8 甚至更宽的速域。随着飞行马赫数的提高,RBCC 分别经历引射模态、亚燃模态和超燃模态。在亚燃和超燃模态,若火箭起稳定火焰和增加推力的作用,则此时 RBCC 发动工作在火箭冲压模态。

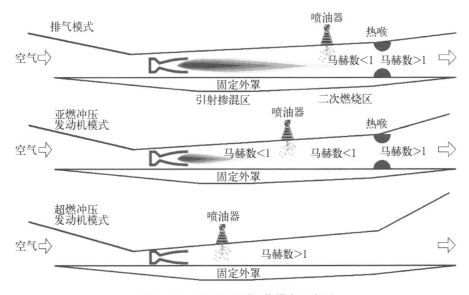

图 8-24　RBCC 不同工作模态示意图

在引射模态,引射火箭大流量工作,通过引射火箭的引射作用将空气抽吸进冲压燃烧室内组织二次燃烧,从而获得推力增益,提高发动机比冲,其工作范围一般是从零速至引射模态向亚燃模态的模态转换点(马赫数 0～2＋)。随后进入亚燃模态,进气道气动后隔离段内的预燃激波串将来流减至亚声速。当马赫数 2～3 时进气道抗反压能力弱,引射火箭小流量工作以稳定燃烧并增加推力。随后关闭引射火箭,进入纯冲压亚燃模态,速域为马赫数 2～6＋。当飞行速度大于马赫数 6 时,RBCC 工作在纯超燃模态。由于在超声速来流中燃烧组织困难,因此引射火箭以小流量工作,辅助稳定燃烧并增推。当飞行速度大于马赫数 12 时,进入纯火箭工作模态。

早在 20 世纪 60 年代,在美国可重复使用航天运输系统研究计划的牵引下,RBCC 被首次提出并进入第一次研究热潮,此阶段的研究集中在基础研究及可行性论证方向。随着热防护、超声速燃烧等技术的进一步突破,为了加速推进RBCC 的研制,各国制订了更为系统的研究计划。美国在 20 世纪 80 年代后的先进空间运输计划(ASTP)中,提出了支板火箭引射冲压发动机 Strujet、二元结构氢燃料 A5 发动机、轴对称火箭冲压组合发动机等方案,并进行了相关试验验证。以此为基础,NASA 开展了 RBCC 发动机集成验证和飞行试验计划ISTAR(见图 8-25)。在该计划内,完成了大量 RBCC 的地面及飞行试验,实

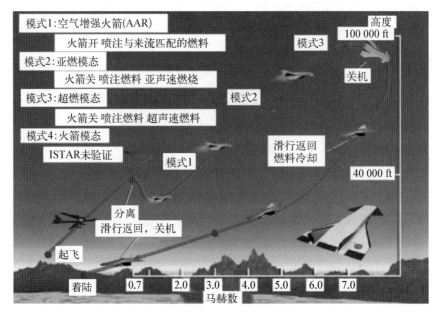

图 8-25　美国 ISTAR 飞行计划

现了海平面引射模态推力增强 15％，最大推力增强 100％。同时，主动热防护技术、发动机进排气系统设计及发动机结构设计和制造等方面也取得了大量成果。

自 20 世纪 90 年代开始，日本宇航局(JAXA)开展了以单级入轨飞行器为应用目标的 RBCC 推进系统的研究。JAXA 开展了火箭引射模态、冲压模态和超燃冲压模态下的地面直连试验和自由射流试验(见图 8‐26)，实现了以液氢/液氧为推进剂的发动机在不同模态下的稳定工作。

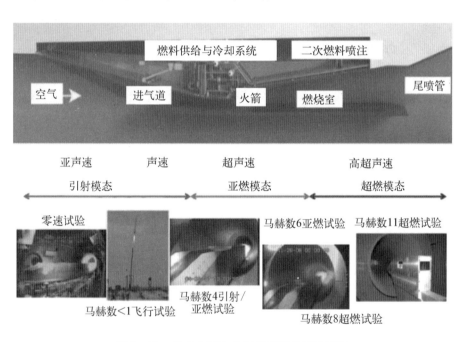

图 8‐26　日本 JAXA 针对 RBCC 的试验研究

中国各研究机构自 20 世纪 90 年代以来也开展了一系列研究。中国航天科工集团第三研究院第三十一所重点研究了亚燃模态的发动机性能；国防科技大学针对一维引射性能及多模态下的燃烧进行了研究；南京航空航天大学开展了进排气研究；西安航天动力研究所对多模态下发动机部件性能进行了研究，研制了用于一体化集成的引射火箭；西北工业大学在全流道设计、宽速域下的燃烧组织及火焰稳定等方面开展了理论分析及地面集成试验验证。中国虽起步较晚，但发展迅速，取得了一系列的成果。目前仍需加强顶层规划，形成切实可行的技术路线，逐步实现关键技术攻关及地面集成试验验证。中、日、美三国对 RBCC 的研究如表 8‐2 所示。

表 8 - 2　中、日、美三国对 RBCC 的研究综述

国　家	研　究　成　果
美国	RBCC 发动机集成验证和飞行试验计划（ISTAR），完成了多种飞行试验方案设计
日本	氢/氧火箭可实现在不同模态下以不同混合比和室压范围的稳定可靠工作
中国	给出了大推力加速段的典型工作特性，建立了一体化性能计算模型和引射模态预测模型

RBCC 方案优缺点简述如下。

优点：

（1）结构简单紧凑、体积小、质量轻。在一个公用流道内实现引射、亚燃、超燃和火箭模态稳定高效工作，从而减少结构质量，缩短尺寸。

（2）可靠性高、维护简单、便于进行重复性使用。RBCC 整个推进装置结构紧凑，流道构型便于优化热管理。

（3）兼具高比冲、高推重比。

缺点：

（1）多模态间平稳过渡衔接难度较大。

（2）亚燃模态下进气道极易发生不启动，这一问题仍面临巨大挑战。

（3）依靠热力喉道的模态转换不稳定。

8.5　新概念推进系统

8.5.1　新概念推进系统分类

新概念推进系统主要包括电推进、轨道推进、烧蚀激光推进、太阳能推进、化学推进等，如图 8 - 27 所示。

图 8 - 27　新概念推进系统分类

1) 电推进系统

清洁飞行、高效使用燃料成为未来商用飞机的新标准。以电动机驱动的螺旋桨以及涵道风扇等效率高且没有直接碳排放，使得清洁燃料电池动力成为全球飞机制造商争相投资研究的对象。据 NASA 研究中心的戴森介绍，世界各地大型航空公司都在努力减少排放、噪声，以及降低运营和维修等成本。因此可以预计，航空业电气化是未来发展的必然趋势。

然而，纯电池动力的表现远不及燃油，航距会受限，安全性能也不尽如人意。而且电池的能量密度也较小，电池的体积就需要相应加大。目前，还没有一个两全其美的方法兼顾飞行性能和清洁燃料的使用。航空航天产业著名投资者、Starburst Accelerator 公司联合创始人兼 CEO 肖邦在接受采访时也表示，航空业电气化目前其实只有两个方向——大型混合动力飞机或小型全电动飞机，大型全电动飞机的研发与落地尚不现实。

相比于全电推进，混合电推进能够突破当前电池能量密度的制约，但其平台复杂度更高，目前采用这一架构的飞行器大部分仍停留在概念和动力系统地面测试阶段。例如 Zunum 公司与赛峰公司合作开发的基于阿蒂丹 3 涡轴发动机的 ZA10 小型支线客机，罗罗公司基于 M250 涡轴发动机的 eVTOL（电动垂直起降商用飞机），赛峰公司开展了 100 千瓦级分布式混合电推进系统地面测试，罗罗公司也针对基于 M250 的混合电推进系统进行了地面测试。

2) 轨道推进

以系绳推进系统（tether propulsion system）为例，其是一种利用空间中长绳索（系绳）与地球或其他天体的电磁场、动力或动量交换进行航天器推进和轨道控制的先进技术。系绳推进系统因其独特的工作原理和潜在的高效性，成为轨道推进技术中的重要研究方向，特别是在减小航天器质量、延长任务寿命以及实现高效轨道转移方面具有显著优势。

系绳推进系统主要依赖于以下几种基本原理。

(1) 动量交换原理：通过系绳与地面或其他质点进行动量交换，实现航天器的加速或减速。例如，航天器通过释放或收回系绳，改变自身轨道速度。

(2) 电磁感应原理：利用航天器与地球磁场的相互作用，通过电磁力产生推进作用。常见的实现方式包括电动系绳推进器（electrodynamic tether propulsion）。

(3) 反作用力原理：基于牛顿第三定律，通过系绳施加反作用力，实现航天器的推进或轨道调整。

系绳推进系统可以减少航天器携带的推进剂质量，通过动量交换或电磁力实现推进,大幅降低发射成本和复杂性;能够高效利用地球磁场能量,实现持续推进,无需大量推进剂。系绳推进系统在能量供应充分的情况下,可以实现长期、持续的轨道控制和推进,适用于长期任务和卫星群管理。除了推进,系绳还可以用于航天器间连接、废弃物捕捉、空间结构建造等。

NASA 曾开展多次系绳实验,如 TSS-1,旨在验证动量交换系绳的可行性和性能。ESA 在电动力系绳(electrodynamic tether)项目中进行了多项实验,探索其在轨道维持和姿态控制中的应用潜力。

系绳推进系统作为轨道推进技术中的新兴力量,凭借其减重高效、多功能的优势,在未来航天任务中具有广阔的应用前景。尽管其当前面临材料、控制、耐久性等方面的挑战,但随着科技的不断进步和研究的深入,系绳推进系统有望在轨道转移、能量回收、姿态控制等领域发挥更加重要的作用,为人类的空间探索和应用提供强有力的技术支持。

3) 烧蚀激光推进

激光推进技术是一种基于强激光与物质相互作用原理的,有望实现飞行器近地轨道发射的新型推进技术。与传统的化学推进相比,激光推进的载荷比更高、推进参数的调节范围更大,并且可以超越每一级化学燃料火箭的速度上限。烧蚀激光推进原理及概念图如图 8-28 所示。烧蚀激光推进发展历程如图 8-29 所示。

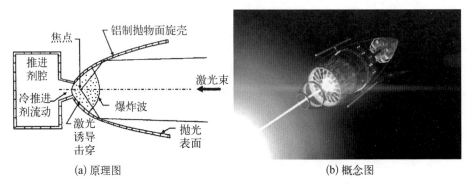

(a) 原理图　　　　　　　　　(b) 概念图

图 8-28　烧蚀激光推进原理及概念图

4) 太阳能推进

与太阳帆利用太阳光在帆板上产生的光压获得推力类似,电磁帆是利用其与太阳等离子体之间的相互作用实现推进。电帆在工作时,通过电子枪向外发射电子使帆面保持在一个比较高的正电位,从而在空间中产生一定范围的电场,

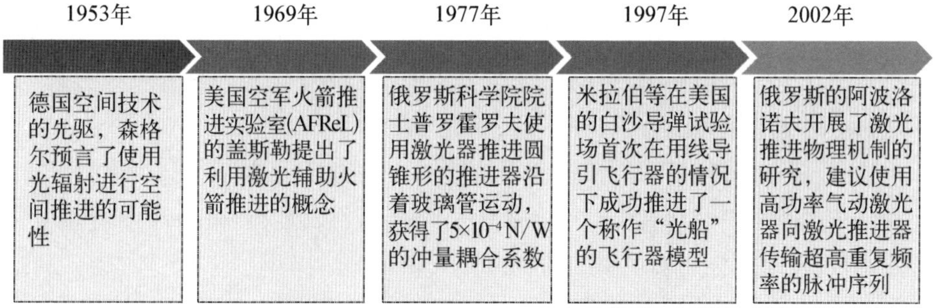

1953年	1969年	1977年	1997年	2002年
德国空间技术的先驱，森格尔预言了使用光辐射进行空间推进的可能性	美国空军火箭推进实验室(AFReL)的盖斯勒提出了利用激光辅助火箭推进的概念	俄罗斯科学院院士普罗霍罗夫使用激光器推进圆锥形的推进器沿着玻璃管运动，获得了5×10⁻⁴N/W的冲量耦合系数	米拉伯等在美国的白沙导弹试验场首次在用线引飞行器的情况下成功推进了一个称作"光船"的飞行器模型	俄罗斯的阿波洛诺夫开展了激光推进物理机制的研究，建议使用高功率气动激光器向激光推进器传输超高重复频率的脉冲序列

图 8-29　烧蚀激光推进发展历程

入射的太阳风等离子体中的质子被电场散射、偏转甚至反弹回去,质子的部分动量传递给电帆从而产生推力。电帆工作原理如图 8-30 所示。

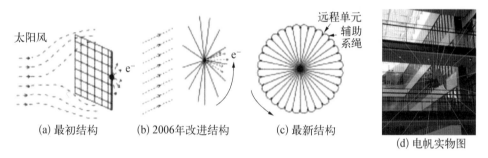

(a) 最初结构　　(b) 2006年改进结构　　(c) 最新结构

(d) 电帆实物图

图 8-30　电帆工作原理

5）化学推进

化学推进系统是目前最为成熟和应用最广泛的航天推进技术,主要通过化学反应释放能量来产生推力。化学推进系统分为液体燃料火箭、固体燃料火箭和混合燃料火箭等类型,每种类型在不同的航天任务中具有独特的应用优势。液体燃料火箭使用液态氧化剂和燃料(如液氢、液态甲烷),通过喷嘴燃烧产生推力。这类推进系统可控性强,推力调节灵活,适用于载人航天器、火星探测器等需要精确轨道控制和多次点火的任务;固体燃料火箭将氧化剂和燃料混合在固态推进剂中,点火后燃烧产生推力。其结构简单、储存稳定,适用于导弹、军用火箭发射以及部分一次性使用的航天任务。然而,固体推进系统的推力不可调节,点火后无法停止,灵活性相对较低;混合燃料火箭结合了液体和固体推进剂的优点,使用固体燃料和液体氧化剂,兼具高推力和一定的推力控制能力。适用于需要较高推力且具备部分推力调节能力的复杂航天任务。

　　化学推进系统依赖于化学反应释放的能量,比冲相对较低,燃料效率有限;推力调节困难,尤其是固体燃料火箭,推力一旦启动就难以调节或停止,限制了其在某些任务中的应用灵活性;燃烧产生的废气和污染物对环境有不利影响,尤其是在地球大气层内的发射过程中。

　　"阿波罗"登月计划采用液体和固体燃料火箭的组合,实现了载人登月任务。SpaceX 的"猎鹰"9 号(Falcon 9)火箭使用液体燃料发动机,具备高度可重复使用性,通过发动机控制实现精确的轨道插入和火箭回收。

8.5.2　新概念推进系统发展

　　对于新概念系统的发展,中国起步较晚,主要研制电子轰击式离子推力器,俄罗斯电推进技术的研究也经历了三代离子推力器的研制阶段。日本 1965 年开始研究离子推力器,主要集中在直流轰击式氙离子推力器和微波氙离子推力器。英国对电推进技术的研究开始于 1967 年,研究重点集中在电子轰击式推进装置。美国在 40 年间进行了各种尺寸的离子火箭发动机的研制、地面试验和空间飞行试验,还计划研制开发新一代高性能商用电推进系统。

参考文献

[1]　The Editors of Encyclopaedia Britannica. Concorde[G/OL]. [2024 - 07 - 26]. https://www. britannica. com/technology/Concorde.

[2]　Sam B. Why the concorde is such a badass plane[EB/OL]. (2019 - 04 - 22)[2024 - 07 - 26]. https://www. popularmechanics. com/flight/airlines/a27206102/concorde-badass-plane/.

[3]　Concorde[G/OL]. [2024 - 7 - 26]. https://www. museumofflight. org/exhibits-and-events/aircraft/concorde.

[4]　Johnson C L. Some development aspects of the YF - 12A interceptor aircraft[J]. Journal of Aircraft, 1970, 7(4): 355 - 359.

[5]　Merlin P W. Design and development of the blackbird: challenges and lessons learned [C]//47th AIAA Aerospace Sciences Meeting Including the New Horizons Forum and Aerospace Exposition, 2009.

[6]　Sorensen A L, DellaFera A B, Doyle D D, et al. Parametric study of variable cavity geometries for high-speed combustors[C]//23rd AIAA International Space Planes and Hypersonic Systems and Technologies Conference, 2020.

[7]　Baxter A D, Enrich F F. Jet engine[G/OL]. [2024 - 07 - 26]. https://www. britannica. com/technology/jet-engine.

[8]　Szondy D. GE unveils new supersonic commercial jet engine[EB/OL]. (2018 - 10 - 21)[2024 - 07 - 21]. https://newatlas. com/ge-supersonic-commercial-engine/56876/.

[9]　NASA. How does a jet engine work? [G/OL]. [2024 - 07 - 25]. https://www. grc. nasa. gov/www/k-12/UEET/StudentSite/engines. html.

[10] Vance J E，Boyne W J. Materials and construction in airplane[G/OL]. [2024 - 07 - 11]. https://www. britannica. com/technology/airplane.

[11] Rolls-Royce. Annual report 2023[R/OL]. [2024 - 7 - 21]. https://www. rolls-royce. com/investors/results-reports-and-presentations/annual-report-2023. aspx.

[12] NASA. How do we launch things into space? [G/OL]. [2024 - 07 - 24]. https:// www. nasa. gov/audience/forstudents/k-4/stories/nasa-knows/what-is-a-rocket-k4. html.

[13] Mishra D P. Fundamentals of rocket propulsion[M]. Boca Raton：CRC Press，2017.

[14] El-Sayed A F. Aircraft propulsion and gas turbine engines[M]. 2nd ed. Boca Raton：CRC Press，2017.

[15] Taylor T S. Introduction to rocket science and rngineering [M]. 2nd ed. Boca Raton：CRC Press，2017.

[16] Musielak D. Scramjet propulsion：a practical introduction[M]. Hoboken：John Wiley & Sons，2022.

[17] Choubey G，Tiwari M. Scramjet combustion[M]. Amsterdam：Elsevier，2022.

[18] Mistry C S，Kumar S K，Raghunandan B N，et al. Proceedings of the national aerospace propulsion conference[M]. Singapore：Springer，2020.

[19] Brodsky S. It sure seems like darkstar, Lockheed's secret high-speed jet, is real[EB/OL]. （2023 - 03 - 15）[2024 - 07 - 21]. https://www. popularmechanics. com/military/aviation/a43318197/sr-72-darkstar-top-gun-maverick-is-it-real/.

[20] 缪季桓. 高速飞机与传统飞机技术特点对比分析[J]. 科学技术创新，2019(28)：8 - 12.

[21] 李栩进. 预冷组合动力飞行器轨迹规划与制导方法研究[D]. 北京：中国运载火箭技术研究院，2022.

[22] 金捷，陈敏. 涡轮冲压组合动力装置特点及研究进展[J]. 航空制造技术，2014,57(9)：32 - 35.

[23] 王亚军，何国强，秦飞，等. 火箭冲压组合动力研究进展[J]. 宇航学报，2019,40(10)：1125 - 1133.

[24] 叶进颖. RBCC 变结构燃烧室工作特性研究[D]. 西安：西北工业大学，2018.

[25] 鱼伟东，温晓东，张天平，等. 面向深空探测的电磁帆推进技术研究进展[J]. 中国空间科学技术，2019,39(4)：43 - 53.

[26] 胡少六，李波，龙华，等. 激光推进技术的现状及发展[J]. 激光与光电子学进展，2003(10)：1 - 4.

第9章 彗星探测——NASA "深度撞击"号

时至今日,人类对宇宙中存在的各类小天体进行了一系列的探索活动。其中,彗星被视为一种特殊的天体。作为太阳系形成早期的遗留物,它们保存了太阳系形成时的原始物质。因此,研究彗星可以提供关于太阳系起源的关键信息,帮助我们更深入地了解太阳系和宇宙的演化。本章从彗星的起源和组成出发,简述人类至今对彗星发起的主要探索活动。此外,重点详述 NASA "深度撞击"号的探测过程、成果以及后续产生的深远影响。

9.1 彗星的起源和组成

自古以来,在绚烂的夜空中,每隔几年就有一颗肉眼可见的彗星划过天空,最标志性的就是它那条拖得长长的尾巴。因为有些彗星的尾部看起来好像一把倒挂着的扫把,在我国彗星也被形象地称为"扫把星"。对彗星最早的观测可以追溯到 2 600 多年前。古时候,人们往往将彗星视为预示凶吉的先兆,彗星的出现常常被视作不祥之征。在西方,彗星被认为象征着饥荒、瘟疫、洪水等灾害,同时也预示着战争和王朝的颠覆。葡萄牙国王阿方索六世在 1664 年看见彗星时,因为对彗星的厌恶和恐惧,竟然掏出手枪向彗星射击。在我国,对彗星的探索可以追溯到汉代,完成于 2 000 多年前的马王堆汉墓竹简帛书被誉为展示彗星外形和各种与其相关灾难的"教科书"[见图 9-1(a)]。随着天文学的发展,人们对彗星的了解越来越深入,逐渐认识到彗星是像地球和其他行星一样绕太阳运转的天体。这种在太阳系中来往穿梭的天体,不但可能为生命的产生提供了最初的温床,还给空间物理学家提供了研究太阳风和太阳磁场的天然探测器。

近年来,天文学家通过科学观测和计算分析,推测彗星是从遥远的外太阳系演化而成。其轨道受扰动后发生改变,来到了距离太阳较近的地方。这些古老的星团被认为源于 46 亿年前太阳系的形成,其中有些天体甚至可能来源于相邻的星系。当冻结的星团行至太阳系时,太阳释放的能量逐渐加剧,数十亿年以来第一次将星团内的冰融化。在融化过程中,气体夹带着尘埃向深空中喷射,形成了一片明亮的云状物,称为"彗发",其大小甚至可以超过太阳本身。同时,太阳不断释放出的高能粒子——太阳风,将彗星周围的颗粒不断吹离彗核,形成了一条数百万英里长的踪迹,即彗尾。彗发,彗尾,连同彗核构成了彗星的主要结构[见图 9 - 1(b)]。其中,彗核是彗星的主要部分,其组成物质、内部结构以及形成机理目前仍未有明确结论。现有研究发现,彗核主要由水冰、硅酸岩石尘埃等构成。19 世纪 50 年代,天文学家惠普尔提出了著名的脏雪球模型,他认为彗核是一大块冰、尘埃、氨、甲烷和二氧化碳的混合物。脏雪球模型被一系列的后续空间探测活动,如"乔托"号和"韦加"号所证实。

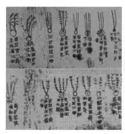　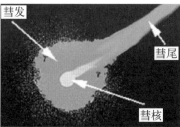　

| (a) 马王堆出土的
彗星图示 | (b) 彗核、彗发、彗尾结构 | (c) 惠普尔博士和他的
脏雪球模型 |

图 9 - 1　不同时期人类对彗星的理解

9.2　为什么要探索彗星?

当彗星穿越太阳系的时候,太阳风会把分子分解冰重新组合为不同的化合物。而在加拿大北部发现的陨石碎片中,发现了与经过彗尾的航天器上相同的物质。经研究,该物质为一些氨基酸,是构成蛋白质的基本单位,也是所有活性细胞的组成部分。因此,彗星可能与地球上生命的起源有着重要的联系。更重要的是,彗星也许曾将生命带到它们经过的其他适合孕育有机分子和生命的行星。

从 20 世纪 40 年代起,就有了"彗星生命起源说"理论。研究人员称,在太阳系形成的初期,大量的彗星撞击地球,不仅给地球带来了丰富的水资源,还给地球带来了生命元素。而如果彗星正是地球上生命产生的源头,那么也许在浩瀚宇宙的其他地方,也存在着类似的生命体。我们知道,宇宙中的每个恒星都有行星围绕其转动,而其中五分之一的行星有着与地球相似的温度和大小。如果类地行星及 DNA 分子并非特殊存在,那么当彗星经过其他适宜孕育有机分子的行星时,也将孕育出其他生命体。因此,与其说彗星是死亡的预兆,不如说它们是生命的象征。

此外,彗星作为太阳系形成初期遗留的原始星团,由于它们自身温度极低并置于"天寒地冻"的宇宙空间,经历了较少的太阳辐射侵蚀,因此完整地保留了太阳系早期的物质和信息。自太阳系诞生以来,彗星成分几乎不变,对它们进行研究有助于我们探索太阳系形成的诸多奥秘。

9.3　彗星的探测历史

9.3.1　"国际彗星探险者"号

1978 年 8 月,NASA 成功发射了一颗名为"国际日地探险者"3 号(ISEE-3)的航天器。该航天器的初步设计目标是进行太阳风的观测与研究,以增进我们对太阳活动及其对地球环境影响的理解。在完成了为期 4 年的原定任务后,ISEE-3 利用月球的引力助推效应(gravity assist),成功转换轨道,开启了对贾科比尼-津纳彗星(Giacobini-Zinner comet)的科学考察任务。1985 年 9 月 11 日,ISEE-3 航天器历史性地进入了一条与贾科比尼-津纳彗星交汇的轨道,成为全球首个实现与彗星近距离接触并穿越其彗尾的航天探测器。鉴于其在彗星研究领域的开创性成就,该探测器随后被重新命名为"国际彗星探险者"号(ICE)(见图 9-2),以表彰其在天体物理学领域的重大贡献。在随后的 1986 年,它飞越了月球并借助月球引力场提高运行速度,飞往哈雷彗星,测量太阳风对哈雷彗星的影响等数据。

图 9-2　"国际彗星探险者"号

"国际彗星探险者"号是人类第一次实现近距离观测彗星,通过装载的摄像机、中子分析仪、离子质量分析仪、等离子体观测仪和测光仪等设备,探测了彗尾中的等离子体密度、温度和重离子特性等。2014 年,"国际彗星探险者"号项目重启,自 1987 年以来首次启动推进器。然而,由于缺乏氮气加压剂,后来的推进器点火失败。2014 年 9 月 16 日,NASA 与探测器失去联系。

9.3.2 "乔托"号

"乔托"号(Giotto)是 ESA 发射的以哈雷彗星为基本目标的深空探测器,其命名是为了纪念意大利文艺复兴时期的艺术家乔托·迪邦东。1980 年项目正式启动,1985 年由"亚利安"1 号运载火箭从圭亚那太空中心发射升空,与苏联的"维加"1 号及"维加"2号、日本的"彗星"号及"先锋"号共同组成当时的彗星舰队。

"乔托"号的主体是一个直径 1.85 m、长约 1.1 m 的短圆柱体,有 3 个内部平台,可以 10 台总质量为 60 kg 的仪器来研究哈雷彗星及周围环境,其中包括一台提供彗星核高分辨率图像的彩色相机(见图 9-3)。

1986 年 3 月,"乔托"号在 605 km 范围内进行了距离彗星最近的接近,并返回了 2 112 张彗星图像,提供了哈雷彗核最清晰的图像(见图 9-4)。但由于受到大尘埃颗粒猛烈撞击,部分仪器受到损害。1990 年 7 月 2 日,"乔托"号飞越地球,这是来自深空的航天器首次与

图 9-3 "乔托"号科学载荷及分布

地球相遇。1992 年,"乔托"号成功遇到了格里格-斯凯勒鲁普彗星,最近的一次接近是 200 km,进行了 8 项实验,提供了极为丰富的珍贵数据。1992 年 7 月 23 日,在完成最后的轨道调整和航天器第三次冬眠的配置后,"乔托"号任务正式终止。

"乔托"号传回的图片显示,哈雷彗星的核是一个黑色的花生状,长 15 km,

宽 7～10 km,只有 10% 的表面是活跃的。分析显示,这颗彗星形成于 45 亿年前,是由挥发物(主要是冰)凝结成星际尘埃颗粒而形成的。

 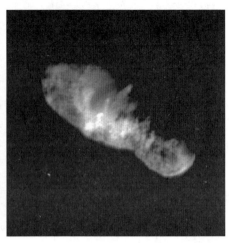

图 9-4　1986 年"乔托"号传回的　　　图 9-5　"深空"1 号传回的 19P/
　　　　 哈雷彗星图片　　　　　　　　　　　　　 包瑞利彗星图片

9.3.3　"深空"1 号

"深空"1 号(Deep Space-1)是 NASA 在 1998 年发射升空的小行星与彗星探测器,是第一艘使用离子推进器的航天器。"深空"1 号在 1999 年飞越布拉耶小行星,在 2001 年获得了 19P/包瑞利彗星表面的高解析影像(见图 9-5)。经研究发现,该彗星展现出性质不同的喷流,拥有热且干燥的表面,由此推断冰可能隐藏在表面之下。

9.3.4　"星尘"号

"星尘"号(Stardust)探测器是由 NASA 发射的以维尔特二号彗星为主要目标的行星际宇宙飞船,由洛克希德·马丁宇航公司设计制造,质量轻,便于深度空间操纵,并配备有一种嵌入式操作系统。

"星尘"号配备有气凝胶样品采集器、彗星和星际尘埃分析器、导航相机以及尘埃罩等设备,可以对星际尘埃的各种粒子进行收集和分析,在飞越彗星时定位彗核并拍摄彗星的高分辨率图片,以及保护飞船在彗发里高速运动时免于遭受颗粒碰撞。带有气凝胶块的尘埃收集器如图 9-6 所示。

"星尘"号于 1999 年 2 月 7 日发射升空,在 2000 年和 2002 年其配备的超低密度气凝胶收集器对星际尘埃进行了采集,在 2004 年飞越维尔特二号彗星,从

图 9-6　带有气凝胶块的尘埃收集器

彗发中同样采集了彗星尘埃样品,并拍摄了详细的冰质彗核图片。气溶胶保存在样品返回舱中并在返回大气层时由主船体释放。2006 年 1 月 15 日,"星尘"号返回舱在美国犹他州大盐湖沙漠着陆(见图 9-7),成为人类首次完成从彗星

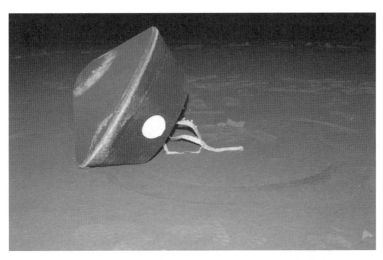

图 9-7　"星尘"号返回舱在美国犹他州大盐湖沙漠软着陆成功

采样并返回任务的航天器。

9.3.5 "罗塞塔"号

"罗塞塔"号(Rosetta)是 ESA 组织的机器人空间探测器计划,用于研究 67P/楚留莫夫-格拉希门克彗星。探测器以罗塞塔石碑命名,希望此任务能帮助解开行星形成前的太阳系之谜。"罗塞塔"号由两个主要部件组成:"罗塞塔"探测器及"菲莱"登陆器。"罗塞塔"号的任务是沿轨道环绕彗星 17 个月,并且完成对彗星有史以来最详细的研究。

"罗塞塔"号于 2004 年 3 月 2 日由"亚利安"5 号运载火箭发射,在 2014 年 8 月 6 日到达彗星。"菲莱"登陆器于 2014 年 11 月 12 日在彗星上登陆,成为有史以来第一个在彗星上成功受控登陆的探测器。"罗塞塔"号计算机模型如图 9 - 8 所示。

图 9 - 8 "罗塞塔"号计算机模型

登陆器着陆之后开始了一系列科学任务:描述彗星彗核,确定存在的化合物,包括对应的对映异构体以及研究彗星活动及其随时间的发展。而"罗塞塔"号在完成绕彗星飞行探测的任务之后,于 2016 年 9 月 30 日坠毁在 67P/楚留莫夫-格拉希门克彗星上。

9.4 NASA"深度撞击"计划

9.4.1 任务筹备工作和目标

在对彗星的探测活动中,大多数局限于对彗星地面的直接观测。这些探测活动往往只能看到彗星的彗发和彗尾,而对被气体和尘埃包裹着的彗核,人们能获取的信息十分有限。此前的彗星探测任务(如"乔托"号和"星尘"号)也大多采用飞越表面的方式,难以探测彗星内部的结构和成分。因此,NASA 提出了"深度撞击"任务计划,旨在通过部署与目标碰撞的撞击探测器来研究彗星的彗核内部成分。

1996 年,NASA 提出了这一惊人的计划,希望能够进一步探测彗星中彗核的组成以及结构。仅仅飞掠观测彗星表面,很难真正了解彗星的内部结构,因此该计划利用一个撞击器与彗星高速碰撞,形成陨石坑。通过碰撞的方式,使彗星内部的土壤层被发掘出来,从而得以进行收集和后续研究。根据撞击器的质量和运行速度,科学家可以通过陨石坑的大小计算得出关于彗星表面的很多宝贵信息,例如彗星表面的冰-尘混合物究竟是均匀混合的,还是多层结构。经过多重验证和修正,最终,该计划以"深度撞击"命名,以坦普尔一号彗星为探测目标,于 2005 年实施。

9.4.2　撞击过程

"深度撞击"号由 2 个主要部分组成(见图 9-9):用于撞击彗星的铜核心智能撞击器和在安全距离外拍摄坦普尔一号彗星的飞越探测器。飞越探测器质量为 601 kg,长约 3.3 m,宽 1.7 m,高 2.3 m,与一辆小轿车质量相当。它包括 2 个太阳能电池板,1 个碎片防护罩,1 个高分辨率相机,以及 1 个中分辨率相机。智能撞击器有茶几大小,质量为 372 kg,主要由 49% 的铜和 24% 的铝制成。智能撞击器装有撞击目标传感器(ITS)的装置,用以精准撞击和近距离拍摄。

图 9-9　"深度撞击"号的主要组成部分

　　"深度撞击"号探测器于 2005 年 1 月 12 日成功发射,经过 6 个月的飞行到达坦普尔一号彗星。2005 年 7 月 3 日,"深度撞击"号释放了撞击器,它使用小型推进器,进入了彗星的路径,并于 7 月 4 日撞击了彗星。在撞击时,探测器的相对速度约为 23 000 mi/h(37 000 km/h)。撞击产生了相当于 4.7 t TNT 炸药爆炸的能量和一个直径约为 490 ft(150 m)的弹坑。撞击后数分钟,飞越探测器在大约 310 mi(500 km)的范围内经过彗核,并拍摄了陨石坑、喷射物和整个彗核的图像。撞击器还拍摄了撞击前 3 s 的图像,并通过飞行器传送回地球。对撞击的同步观测是与地面观测站以及空间观测站协调进行的,包括欧洲的"罗塞塔"(距离彗星约 8 000 万千米)"哈勃""斯皮策""雨燕"X 射线望远镜和 XMM-牛顿。

9.4.3　意义及深远影响

　　该次撞击是人类与彗星的首次亲密接触,形成的陨石坑直径大于 150 m,比预测的要大 50% 左右。坦普尔一号彗星的表面蓬松而多孔,由非常细小的冰和灰尘构成。根据计算,彗星整体大约 75% 是空的,整个彗星被引力松散地结合在一起。通过对撞击后产生的喷射颗粒流进行分析,科学家发现彗星的组成部分有黏土、硅酸盐、钠以及有机物质。这些富含碳的物质,被认为可能在远古曾被彗星带到地球,提供了构成地球生命的重要物质。"深度撞击"号实拍图如图 9-10 所示。

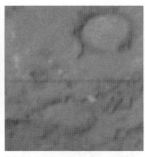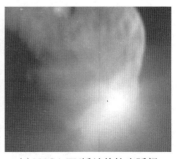

(a) 撞击器刚分离时,飞越探　　(b) 撞击器在撞击前不久拍摄　　(c) NASA TV 播放的撞击瞬间
　　测器拍摄的撞击器的影像　　　　的彗星,距离彗星150 km

图 9-10　"深度撞击"号实拍图

9.5　"深度撞击"后续研究

　　NASA"深度撞击"计划带给我们的是一次对彗星探索的革命,是人类对彗星的首次亲密接触。在此前,对于彗星的探测大多采用飞越探测的方式,来捕捉彗核形状以及彗核表面的地貌结构。"深度撞击"号首次通过碰撞的方式对彗核进行发掘,从而得以方便而有效地进一步研究彗核内部构成,为探索开发彗星的

方式打开了崭新的思路。

9.5.1　Chagall 彗星发掘计划

2016 年,马里兰大学天文系教授、"深度撞击"计划联合研究者 Jessica Sunshine 提出了一种通过地下爆炸的方式发掘彗星的模式,并对该概念进行了模拟和论证。该计划提出,在彗星土壤层中埋入一定量的爆炸物,在引爆爆炸物的过程中,通过爆炸的方式使彗核内部物质喷射而出,加以收集并用作日后研究分析。由"深度撞击"计划等彗星探测数据得知,彗星的彗核部分由松散的颗粒介质构成,颗粒体积分数仅占不到 25%。研究人员通过 Euler‐Euler 两相流模型,对彗星表面地下爆炸的过程以及可能的情况进行了模拟,爆炸过程如图 9‐11 和图 9‐12 所示。初步结果显示,彗核松散的颗粒物在爆炸冲击波的

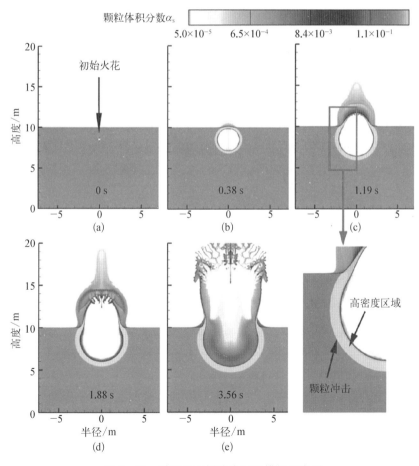

图 9‐11　彗星地下爆炸全过程模拟示意图

作用下形成一个空腔,内部的颗粒物经过相互碰撞作用,形成一定质量和体积的颗粒团,并喷射而出。

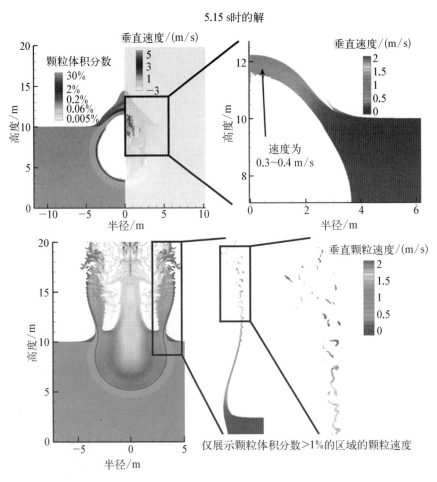

图9-12　彗星地下爆炸喷射颗粒团模拟图(见附图中彩图9)

在对彗星发掘的设想中,爆炸物的放置深度,爆炸形成的爆炸坑大小、喷射颗粒物质的速度和质量是影响探测结果的关键。由于彗星的引力大多较低,如67P/楚留莫夫-格拉希门克彗星的逃逸速度仅为0.48 m/s,在爆炸过程中的颗粒物在高于逃逸速度时,将会喷射而出,而非回落彗星表面,对近表面的探测和收集装置产生巨大威胁。此外,爆炸物的放置深度、能量大小控制也是该设想中的难点。

爆炸是否能够成功地将彗核特定深度的物质喷射出,取决于彗核的土壤层结构和组成。通常来说,彗核由稀疏的冰与灰尘颗粒构成,然而其结构尚不清楚。有学者认为,彗核由均匀分布的松散颗粒混合物构成;也有学者认为彗核具有分层的结构特征,即彗核的表面有一层坚硬的冰壳,下方则为灰尘和冰颗粒的混合结构。这两种截然不同的彗核结构在爆炸或撞击过程中将会形成不同的颗粒喷射特征。如图 9-13 所示,实验模拟了有坚硬冰壳覆盖(第一行)和无冰壳覆盖(第二行)的土壤层结构在冲击爆炸的过程中/颗粒物的喷射特征。实验结果显示,当存在冰壳时,大量块状的颗粒聚集物将成块喷射而出,对底部的颗粒运动起到抑制作用,也将对周围的探测和实验装置产生巨大的威胁。

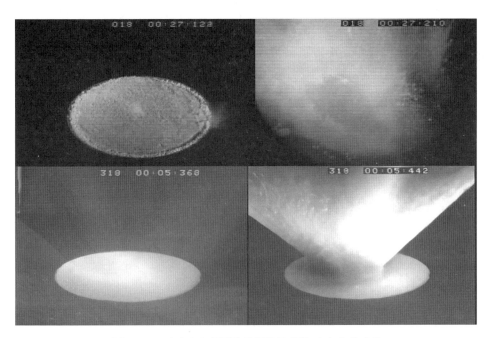

图 9-13 有/无冰壳覆盖的颗粒物爆炸冲击实验对比

9.5.2 彗核结构及表层流动机理

在 9P/坦普尔一号彗星"深度撞击"计划所得的图像中,最引人注目的地质结构是数个大而平滑,类似于冰川流动的区域。这些区域内气流的动态特征以及区域边缘形状在彗星轨道运行过程中的侵蚀情况表明这些平滑区域蕴藏着彗星演化过程的重要线索。然而,至今为止,人们对其形成原因知之甚少。如图 9-14 所示,C1、C2 表示坦普尔一号彗星的两个陨石坑,而 S1、S2、S3 则为三个平滑区域。这些平滑区域通常可达 $2\sim3~\text{km}^2$,且其边缘与形状随时间而变

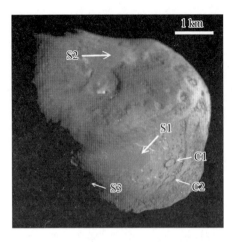

图 9-14 坦普尔一号彗星平滑区域
(S1、S2、S3)以及陨石坑(C1、
C2)示意图

化。通过对其大小和性质的观察分析表明这些平滑区域是近期由于彗星运动产生的颗粒流喷射所导致的。

这种仅在坦普尔一号彗星上发现的特殊现象的形成机理仍不明确。Belton和Melosh提出这种平滑区域是由冰火山引发的。根据他们的理论,喷射的颗粒流是由大量地下无定形冰转为晶体形态时释放的巨大能量所驱动的。释放的能量使一部分冰颗粒蒸发,而蒸发的气体可夹带深达 100 m 处的颗粒物上升至地表,形成图中的颗粒流动。然而,该理论并未得到广泛证实。

此外,也有研究者提出该平滑流动区域是由太阳热辐射驱动的。该理论认为彗核由具有黏性的冰/灰尘混合颗粒构成,并在绝大部分彗星运行轨道中维持固体状态。然而在近日点附近,固体颗粒在温度和重力的作用下,可以形成缓慢的扩散或流动。这种在彗星上发现的平滑运动与我们地球上的冰川流动有很多类似之处,因此科学家也试图从流动的角度来解释这种特殊的现象。

事实上,这种假说与"罗塞塔"号所验证的彗星表面周期性的冰水循环理论不谋而合(见图 9-15)。根据该理论,在彗星面向太阳的区域中,阳光使得彗核中的冰颗粒(主要构成为水以及少量的一氧化碳和二氧化碳)直接升华为气体。这些气体携带尘埃颗粒从彗核表面流出,形成彗星独特的光晕和彗尾。"罗塞塔"号在彗星表面发现水/冰根据彗星的自转,形成了周期性的堆积和消失现象,更是为冰水循环理论提供了有力证据。数据表明,在彗核表面以及数厘米深处的水冰,经阳光照射作用,将经历升华作用,形成气体从彗核表面流出。随着彗星的自转,该区域背离太阳照射,温度急剧下降。然而在彗核表层之下,颗粒经历了数小时的阳光照射,温度仍可在一定时间内维持较高水平。此时,地下的水冰仍不断升华,气体通过彗星的多孔土壤层上升至表面。当这种"地下"水蒸气抵达寒冷的表面时,由于地表的低温,会经历凝华作用,再次冻结,形成一层薄薄的冰壳覆盖在彗星表面。最终,当这部分区域在下一个彗星日再次受到太阳照射时,冰壳以及下方的水冰颗粒再次升华,形成新的冰水循环。根据该理论,由于水冰颗粒的不断升华/凝华作用,可能会与灰尘颗粒形成明显的分离现象,从而导致多层冰/尘分层结构的形成。

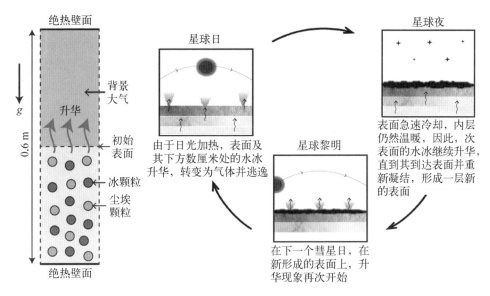

图 9 - 15 彗星冰/水循环理论示意图

参考文献

[1] Whipple F L. A comet model. Ⅱ. physical relations for comets and meteors[J]. Astrophysical Journal，1950(113)：464.

[2] Lai S Y, Houim R W, Oran E S. Mechanism and structure of subsurface explosions in granular media[J]. Physical Review Fluids, 2017, 2(9)：094301.

[3] Belton M J S, Melosh J. Fluidization and multiphase transport of particulate cometary material as an explanation of the smooth terrains and repetitive outbursts on 9P/Tempel 1[J]. Icarus, 2009, 200(1)：280 - 291.

[4] de Sanctis M C, Capaccioni F, Ciarniello M, et al. The diurnal cycle of water ice on comet 67P/Churyumov - Gerasimenko[J]. Nature，2015，525(7570)：500 - 503.

[5] Dong Z Y. Numerical simulation of ice-dust flow：effects of gravity and cyclic heat addition[D]. College Station：Texas A&M University，2021.

[6] 李会超. 古人眼中的扫把星，空间物理学家的宝贝[J]. 大学(A 版)(阅读独唱团)，2018 (5)：50.

[7] 佚名. 人类以往的探彗行动[J]. 中国科教创新导刊，2005(6)：27 - 29.

[8] 叶楠. 图解深空探测史[J]. 太空探索，2020(3)：74 - 77.

[9] 付晓辉，欧阳自远，邹永廖. 太阳系生命信息探测[J]. 地学前缘，2014，21(1)：161 - 176.

[10] 易林. 苦追十年："罗塞塔"同彗星交会[J]. 太空探索，2014(9)：22 - 27.

第10章 飞机自然结冰适航 符合性验证

自从飞机能飞到千米高空,结冰就成为飞行安全的严重威胁。100多年来,结冰几乎每年都造成多起航空事故,甚至重大空难。飞机结冰一直是适航当局、设计部门、运营商和乘客关注的重要问题。

据统计,我国民航航线上有50%的概率遭遇结冰。而一旦遭遇结冰环境,民用飞机通常就要打开热防冰系统,这将使飞机损失8%以上的推力,降低数百千克的载重,并显著缩小飞行包线范围。相比之下,每一代民用飞机花费巨大代价所设计的气动外形不过比上代减少阻力1%~2%,仅为防冰产生的推力损失的1/8~1/4。另外针对民用飞机结冰安全的适航审查十分严格,我国ARJ21飞机就在自然结冰取证试飞这一关卡了3年之久,对其市场销售造成十分不利的影响。该事件固然有我国民航工业"交学费"的因素,但不可否认的是,飞机结冰安全设计和适航取证能力对民用飞机产业发展有重要影响。随着2014年过冷大水滴结冰适航条款的发布,围绕新一代结冰标准的安全设计和取证技术成为国家民用飞机产业竞争的焦点之一。

10.1 飞机结冰危害与过程和特征

10.1.1 飞机结冰危害

结冰事故从航空器被发明以来就一直是困扰飞行安全的难题之一。飞机结冰研究最早见于1928年Carroll和McAvoyi在美国航空咨询委员会(NACA)的学术报告。其中一份有关VE-7飞机的研究报告显示,结冰导致的空气动力学危害要远远大于其自身重量造成的影响,在此,防冰方法的需求首次被提及。1938年,Gulick在兰利中心对展弦比为6,带粗糙冰的机翼进行了气动试验,发现结冰机翼的最大升力降低了25%,而阻力增加了90%以上。

第二次世界大战期间,美军援华的"驼峰航线"上大量飞机坠毁,结冰是其中一个重要原因。这一事件对战后美国开展结冰研究也起到了巨大推动作用。美国依据 20 世纪 40 年代的试飞数据制定了军用飞机结冰环境标准,并最终形成现在民用飞机适航标准 FAR 25 部 1419 条款和附录 C。但此后数十年间,结冰事故仍然频发。如图 10-1 所示,北美地区 1978—1994 年由气象因素导致的 3 230 起飞行事故或事故征候中,有 388 起(12%)与结冰密切相关;2009—2014 年,全球共发生 65 起与结冰相关的航空事故。虽然事故数量有所减少,但结冰在严重事故征候和致死事故中的占比不降反升,分别高达 8% 和 20%。时至今日,结冰仍然是危及现代航空安全的重大问题之一。

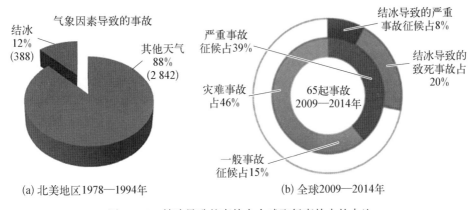

图 10-1　结冰导致的事故在全球飞行事故中的占比

　　1994 年美国印第安纳州发生了一起空难事故,一架 ATR-72-212 飞机高速俯冲坠毁,机上乘客和机组人员全部遇难。调查报告指出,飞机遇到了超出当时结冰适航条款范围的结冰环境,即直径超过 100 μm 的过冷大水滴 (supercooled large droplet, SLD),从而出现异常的结冰情况:冰溢流到飞机的除冰套后形成无法除去的脊冰,导致飞机副翼操纵反效,最终进入无法挽救的俯冲状态。事后调查显示飞机完全符合当时的适航标准。这事实上表明当时的民机结冰适航条款并不足以确保飞行安全。该事件引起了对过冷大水滴研究的热潮,并在 20 年后催生了新一代结冰适航条款。

　　在我国,飞机结冰重大事故屡见不鲜,其中影响最大的是 2006 年的"6·3"空难。2006 年 6 月 3 日,一架试飞中的预警机在安徽广德撞山坠毁。这场空难使中国损失了 40 名一流专家,包括试飞员、一流电子技术专家和部队技术人员,其中包括 2 名将军级的人才。这是中国人民解放军建军以来损失最为惨重的空难。截至本书成稿,该事故的发生过程仍然未能还原。目前公认的说法是该飞机多次穿越结冰区域,机翼严重积冰而坠毁。

2004 年 11 月 21 日,东方航空 MU5210 航班从内蒙古包头机场起飞后不久即失控坠毁,造成 47 名乘客和 6 名工作人员全部遇难。调查发现该航班飞行员经验丰富,机体保养良好,只因起飞时机翼上带了一层薄冰,就引起飞机失速坠毁。由此可看出,飞机结冰无小事,极易造成机毁人亡的重大事故。

因此在各项航空技术突飞猛进的今天,飞机结冰对航空技术及产业的影响不仅未减少,反而越来越多地受到重视。

10.1.2 飞机结冰过程和特征

大气中广泛存在低于 0℃的液态水滴——过冷水滴。冰点以下长期存在的过冷水滴似乎与 0℃以下即结冰的物理常识相悖,但这在干净、稳定的大气环境中是常态。在这种缺少凝结核和扰动的情况下,过冷水滴可长期保持在热力学的亚稳态——能量高于稳定相态-冰晶的状态。一旦受到能量扰动或触碰凝结核,该亚稳态将被破坏,此时过冷水迅速转变为冰晶并释放出潜热。对空中悬浮的过冷水滴而言,快速撞来的飞机既是巨大能量扰动也是高效凝结核,于是水滴将在飞机表面迅速冻结并不断积聚。

飞机机翼结冰会引起阻力增加,升力下降,舵面操控性能变差;发动机进气系统结冰会引起进气旋流畸变,进气通道阻塞,发动机性能恶化;冰被发动机吸入会损伤风扇或涡轮叶片;大气数据传感器一旦结冰,会使飞行人员无法获得准确的飞行参数,引起飞机自动操控系统误操作,严重危害飞行安全。

飞机表面结冰按形状可以大概分为三种:霜冰、透明冰、混合冰。当气流温度不高、液态水含量不大时,过冷水滴在飞机表面以近似球形冻结,来不及溢出的空气也被包裹在冻结的冰粒之间,形成乳白色不透明的外观及相对松散的结构,即为霜冰。当环境温度较高或者液态水含量较大时,撞击冻结的冰的表面温度接近冰点温度。此时只有部分水会在撞击区冻结,未冻结的水会在气流剪切力和水的表面张力作用下形成溢流冰,即为透明冰。透明冰由于形成过程较缓慢,冻结的冰中几乎不含空气泡,因此从外观上看透明冰具有光滑、干净及半透明的特征。由于透明冰的形成代表有溢流发生,因此冰聚集位置较撞击位置更加靠后,这对飞机表面流场破坏更为严重。透明冰的质地坚硬且与部件表面的黏附强度较大,不易除掉,其危害程度大于霜冰。混合冰是介于霜冰和透明冰之间的结冰形式,也可以理解为是霜冰和透明冰的混合体。

从对机翼流场影响的角度,冰可以分为粗糙冰、流向冰、角冰和展向脊冰四类(见图 10-2)。粗糙冰对机翼外形轮廓影响小,但其粗糙表面会增加摩擦阻力,提前使表面气流分离。流向冰为从机翼前缘向来流方向伸出的冰形,通常为霜冰状态。其对机翼流场的影响最小。角冰主要为从机翼前缘向前伸出的角状,其主要引起机翼气流分离,冰角的尺寸、位置和生长角度为其关键参数;展向脊冰形成于更靠后的翼型表面,对翼面气动性能的破坏最为严重。机翼冰对气动破坏最严重的区域大致在弦长的 5%～10% 位置处;冰角的伸出角度与机翼绕流越接近垂直,其对机翼气动性能的降低效果就越显著。过冷大水滴环境下形成的展向脊冰具有最危险的冰形几何特征,是 20 世纪 90 年代才发现的异常结冰特征,对飞行安全的影响尤其大。

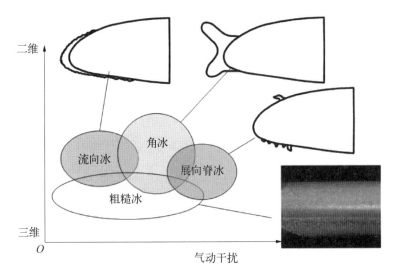

图 10-2　四种典型冰形的外形特征和气动影响对比

当然实际中飞机结冰冰形并不能简单地归为某一类,而是几类不同冰形的组合。需要将复杂冰形分解,提取其关键特征才能进一步评估其空气动力学危害及机制,这也是结冰安全研究的重点之一。

10.2　飞机结冰安全防护技术

目前大型固定翼飞机上的结冰安全防护系统主要如下:① 防除冰系统,包括机翼、尾翼、传感器、风挡等,用于减少或消除机体部件受结冰气象的影响;② 结冰探测系统,用于识别飞机是否进入结冰环境,以发出警告并提示飞行员打开结冰保护系统,或自动开启安全保护;③ 飞机结冰保护系统,用于防止飞机进入失速等危险状态。

10.2.1 防除冰系统技术

为保证飞机结冰条件下的飞行安全,需要采取相应技术以防止飞机某些部位结冰或冰层增厚,即防/除冰技术。飞机防/除冰技术是通过主/被动方式(通常为加热防/除冰或机械除冰装置),在要求的结冰环境标准中阻止或定期除去重要部件表面积冰,以避免对安全运行造成威胁。需进行防/除冰的飞行器部件包括机翼、尾翼、螺旋桨、旋翼、大气数据传感器、风挡和发动机等。

目前飞机的防除冰技术主要如下:① 热气防冰技术,是目前喷气民用飞机使用最广泛的防冰技术,其从发动机压气机中引出高压热气通向机翼前缘、发动机进气道唇口等部位以进行防除冰,结构较为简单。然而热气防冰系统的抽气会使发动机偏离设计工作状态,导致推力降低(可达8%以上),油耗增加。② 机械除冰系统,利用高压气体使气囊周期性膨胀收缩,破坏冰层和表面的结合,主要用于机翼、尾翼前缘的除冰,需要引气量远小于热气防冰系统,适用于小型飞机。但其只能除冰,且存在残留。③ 电热防除冰技术,其通过机载电力系统持续或周期性加热防除冰区域,主要用于螺旋桨、整流帽和风挡的防护。相比热气防冰技术,电热防除冰技术的能量效率更高。④ 液体防除冰技术,主要在早期飞机上或者部分小型飞机上使用,结构简单,但防冰液储罐重,效果持续时间较短,现在已经很少在飞机上采用。地面喷洒防除冰液是民航业常见的除冰方式,即为飞机"洗热水澡",去除飞机上附着的冰雪,并预防二次积冰。但防冰液在飞机表面的有效时间不到1 h,喷洒防冰液后的飞机需要尽快起飞。这也是民航飞机关闭舱门后才能开始喷洒防冰液的原因。

在2000年左右,"超疏水(或斥水)表面"防冰的概念被提出,并迅速得到广泛关注,被认为具有理想的防冰效果。研究认为超疏水表面能减少水滴与壁面的接触时间和接触面积,降低成核率,从而延迟结冰,但其极易受到环境影响而失去效果。试验也显示超疏水表面在过冷水滴碰撞时只能在较小过冷度(温度低于0℃的部分)下保持不结冰,而随着温度下降其结冰概率急剧增加。

超疏水表面与热防除冰技术的结合能够进一步提升飞机的防冰效能。与疏水涂层相比,超疏水涂层与热防除冰技术的结合能够进一步降低去除霜状冰和明冰所需的功耗(超疏水涂层分别能将两者降低13%和33%,而疏水涂层只能分别降低8%和13%)。疏水涂层、电热防除冰与压电致动器复合的防冰技术可进一步降低防除冰功耗。但相关研究目前仍局限在实验室和小尺寸模型方面,未见实际应用。

大型民用飞机防除冰系统主要包含以下部分。

1）机翼防除冰系统

现有大型喷气运输机的机翼一般采用完全蒸发式热气防冰系统。从发动机引出热空气，经气源系统调温调压后，通过防冰活门和笛形管对机翼的缝翼表面进行加热防冰，如图 10-3 所示。一般通过布置压力传感器和温度传感器监控供气压力和温度，防止结构失效。防冰热气压力和温度通过数值仿真和实验确定。最后在冰风洞试验中予以验证。

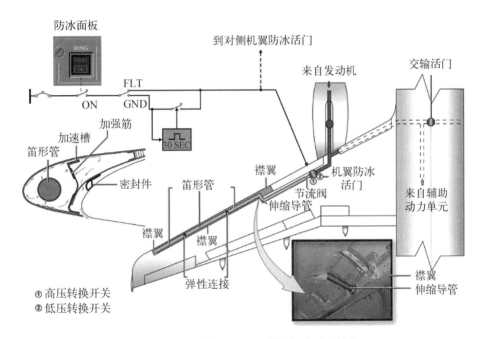

图 10-3 大型喷气飞机的机翼热气防冰系统结构

波音 787 飞机由于采用全复合材料机翼前缘，故采用了电热防冰装置，通过高压交流电源为机翼前缘布置的加热片提供能源，实现防冰效果。

对于发动机功率较低的涡桨运输机，通常采用气囊（除冰靴）除冰技术。

2）发动机短舱防冰系统

大型喷气飞机的短舱防冰系统一般为热气防冰系统。当进入结冰气象条件时，根据结冰探测系统的结冰信号，可自动开启或者由飞行员手动打开系统。此时通过发动机压气机处引气为短舱前缘提供足够的热量，保证飞机在适航条款规定的结冰气象条件下该侧发动机可提供足够的防冰能力。

3）大气数据传感器防冰系统

飞机上全压探头、静压孔、迎角传感器和总温传感器等大气数据传感器均需配备电加热防冰系统。当进入结冰条件时其将开启，并且向飞行员提供相关信息。

4）风挡防冰除雨系统

飞机的风挡采用电加热的方式进行防冰和防雾，该功能通过在风挡玻璃中加入电阻丝或电阻膜实现。一般对驾驶舱主风挡进行防冰和防雾加热，对侧风挡仅进行防雾加热。

10.2.2 结冰探测系统技术

为保证飞机在结冰气象条件下正常飞行，飞行员需要根据传感器获取的飞行环境与飞机结冰情况，结合自身的飞行经验，采取相应的应对措施，如脱离结冰区域以避免结冰加剧，并依据结冰和环境传感器反馈的数据，启动飞机防除冰系统。同时该信号作为输入控制飞机开启结冰包线保护。

现有大型客机结冰探测系统一般为咨询式结冰探测系统，安装于机头不易受遮挡的位置。根据所使用传感器的原理与类型，现有的结冰探测技术可以分为如下几种：① 光学探测，如目测式、光电式；② 热学探测，如电流脉冲式、平衡电桥式、温差式与热流式；③ 电学探测，如电容式、电导式和导纳式；④ 机械探测，如障碍式、压差式和谐振式；⑤ 声学探测，如弯曲波式和反射波式。

10.2.3 飞机结冰包线保护系统技术

该系统为飞控系统的一部分，在接收到结冰探测器信号后通过飞机的迎角、襟翼偏角、最低速度等限制飞机飞行包线，保证飞机操控性，避免飞机失控。该技术需要根据带冰后的飞机气动性能开展飞行动力学仿真研究，确定飞机结冰后的操稳性能及飞行品质，并通过带模拟冰型的操稳试飞进行验证。"冰型"不同于"冰形"，前者为某一种飞机安全设计状态或模型，后者仅代表形状。

10.3 民用飞机适航符合性概念

民用航空器（主要是民用飞机）对安全性的要求十分严格，不仅要保证飞机飞行员的个人安全，更要考虑所承载的大量乘客的生命财产安全，保护飞行活动中的公众利益。对于如此复杂、精密的大型工业产品，确保超高安全性本身就是巨大的困难。

"适航"概念来自航海，民用飞机适航体系基本上与航空技术同步发展完善，成为民用飞机进入市场的基本条件。随着民用航空技术的迅猛发展，世界主要国家都建立起适航当局/适航管理机构，对民用航空器的设计、制造、使用和维修等环节进行科学统一的审查、鉴定、监督和管理,代表国家制定保障民用航空安全的最低标准性要求和规定,形成一系列法令性文件(适航条例)。例如美国联邦航空管理局(FAA)颁布的联邦航空条例(FAR),其内容包括对航空器、发动机及各种机载设备从设计、制造到使用、维修等全过程的各种技术要求和管理规则,还包括对航空公司、航空人员、机场、空中交通管制、维修站等各方面的要求。这些规则均已编入联邦条例汇编(CFR)第 14 卷(航空航天卷)。欧盟成立的具有法律权限的欧洲航空安全局(EASA)将原民用飞机的安全要求(JAR)法规文件中 21 部的可接受符合性材料/指导材料,以及其他适航标准(JAR 23、25、27 等),转化为合格审定规范(CS)。我国参照美国的模式,成立了中国民用航空局(CAAC),逐步制定了与 FAR 相当的、比较完整的适航审定规章——中国民用航空规章(CCAR)。

为了保证适航条例的贯彻,一般实行各种许可证和执照制度。新设计的飞机必须取得型号合格证才能投入生产,工厂必须取得生产许可证才能进行生产,投入使用的飞机必须获得适航证才能航行,空运机构和机场必须获得许可证才能运行和使用,各种航空人员必须持有执照才能工作。适航管理机构根据有关的适航条例对各种申请审查合格后才颁发这些证件。民用飞机在发生故障和事故时,必须向适航管理机构报告,适航管理机构有专门部门收集、整理和分析这些报告,并采取措施防止故障和事故发生。必要时还要对适航条例进行补充修改,使其臻于完善。

为了取得相应许可证,厂商需要采用不同的说明和验证方法(计算、试验等)获得所需的证据资料,向局方表明产品对适航条款的符合性,即适航符合性验证。该过程贯穿了民用飞机研制的全过程——从飞机立项到批量生产。适航符合性验证是指通过多种手段证明型号满足民用飞机适航条款要求的过程。适航符合性验证的依据是审定基础,包括民用飞机型号设计适用的适航条款(包括豁免条款的考虑)以及为该型号设置的专用条件。只有全面完成符合性验证才能取得民航适航证,从而合法进入市场。而适航符合性验证方法也按照与实际应用的距离分为 MOC0~MOC9 的不同级别。

10.4 民用飞机结冰适航条款

10.4.1 结冰适航条款发展历程

民用飞机结冰适航条款起源于 20 世纪 50 年代,最早美国推出的民用航空规章 CAR 4b. 640 就提出了对飞机防冰能力的要求。1964 年,FAA 发布运输类飞机适航审定标准,在 FAR 25.1419 条款中规定了"防冰"的要求,并且基于五大湖结冰气象数据首次发布结冰环境标准附录 C(水滴平均粒径为 $10\sim50\ \mu m$)。60 年间,FAA 数次通过修正案方式对适航条款进行修订和更改,以满足日益增长的航空安全需求。其他国家运输类适航审定规章发展较晚,如欧盟的 CS 25 和我国的 CCAR-25,均是在 FAR 25 的基础上发展而来的。20 世纪 90 年代,欧洲成立联合航空局(JAA)并发布其适航规章,但各成员国实际上根据本国实际情况行使航空法规,导致各国标准参差不齐。2002 年欧洲成立航空安全局(EASA),替代了 JAA 的所有工作,并于 2003 年发布 CS 25 运输类飞机适航审定规章。

60 年来,FAA 根据实际发生的问题和事故,结合设计、运营等单位的建议和经验对适航规章进行修订。欧洲和我国的适航法规修订均以 FAA 的修正案为参考。到 2022 年,FAA 已进行 144 次规章修订,并将不断进行更新和完善。其中针对结冰适航条款的重要修正案主要有 4 次,即 25-100 修正案、25-121 修正案、25-129 修正案和 25-140 修正案,分别于 2001 年、2007 年、2009 年和 2014 年发布。其中 FAR 25-140 修正案是一次重大更新,新增了过冷大水滴(水滴粒径上限扩大到 $2\,500\ \mu m$)、混合相和冰晶结冰审查要求,涉及全机多个系统。该修正案已经成为当前民用飞机国际结冰适航审定标准,对我国民用飞机走向海外市场有重大影响。

如 10.1.1 节所介绍的,1994 年美国印第安纳州的事故中发现直径超过 $100\ \mu m$ 的过冷大水滴会导致异常结冰。之后一系列类似现象的空难都表明,FAR25 部附录 C 的结冰环境标准不足以确保民用飞机飞行安全。

美国、加拿大和欧洲多国均多次开展了自然结冰环境的气象和飞行试验研究,发现过冷大水滴的出现概率达到 8% 之多,水滴粒径跨度巨大,也确实观察到溢流脊冰现象。在经历了 20 年的研究和争论后,经全球 30 余家飞机设计公司和供应商投票表决,2014 年 11 月 FAA 正式发布了 FAR 25.140 修正案,正式提出了过冷大水滴环境的适航符合性验证要求。修正案对 1994 年空难以来异常环境的结冰危害进行了系统的梳理,并形成了最终法案《飞机与发动机在过冷大水滴、混合相和冰晶条件下的适航需求》。2015 年 3 月,EASA 也对 CS 条款进行了相关修订。同一时期,FAA 更新了咨询通告 AC 25-25《结冰条件下的性能和操纵特性》,并发布了 AC 25-28《结冰条件下飞行审定需求的符合性方法》。

我国现行的民用飞机适航标准 CCAR - 25 - R4 是以 25 - 121 修正案为蓝本进行修订的,即国内的适航当局目前以此为审定基础,开展运输类飞机的符合性审查工作(截至本书出版,新一版适航标准 CCAR - 25 - R5 仍在制定中)。国内也基于运- 7 和运- 12 等飞机进行了结冰和环境试飞,但没有系统地对过冷大水滴的结冰环境的产生规律和组成进行研究。

10.4.2　现有结冰适航条款要求

1) 我国结冰适航条款

我国目前民用飞机结冰适航条款对结冰的飞行性能和操稳特性影响提出了明确的审定需求。

从适航审定逻辑层面,模拟冰试飞和自然结冰试飞成为证明飞机安全性的重要保障。其一,通过最不利冰型的模拟冰,证明飞机即使遭遇最严重的积冰仍然具备足够的安全飞行和操纵性能;其二,通过自然结冰获取的冰型,证明飞机在规定的环境下不可能发展为最不利冰型状态。

此外,25 - 121 修正案最重大的修订是在附录 C 原有结冰条件的基础上,增加了"第 Ⅱ 部分　用于表明 B 分部符合性的冰型"。条款明确提出了起飞冰型、最终起飞冰型、巡航冰型、等待冰型和着陆冰型的要求,并指出评估过程需要考虑防除冰系统从启动到发挥工效的过程。不难看出,结冰条件下的飞行品质在这段时期被重点关注,结冰适航审定已经开始关注全机的飞行安全,而不仅仅停留于防冰系统或其他系统。

这项修订隐含的意义在于要根据飞行状态的改变选择不同的冰型(定义不同飞行状态的临界冰型,"临界"代表飞机极限安全设计状态,或边界),一旦飞行状态改变,冰型的临界性也有可能发生变化。诚然,设计者可以选择多种临界冰型的组合进行所有飞行状态的验证,但必须事先证明这种冰型组合在所有状态下都表现出临界性,这也是为什么 25.1419 "防冰"要增加(d)款补充说明防冰系统需要考虑范围的原因。25.773"驾驶员视界"与 25.1419(c)对结冰预警时间的判定要求是保持逻辑一致的,强调了从"结冰发生"到"发现结冰"的判定时间与临界冰型的关系。

2) 国际结冰适航条款要求

现有国际结冰适航条款不仅包括以上介绍的国内适航条款要求,也包含 FAR 25 - 140 修正案内容,具体如下:增加 25.1420"过冷大水滴结冰条件",增加附录 O 描述过冷大水滴结冰环境,修订 25.1419"防冰"相关条目,增加

25.1324"迎角系统"。修订 25.21"符合性证明"、25.105"起飞"、25.111"起飞航迹"、25.119"复飞：全发工作"、25.121"爬升：单发失效"、25.123"巡航航迹"、25.125"着陆"、25.143"操纵性与机动性 总则"、25.207"失速告警"、25.237"风速"、25.253"高速性能"、25.773"驾驶员视界"等若干 B 分部条款,修订了与动力相关的 25.903"发动机"、25.929"螺旋桨除冰"、25.1093"进气系统防冰"、25.1325"静压系统"等相关条目,增加了 25.1521"电源限制"、25.1533"额外操作限制"。可以看到,几乎所有与结冰相关的条款都进行了修订,修改幅度甚至超过了过去半个多世纪的修改之和。

在新修订的 FAR 适航规章中,附录 O 明确了过冷大水滴结冰适航的环境需求,划定了需要考虑的过冷大水滴环境界限范围。附录 O 中的环境分为冻毛毛雨(freezing drizzle,FD)和冻雨(freezing rain,FR)两类,并特别规定了两种环境的粒径分布、粒径上下边界和水含量范围。冻毛毛雨的粒径小于 500 μm,而冻雨的粒径最大可达 2 000 μm,粒径分布范围很大。大跨度粒径范围的环境需求实际上更加强调了粒径分布的概念,对云雾测量、计算模拟、风洞试验都提出了更高的技术要求。

过冷大水滴条款中最重要的部分是附录 O"环境标准",包括四种主要的水滴粒径分布：① 冻毛毛雨[平均粒径(MVD)<40 μm]；② 冻毛毛雨(MVD≥40 μm)；③ 冻雨(MVD<40 μm)；④ 冻雨的 MVD≥40 μm。其中冻雨的最大粒径可达 2 200 μm,如图 10-4 所示。

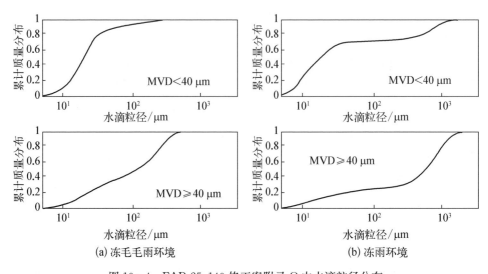

(a) 冻毛毛雨环境　　　　　　　　(b) 冻雨环境

图 10-4　FAR 25.140 修正案附录 O 中水滴粒径分布

以上结冰环境中水滴粒径具有明显的"双峰"分布特征,如图 10-5 所示。其基本可认为是以 50 μm 粒径为分界线的小/大两个水滴峰的组合。其中小粒径水滴峰可通过传统雾化喷头技术产生。而大粒径水滴峰的跨度大,水滴数量少,不同粒径的数量密度相差也极大。根据附录 O 的条件计算,大水滴与小水滴群的空间分布密度有极大差异。如 100 μm 的水滴平均间距可达到 10 cm 以上,而 20 μm 的水滴间距则小于毫米级。前者的稀疏性至今仍是过冷大水滴云雾试验模拟的难点。

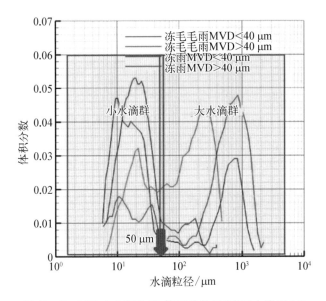

图 10-5　过冷大水滴粒径-体积分数(见附图中彩图 10)

此外,附录 O 专门为 MVD<40 μm 的冻毛毛雨/冻雨环境划定了液态水含量范围,这里面其实有部分区域与附录 C 中的最大连续结冰条件重合,这更加强调了在平均粒径基础上液滴粒径分布的影响。研究表明,大直径过冷水滴可能对结冰过程产生影响;当粒径分布发生变化时,相同的 MVD 环境仍然可能引起较大的结冰差异,对飞机造成未知的潜在危险;目前关于这一点已获得了科学证据。

FAA 最初考虑用附录 O 约束所有运输类飞机,大力推动过冷大水滴结冰适航,但由于波音公司认为目前尚未有证据表明大型飞机会由过冷大水滴结冰引发空难,因此过冷大水滴结冰适航的约束范围暂时定位在最大起飞重量 60 000 lb 或具有可逆操纵器件的两类飞机上。EASA 则认为过冷大水滴规章应适用于所有新申请型号合格证的大型飞机,并在 CS 条款修订中取消了相关的适用性限制。表 10-1 给出了两大机构在过冷大水滴条款修订中的差异。

表 10-1 FAA 与 EASA 过冷大水滴结冰条款修订的差异

条 款 编 号	条 款 名 称	FAA	EASA
25.21(g)	符合性证明	最大起飞重量 60 000 lb 或 具有可逆操纵器件的飞机	所有运输类飞机
25.1420	过冷大水滴结冰条件		
25.1093(b)	进气系统防冰		
25.1324	迎角系统	提出明确要求	所有外部探测器探测能力必须超出附录 O 范围
25.1323(i)	空速系统	要求满足附录 O	
25.1325(b)	静压系统	要求满足附录 O	

值得注意的是,25.1420 条款不同于原有 25.1419 条款的思路,即要求飞机必须能在附录 O 的结冰条件下安全飞行,而是提出了不同程度探测-改出的可选路径,即:

(1) 25.1420(a)(1),要求能够及时探测到过冷大水滴结冰条件并立即改出;

(2) 25.1420(a)(2),要求能够识别并在部分附录 O 的结冰条件下安全飞行,而在其他条件下安全改出;

(3) 25.1420(a)(3),要求能够在附录 O 的结冰条件下安全飞行。

由此可看出,FAA 实际上不认为现有飞机的防除冰系统能够很好应对过冷大水滴结冰威胁。

此外,FAR 33 部修正案则明确要求运输类飞机的发动机必须具备过冷大水滴结冰安全运行能力。到 2010 年规章制定通知发布为止,美国发生了 231 起过冷大水滴结冰导致的事故征候。有证据表明过冷大水滴结冰会破坏发动机风扇;欧洲航空安全局也通过地面实验证实了过冷大水滴会对发动机引气系统造成伤害。大型民用飞机由于跨国航行的要求,容易遭遇多样化的气象环境。霍尼韦尔公司曾建议发动机审查也采用类似于飞机的探测-改出机制,但被局方驳回。FAA 认为发动机一旦进入危险范围,飞机将不具备足够时间从危险中改出。

此外,由于适航指令的向后兼容原则,过冷大水滴条款对 140 修正案发布前的已取证飞机不具有约束力,适航当局也不会要求和允许已有飞机进入不安全飞行环境,造成不必要的危险。

25-140 修正案大致可以概括为三个方面。

(1) 允许对附录 O 的结冰条件采用探测-改出方案。新修条款并没有一味追求结冰后飞行品质和防除冰效能的提高,而要求飞机在面临附录 O 规定的过冷大水滴结冰条件时具备探测-改出的应对方案,保证飞行具有足够的安全裕度。申请人可以根据自身飞机的设计需求和应变能力,自行界定可用的安全环境。

(2) 特别强调了对附录 O 环境探测能力的要求。修正案明确要求,飞行员在发现和改出过程中能够清晰分辨出附录 O 环境的特征;要求外部探测器能够感知附录 O 环境,并且建议根据飞机尺寸和空速管安装位置引入能分辨过冷大水滴环境的新技术;增加 25.1324"迎角系统"可以理解为结冰引发提前失速的预警机制需求;与附录 C 相比,附录 O 同样需要考虑防护问题,但更多的是对探测和预警提出要求,这是本次修订的重点内容。

(3) 对发动机结冰提出了高冗余要求。作为运输类飞机的核心装置,发动机在极端环境下的性能和操纵特性被重点关注,并要求进行必要的验证。即无论是过冷大水滴、混合相还是冰晶环境,发动机失效都是不被允许的。

10.4.3 民用飞机结冰适航取证流程和技术挑战

在飞机的防除冰条款符合性验证方面,根据适航条款要求以及相应咨询通告建议,可通过理论分析、结冰数值模拟、地面冰风洞试验、模拟冰干空气试飞及自然结冰试飞等多种方法来进行符合性验证。而在具体实施时,各符合性方法需要按一定的时序以及逻辑关系实施。因此,需要根据结冰适航条款要求以及各符合性方法的特征,确定相应的符合性验证思路,在此基础上开展符合性验证工作。符合性验证的逻辑流程如下:

(1) 确定临界结冰条件。确定临界结冰条件的方法主要有数值模拟和冰风洞试验,但由于冰风洞试验成本高、周期长,因此首先需要通过数值模拟方法,通过一定的策略,确定飞机飞行包线及适航条款结冰气象包线内的极值点,即临界结冰条件。

(2) 在临界结冰条件确定的基础上,通过冰风洞试验对数值模拟所确定的临界结冰条件进行验证,并获取相应的临界冰型。

（3）针对临界冰型，开展带冰后全机气动特性、性能操稳影响评估，初步判断飞机带临界冰后是否满足条款要求，为模拟冰干空气试飞安全评估提供依据。

（4）开展带模拟冰干空气性能、操稳试飞，证明飞机在临界结冰条件下能够安全飞行，同时给出飞机结冰后对性能、操稳的影响程度，为飞行员结冰条件下的操纵提供参考；模拟冰干空气试飞结果是自然结冰试飞的前提，为自然结冰试飞安全评估提供依据。

（5）基于临界性验证结论、模拟冰干空气试飞结果，开展自然结冰条件下的演示试飞验证，最终表明飞机在适航条款所定义的结冰条件下能够安全飞行。

以上适航验证流程中的重要技术包括如下几个方面。

1）结冰数值模拟技术

1955 年，Messinger 首次提出飞机表面结冰传热传质理论模型，并以计算方法开展结冰研究。在早期，结冰计算主要依赖于冰风洞试验数据进行预测。随着计算流体力学（CFD）的不断发展，到 20 世纪 90 年代基于纳维-斯托克斯方程的结冰数值计算方法已经基本形成。目前成熟的结冰数值模拟技术仍为二维结冰模拟，但飞机机翼外形为三维，需要不同二维冰形截面结合为三维冰形。具体计算步骤如下：

（1）计算三维全机空气流场。

（2）确定特征剖面。

（3）截取特征剖面 C_p 分布。

（4）进行二维特征剖面流场计算。

（5）通过对比 C_p，得到校正的二维剖面当地迎角。

（6）开展二维剖面冰形计算。

（7）利用特征剖面冰形，进行三维冰形成形。

通过这些结冰计算方法，能够采用局方认可的、较为成熟的二维结冰计算软件计算三维全机结冰冰形，大幅提高临界结冰计算效率。

2）冰风洞试验

1944 年，NACA 在克利夫兰建造了全世界第一座冰风洞，并于 1950 年正式投入使用。目前世界各航空强国都拥有自己的大型冰风洞。冰风洞试验技术经过多年发展已十分成熟，可以用于结冰冰型的评估，也可以进行防除冰系统有效性的验证，有效支撑了各种类型民用飞机的防除冰取证工作。

3) 带冰后气动力影响评估

翼型结冰的 CFD 研究主要通过二维雷诺平均纳维-斯托克斯(RANS)方法来实现。然而机翼和冰形具有明显的三维特征,同时机翼结冰后的流动具有非常强的非定常性,所以近 10 年来,基于传统 CFD 工具的混合大涡模拟(LES)方法越来越多地应用于三维机翼结冰的气动性能分析,结果的确有明显的改善。然而实际的冰形几何非常复杂,难以处理,而传统的 LES 方法又算得很慢,三维机翼结冰的 CFD 方法仍需要进一步改善。目前一般通过高精度算法、混合分离涡模拟(DES)方法和网格自适应等技术进行精确分析。

在试验方面,根据三维临界冰型,制作用于飞机气动力评估风洞试验的缩比冰条模型,安装于飞机试验模型表面,开展气动力评估试验,获得飞机带冰后的气动数据,为模拟冰干空气试飞提供支持和参考。

4) 模拟冰干空气试飞

飞机带模拟冰干空气试飞是判读结冰后飞机是否满足条款要求的最主要判据,同时还是带冰后飞机操纵的主要依据。根据数值计算和冰风洞试验得到的飞机不同部位的临界冰型,加工冰条模型,并固定安装在试飞飞机的相应表面上,开展干空气试飞,对飞机带冰后的性能以及操纵品质进行评估。

模拟冰干空气试飞的主要难点技术如下:① 模拟冰条技术,既要具备足够的刚强度又要便于加工制作、安装、拆卸;② 试飞过程的安全性保证技术;③ 结冰条件下失速保护系统的设计与验证技术。

5) 自然结冰试飞

通过自然结冰试飞,对飞机在自然结冰条件下的操稳品质进行评定,将自然结冰冰型与数值计算冰型和冰风洞试验冰型进行对比,说明模拟冰干空气试飞使用的冰型的可信度。此外,自然结冰试飞对飞机的风挡防冰功能、机翼防除冰系统的功能、短舱防冰系统功能、结冰探测器等部件的功能进行综合验证。

需要特别指出的是,由于环境因素本身的复杂性,目前附录 O 的环境的防除冰评估能力还非常欠缺。表 10-2 中的 FAA 统计数据显示,到 2008 年为止,用于冻雨环境结冰验证的工具和手段还未出现,尤其是 $MVD \geqslant 40\ \mu m$ 的环境,无论是冰风洞、数值计算还是空中喷洒机试验技术,都存在不足之处或者尚未开发。面对过冷大水滴结冰条款的适航取证仍然面临着巨大的困难。

表 10 – 2　用于附录 O 的环境的工具能力的评估（到 2008 年为止）

性能		非保护区				保护区					探测方法			气动传感器	
		机翼	尾翼	雷达	非升力面	热气防护面	热气防护面后	机械除冰面	机械除冰面后	液体防冻剂	视觉线索提示	探测设备位置影响	设备性能	探测设备安装位置影响	设备性能
MVD<40 μm（冻毛毛雨）	风洞	G	G	R*	G	G	G	G	G	G	G Y*	G R*	G	G R*	G
	计算	G	G	Y	G	R●	G	R	R	R	G	Y● G	R●	G	R
	试飞	R	R	R	R	R	R	R	R	R	R	R	R●	R	R
MVD≥40 μm（冻毛毛雨）	风洞	G	G	R*	G	G	G	Y	Y	G	G Y*	G R*	G	G R*	G
	计算	G	Y	Y	G	R●	G	R	R	G	Y● G	G	R●	G	R
	试飞	R	R	R	Y	Y	Y	Y	Y	Y	Y	Y	Y	Y	Y
MVD<40 μm（冻雨）	风洞	Y	Y	R*	Y	Y	Y	Y	R	G	R	R	R	R	R
	计算	Y	Y	R●	Y	R●	R	R｜R	R	Y	Y	G	R	G	R
	试飞	R	R	R	R	R	R	R	R	R	R	R	R	R	R
MVD≥40 μm（冻雨）	风洞	R	R	R*	R	R	Y	R	R	R	R	R	R	R	R
	计算	Y	Y	R●	Y	R●	R	Y	R	Y	Y	G	R	G	R
	试飞	R	R	R	R	R	R	R｜R	R	R	R	R	R	R	R

G: 已有试验能力，适用于部件的符合性验证，或者可以基于现有的经验获得。
Y: 试验能力可用，但是尚未说明，有使用限制或成未经验证。
R: 试验能力尚未知，或尚未存在。
*: 能够评估小尺寸安装的影响，大尺寸安装尚不可行。
●: 现有的 2D 能力已经考虑最大水滴的影响，但是 3D 的附录 O 模拟影响还有缺陷。

10.5　我国大型民用飞机结冰适航取证

2008 年 11 月 28 日,我国第一架自主研制的新型支线飞机 ARJ21 在上海首飞成功,正式进入试飞试验、适航取证阶段。就在举国欢庆之时,没有人曾想到 ARJ21 这一飞飞了整整 6 年。

作为一款民用运输类飞机,其必须满足 CCAR-25 部《运输类飞机适航标准》规章的要求,防除冰相关适航性要求自然也出自上述规章。这些防除冰适航性要求总体上可以分为三大类:飞机机体及零部件防除冰要求、飞机防除冰系统本身需满足的适航性要求、结冰条件下安全飞行的适航性要求。按照规定,商用飞机进行自然结冰试验的气象条件必须满足连续最大结冰试验时液态水含量为 $0 \sim 0.8 \ \text{g/m}^3$,水滴粒径为 $15 \sim 40 \ \mu\text{m}$;间断最大结冰试验时液态水含量为 $0 \sim 3.0 \ \text{g/m}^3$,水滴粒径为 $15 \sim 50 \ \mu\text{m}$,尤其是后者更属于极其罕见的极端气象条件。这是 FAA 对北美地区结冰气象云层统计后得到的数据。同样的试飞,巴西航空工业公司的 ERJ-190 飞机仅用了 7 天时间,美国波音 777 飞机也只用了 17 个月的时间,而 ARJ21 的试飞团队在乌鲁木齐苦寻了 3 年也未完成所有试飞科目。其中,ARJ21 飞机面临的最大困难在于捕获足够好的自然结冰试飞云雾环境。

自然结冰试飞是一项直接关乎运营安全与经济性的试验,必须在真实的自然环境下进行结冰验证。纵观全球,众多的飞机制造商将自然结冰试飞看作一项艰难的试验,因为试验本身对气象条件有着极为严格甚至苛刻的规定与限制,很大程度上,试验的完成更依赖于大自然的眷顾。2014 年 3 月 15 日,ARJ21 飞机飞离阎良机场,开始了远赴加拿大的万里"追云"之旅,前往附录 C 条款气象判据的诞生地。这是它第一次跨国飞行,为了完成获得适航证前最关键的自然结冰试飞项目踏上了万里征途。

按照加拿大 NTI 公司气象专家 Ben 提供的气象数据,温莎当地时间 3 月 20 日,安大略省南部地区云层液态水含量为 $0.2 \sim 0.4 \ \text{g/m}^3$,水滴粒径为 $15 \sim 20 \ \mu\text{m}$。这是试飞团队苦寻了 4 年的结冰气象条件,完全符合 CCAR-25 部附录 C 的要求,而万万没想到的是此刻的飞机正被肆虐在白令海峡的暴风雪阻隔在堪察加半岛。这场持续了 7 天的暴风雪迫使 ARJ21 飞机一路与其赛跑,直到温莎当地时间 2014 年 3 月 28 日 10 时 57 分才得以安全着陆。而在随后的试飞中,出于某种原因,美国政府仅允许中国带有 B 字头的飞机在美国境内申请航线飞行而非空域飞行,相当于又对 ARJ21 试飞机(编号为 B-1110L)进行了严格限制。面对重重困难,试飞团队始终没有放弃,终于得到了北美五大湖区送给 ARJ21 飞机的礼物。截至 2013 年 4 月 5 日,在累计 20 小时 13 分钟的"追云"飞行中,ARJ21 飞机已完成 11 项试飞科目,仅剩下风险最大的操稳试飞。

温莎当地时间 4 月 8 日,ARJ21 飞机意外遇到了一次间断最大结冰气象条件,根据气象预报显示当天的结冰概率只有 25%,冰不脱落的概率几乎为零。在接近 3 h 的飞行中,飞机始终一出云就发生冰脱落,ARJ21 飞机的油量都已经不支持试飞员再做更多的尝试。最后的 5 min,试飞员赵志强仍然坚持降低飞行高度再去碰碰运气,就在飞机 180°转向之后就遭遇了一片满足条款要求的结冰云层。这次飞机脱离云层后并没有遭遇温度升高的逆温层,冰牢牢地附着在飞机的非防护表面上,赵志强凭借过人的胆量和能力将所有试验点的操稳动作一次性准确无误地完成,终于获得了试飞结果的确认。温莎当地时间 4 月 8 日 18时 28 分,飞机安全降落在温莎机场,为 ARJ21 飞机历时 4 年的自然结冰试飞画上了圆满的句号,在此之前,中国在商用飞机结/防冰领域的研究从来没有走得如此深远。在累计 105 天(2011—2014 年)的自然结冰试飞期间,ARJ21 飞机结冰飞行时间仅有 33 小时 47 分钟,其余的时间都在等待。而总计 5 000 多小时的试飞时长也让 ARJ21 超过波音 787,成为世界上试飞时间最长的一款飞机。

2017 年 5 月 5 日,同样在上海,中国第一架按照国际民航规章自行研制、具有自主知识产权的大型喷气式民用飞机 C919 成功首飞,开启了更为艰难的试飞试验、适航取证阶段。由于 C919 与波音 737 的直接竞争关系,C919 获得 FAA 认证的难度将远大于 ARJ21。C919 大型客机进入适航取证阶段以后赴北美五大湖地区执行自然结冰试飞的可行性微乎其微。要想不受制于人,就得自力更生。2020 年 12 月,西安航空工业试飞中心被工信部确定为国产大型客机自然结冰试飞任务的牵总单位,吹响了在国内开展 C919 飞机自然结冰试飞攻坚战的号角。截至 2022 年 2 月 17 日,团队共计开展 5 架次 C919 审定试飞,穿云 29 次,成功捕获满足适航规章要求的结冰气象条件,累计完成 66 个试验点项目。自此 C919 飞机突破适航取证的最大难关之一,得以顺利取得型号合格证并交付。

10.6　未来我国民用飞机结冰研究展望

1) 最新结冰条款是我国民用飞机进入国际市场的重大障碍

2014 年发布的 25 - 140 修正案一直存在巨大的争议。首先其结冰机制并未得到充分认识,导致其适航符合性验证手段并不完备;其次飞机结冰安全系统技术也远未成熟。国外主要飞机制造商,包括波音公司、空客公司等均无法完成该条款取证,但均通过适航条款内容设计或修订进行了取证的规避。因此该条款直接限制的是新兴民用飞机制造商,如中国商飞公司。当前 C919 走向国际市场面临的最大挑战就是新适航标准下的结冰安全设计及取证。

2) 我国民用飞机结冰安全研究已经走到前沿,无法再跟踪模仿

在 C919 国内取证完成后,在结冰安全方面已经走到世界前列,下一步将首次挑战 25 - 140 修正案取证,再无国外经验可以借鉴。不过,一旦我国民用飞机首先完成 25 - 140 修正案取证,就意味着我国在该技术上已经世界领先,具备了制定标准的话语权。此时不光国外适航条款无法限制我国飞机,我国还可以利用已具备的能力制定更完备的标准,反过来形成国外民用飞机的准入门槛。这对我国民用飞机出口乃至于适航双边谈判都是巨大优势。

3) 持续领先的源泉来自我国对自然结冰气象的研究。

不过,我国对自主适航标准的研究还远远不足。要形成完备的结冰安全标准不仅要求飞机安全在设计上领先,而且需要对结冰安全运行环境有系统性掌握,特别是我国的气象环境。长期以来,我国军民机结冰安全标准一直参考欧美标准。但基于北美气象数据的结冰环境标准是否能保障我国飞机安全,这一点始终被从业者质疑。因此,借着我国民用飞机首次挑战世界结冰适航取证难题的机会,应该即刻开始我国结冰气象的系统性研究,制定我国自主的结冰气象标准,从根本上确保我国飞机的安全性设计,也为我国民航产业跻身世界一流水平打下基础。

参考文献

[1] Bragg M B, Broeren A P, Blumenthal L A. Iced-airfoil aerodynamics[J]. Progress in Aerospace Sciences, 2005, 41(5): 323 - 362.

[2] Kong W L, Wang L P, Bian P X, et al. Effect of surface wettability on impact-freezing of supercooled large water droplet[J]. Experimental Thermal and Fluid Science, 2022, 130: 110508.

[3] Kreder M J, Alvarenga J, Kim P, et al. Design of anti-icing surfaces: smooth, textured or slippery? [J]. Nature Reviews Materials, 2016, 1(1): 15003.

[4] Li J, Zhou Y J, Wang W B, et al. Superhydrophobic copper surface textured by laser for delayed icing phenomenon[J]. Langmuir, 2020, 36(5): 1075 - 1082.

[5] Zhao Z H, Chen H W, Liu X L, et al. Development of high-efficient synthetic electric heating coating for anti-icing/de-icing[J]. Surface and Coatings Technology, 2018, 349: 340 - 346.

[6] Strobl T, Adam R, Hornung M, et al. A hybrid system for ice protection and detection[C]//International Conference on More Electric Aircraft (MEA2015). Toulouse: 2015.

[7] 陈勇,孔维梁,刘洪.飞机过冷大水滴结冰气象条件运行设计挑战[J].航空学报,2023, 44(1): 7-21.

[8] Caliskan F, Hajiyev C. A review of in-flight detection and identification of aircraft icing and reconfigurable control[J]. Progress in Aerospace Sciences, 2013, 60: 12-34.

[9] 张杰,周磊,张洪,等.飞机结冰探测技术[J].仪器仪表学报,2006(12): 1578-1586.

[10] 张龙浩.光纤阵列式结冰探测系统的研究[D].武汉:华中科技大学,2013.

[11] 邹建红.斜端面光纤式飞机结冰冰型检测技术研究[D].武汉:华中科技大学,2013.

[12] 赵伟伟.基于压电材料的飞机结冰探测系统[D].南京:南京航空航天大学,2018.

[13] 王颖.压电谐振式结冰传感器数学模型研究[D].武汉:华中科技大学,2006.

[14] 陶明杰.多冰型超声脉冲结冰探测技术研究[D].南京:南京航空航天大学,2020.

[15] 尹胜生.飞机机场地面结冰探测系统研究与设计[D].武汉:华中科技大学,2012.

[16] Gao H D, Rose J L. Ice detection and classification on an aircraft wing with ultrasonic shear horizontal guided waves[J]. IEEE Transactions on Ultrasonics, Ferroelectrics, and Frequency Control, 2009, 56(2): 334-344.

[17] 《航空标准化与质量》编辑部.航空标准化与质量[J].航空标准化与质量,2021(3): 1.

[18] Aviation Safety Council. GE 791 occurrence investigation report[R]. 2002.

[19] 李焱鑫,顾新.民机 SLD 结冰研究和适航验证的发展与挑战[J].中国民航大学学报, 2020, 38(4): 48-53.

[20] 张越.中国 ARJ21 完成自然结冰试飞 环球飞行 3 万公里[EB/OL]. (2014-04-28) [2024-07-14]. http://www.chinanews.com/tp/hd2011/2014/04-28/340448.shtml.

第 11 章 异常结冰的微观机理

为什么面对过冷大水滴异常结冰环境的防冰设计和适航取证难？核心问题在于未充分理解过冷水及过冷大水滴的结冰机理，导致现有设计评估方法不被信任，可用设计工具少。本章首先介绍过冷大水滴异常结冰特征，包括破碎、飞溅、异常溢流和结冰速度等。再从简单到复杂的物理条件逐步介绍现有飞机结冰机理研究进展，如过冷水壁面非线性结冰，以及碰撞结冰耦合过程认知。最后简要介绍过冷水异常物理特性的研究，对基础科学推动航空技术发展以及相关标准更新做出展望。

11.1 异常结冰威胁

如前一章介绍的，1994 年美国印第安纳州的事故引起了人们对过冷大水滴危害的广泛关注，在调查中发现一个异常现象：冰累积在该飞机的除冰套后形成无法除去的脊冰，最终导致飞机失控坠毁。如图 11‑1 所示，试飞过程中确认过冷大水滴会导致大范围的结冰分布，显著超出飞机防除冰系统的覆盖范围。2002 年澎湖空难中也发生了类似的异常现象，并且飞行员报告称结冰发展很快。接着就发生了快速的失速坠毁，整个过程不过短短 41 s，如图 11‑2 所示。

除冰套后出现结冰

图 11‑1　美国印第安纳州的事故调查过程中观察到的异常结冰现象

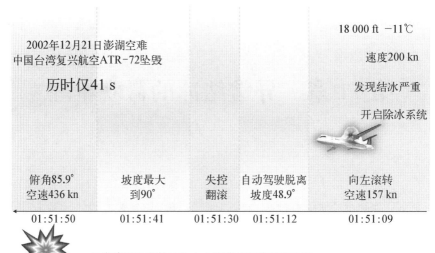

图 11-2　2002 年澎湖空难主要历程

　　在许多结冰空难中飞机都是在未获预警的情况下累积了大量冰,从而导致难以挽救的失控。其共性是异常的结冰速率,或异常的冰积聚位置。尽管近 30 年来全世界开展了大量研究,欧美也推出了全新的结冰环境标准,但是这些异常结冰事故发生的机理并未得到阐明。因而无法提出有效的安全防护措施。其主要问题在于长期以来结冰试验研究只针对小水滴环境开展,传统结冰理论基于小水滴环境结冰规律提出,不足以描述大跨度的异常结冰环境的结冰特征。故某些条件下的结冰情况可能大幅偏离飞机防除冰安全设计状态。

　　目前研究已经在过冷水结冰速率异常和过冷大水滴撞击结冰异常两方面取得一些进展。下面将分别介绍。

11.2　过冷水结冰速率异常机理

11.2.1　传统飞机结冰理论

　　目前在飞机结冰模拟中将结冰过程解耦为空气流场、水滴收集、结冰计算和外形改变四个独立的物理过程,每个环节依次向下单向传递参数,这也是飞机结冰数值计算的四个主要计算环节,如图 11-3 所示为 FENSAP-ICE 软件的模块计算流程。基于该理论也可以将结冰过程简化为四个不同的机理问题进行研究。

（1）水滴在流场中飞行。若把
飞机作为运动参考系,则远方来流
中的每个过冷水滴在飞机绕流流
场的影响下,飞行轨迹发生改变,
接着碰撞在飞机上形成过冷水膜。
由于水滴碰撞不影响结冰和传热,
因此在这个过程中只考虑水滴在
结冰表面上的收集率。在粒径较
大时水滴还将出现变形和破碎现
象,应对壁面上的收集率进行修正。

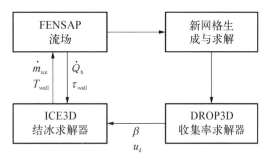

图 11-3　FENSAP-ICE 软件中的
模块计算流程

注：图中 $\dot{m}_{ice}$ 为结冰质量速率；τ_{wall} 为壁面剪切力；
$\dot{Q}_h$ 为壁面热流率；T_{wall} 为壁面温度；β 为水滴收集
率；u_d 为水滴速度。

（2）水滴碰撞结冰表面。在水
滴粒径较小时,理论假设其碰撞对结冰过程无影响,仅仅是补充了当地的过冷水
存量。而在粒径较大时水滴碰撞飞机表面时发生飞溅,飞溅出的水有小部分落
回壁面,从而导致结冰表面的收集率发生一定变化。此时传热与结冰的作用被
忽略。

（3）过冷水膜流动和传热。多个水滴落到飞机表面后形成水膜,在气流的
驱动下向下游流动或分支为水流/水滴,并且将结冰潜热释放出来。该过程的研
究一般不考虑结冰,而是通过风洞试验、数值计算或稳定性理论方法对水的流动
和传热进行研究,得到水滴/水流/水膜流动速度和传热模型以及分化为不同形
态的条件。

（4）过冷水的结冰。过冷水膜一边流动一边从底层凝固并释放出潜热。目
前针对这个物理过程的实验研究较少,一般通过理论和数值方法对水膜流动及
结冰的完整过程进行研究。在这个过程中只考虑水膜结冰的质量和能量守恒。

结冰物理过程（3）和（4）是重点和难点,直接决定冰的形成速率和分布形状。
大多数理论和数值研究延续了 1958 年提出的经典 Messinger 模型假设：水-冰
界面平滑,其温度保持在 0℃,冰为均匀物质,忽略水滴撞击对结冰的影响。由
该模型易给出温度-结冰速率的线性关系。数十年来,结冰理论和计算研究不断
针对表面水流动模型（水膜、溪流和水滴等）,传热,蒸发等模型进行细化,但这无
法改变该模型固有的结冰规律。该理论在研究 FAR25 部附录 C 规定的环境结
冰时发挥了很大的作用,并且一直沿用到 20 世纪 90 年代。但是在更大的物理
条件范围内,原有结冰理论对结冰规律的预测已经不符合实际,因而产生了异常
的结冰现象。

11.2.2 过冷水自由结冰过程

实际上过冷水的结冰过程并非如传统结冰理论假设的平面增厚,而是形貌随生长速度不断变化:随着生长速度从 0 开始增加,冰晶体前沿将经历平面-枝晶和枝晶-平面两阶段转变过程。当生长速度接近 0 时,冰界面首先以平滑表面的形式出现。随着速度增加其逐渐从平面过渡到树枝状,并最终过渡回平面。在前一个转变跃迁中,平滑界面上的小扰动被热扩散放大,使冰平滑界面变得不稳定,这称为"线性稳定性"。而在后一种转变中,冰界面前沿的热扩散长度太小而压制了界面上的小扰动,此时界面形状又变得平滑,称为绝对稳定性。在一般大气结冰的过冷度范围中,我们常见到的是枝晶状的冰,其热力学状态位于线性稳定和绝对稳定之间的不稳定区域。枝状冰晶如图 11-4 所示。

(a) 典型雪花照片　　　　　　(b) 过冷水中的冰晶照片

图 11-4　枝状冰晶

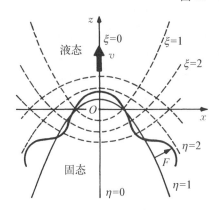

图 11-5　Ivantsov 定常冰晶生长问题示意图(ξ 和 η 为无量纲坐标参数)

自由生长的冰晶通常具有六边树枝状结构和抛物线形尖端。由于冰晶体的各向异性,该结构被转化为两个中空的六边形棱锥,它们在大约 271.65 K 的温度下在其顶端连接,并且这些棱锥之间的角度随着过冷度的增加而增加。冰枝尖端形状近似为抛物线形,尺度与过冷度成反比。抛物线形枝晶在过冷液体中的传热和生长可用 Ivantsov 理论描述,如图 11-5 所示。该理论被扩展到包括更一般形式的椭圆抛物面状枝晶,适用于各向异性枝状冰晶。一般情况下自由冰枝的生长速率近似与过冷度的 2 次方成正比,而非传统结冰理论所认为的线性关系。

11.2.3　过冷水壁面结冰

1) 过冷水壁面结冰现象

在实际情况下,飞机表面的结冰都从壁面开始,条件与理想的自由结冰完全不同。根据实验观察,金属表面的结冰可明显地分为三个阶段,分别是冰在壁面上的铺展、冰层的增厚和自由冰枝的生长,如图 11-6 所示。

在壁面结冰的第一阶段中,薄冰层迅速沿着壁面铺展。冰层铺展的速度为 $10^{-2} \sim 10^{-1}$ m/s 的量级,远超过此时冰层在垂直方向上的生长速度(10^{-4} m/s 左右)。这个过程将持续 $0.1 \sim 1$ ms。此时冰的增长速度和形状主要由壁面热扩散率和温度决定,并且随时间的变化很小。冰层的初始厚度约为 10^{-5} m。在

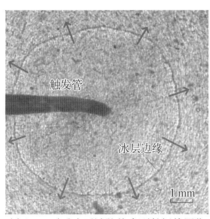

(a) 95 ms时垂直于试验件表面拍摄的图像

(b) 95 ms时平行于试验件表面拍摄的图像

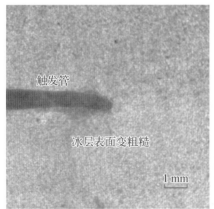

(c) 535 ms时垂直于试验件表面拍摄的图像

(d) 535 ms时平行于试验件表面拍摄的图像

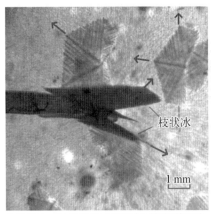 

(e) 2 270 ms时垂直于试验件表面拍摄的图像　　(f) 2 270 ms时平行于试验件表面拍摄的图像

图 11-6　268.1 K 时冰在紫铜表面生长的过程

注：(a)和(b)显示的是冰生长的第一阶段：水平铺展；(c)和(d)显示的是冰生长的第二阶段：
垂直生长；(e)和(f)显示的是冰生长的第三阶段：枝状冰生长。

导热率较大的壁面上，冰层的形状接近于圆形；在导热率较小的壁面上，冰层的形状会变得不规则，甚至变为枝状冰。

随着冰层在壁面上铺展完成，其开始垂直向上生长，进入壁面结冰的第二阶段。该阶段中冰层的增长速度和厚度尺度为 10^{-4} m/s 和 10^{-3} m。随着冰层的增厚，冰的表面逐渐变得粗糙，随后转变为枝状冰。

这个阶段的冰生长主要取决于温度和壁面的热扩散系数。当温度较高且壁面热扩散系数高时，冰层的生长可以在整个实验观察期间持续进行。而在温度较低且壁面热扩散系数低时，冰层的生长在壁面上的持续时间将非常短，甚至可以认为第二阶段的冰层生长不存在。由于冰层的生长和冰枝生长速度有很大的差别，因此冰层向冰枝的转换时间对于冰增长速度有十分明显的影响。

当冰枝产生后，结冰进入第三阶段。此时结冰过程以冰枝生长为主导。冰枝的生长速度明显高于冰层的增厚速度，但低于第一阶段的冰水平生长速度。第三阶段的冰枝生长速度不随时间改变。

随着壁面导热率的降低，第一阶段结冰中，壁面附着冰层的生长速度降低，形态逐渐变为枝状冰。与此同时过冷的结冰现象也将发生相应的改变。图 11-7 显示了不同壁面上的不同结冰形态。壁面冰枝与自由冰枝的形态有一定相似，但又有明显不同。前者虽然为枝状，也存在明显的晶体各向异性，但形状不规则，生长方向甚至会改变。将壁面结冰和文献中自由结冰的结果对比，可发现壁面冰和自由冰形态上的联系：① 壁面冰保持了自由冰的晶体方向；② 壁面导热增加冰枝间夹角，直至最大 60°。

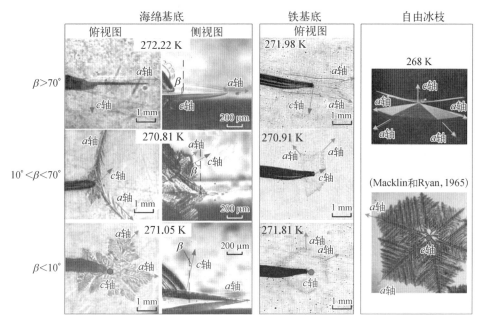

图 11-7　壁面冰枝和自由冰枝形态的对应关系

由图 11-7 可以看到，壁面冰枝的形态与其初始触发冰晶的方向直接相关。冰晶体在低过冷度下形状为平面的六角枝状。该六角晶体平面所在即为冰晶的基平面，其法向为晶体的 c 轴，而晶体六个角为生长方向（即 a 轴）。在更大的过冷度下自由冰枝呈现双碟形的形态，即如两片底部相接的六角碟形，两片碟形的夹角与过冷度成正比。在此可以定义冰晶基平面的法向与壁面法向之间的夹角为 β。如图 11-7 所示，当冰晶平面接近垂直于壁面时（即 β 接近 90°），壁面上的四边形冰对应于自由冰枝的双碟形，其夹角和双碟之间的夹角对应，因此基材不会改变冰的方向。当 $\beta < 90°$ 时，壁面冰枝开始不对称生长，其形状取决于冰和壁面之间的夹角。当冰晶平面几乎平行于壁面时，壁面上的冰变成六角晶体。过冷度和热扩散率都可以使冰晶平面之间的夹角增加。

将壁面冰枝之间的夹角定义为 α。选取冰晶平面垂直于壁面的条件进行分析，可以发现冰枝间的夹角随着过冷度线性增加，与壁面导热率也正相关。当过冷度和壁面导热率都接近 0 时（在海绵基底上），壁面冰枝的形态接近于单冰枝。随着壁面导热率和过冷度增加，壁面冰枝的形态由单枝开始分叉，变为冰枝阵列,同时冰尖端的尺度也逐渐减小。该分叉现象与自由结冰的 a-c 轴平面形状相似。随着结冰速度进一步增加,当冰枝夹角接近 $60°$ 时,壁面冰枝逐渐融合直到成为圆形光滑界面。该形态变化现象与自由冰枝形态随过冷度增加的变化规律一致。这说明壁面结冰与自由结冰有着相同的形态-速度演化机制。

2) 壁面结冰异常机理

考虑壁面上附着冰的两个主要生长方向前缘。它们的相变和传热决定了冰的生长。壁面结冰的三种非平衡相变状态如图 11-8 所示。冰的相变一共有三种状态:线性稳定、不稳定和绝对稳定。它们之间的界限由界面线性稳定和绝对稳定条件决定。

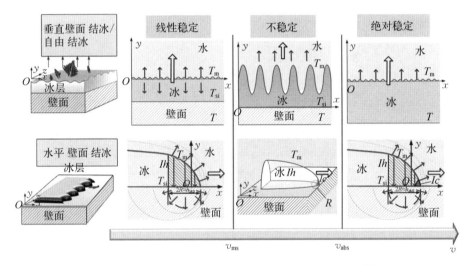

图 11-8   平行和垂直于壁面冰生长的非平衡相变建模

随着冰生长速度从 0 开始增加,结冰将依次经历线性稳定、不稳定和绝对稳定三个状态。它们的产生由热流和冰界面移动速度决定。

首先,当冰生长速度很慢时,冰凝固界面上的热扩散速度远超过冰界面移动速度,同时冰界面向水中的热流较小。即便冰表面产生了一定扰动,其也会在表面张力的作用下恢复光滑。此时冰界面形态接近平衡状态,冰生长速度与温度梯度呈线性关系,故称为"近平衡的线性稳定状态"。

当冰生长速度增加到一定值时,冰界面上的张力将无法令小扰动收敛,任意小扰动都将不断增大从而导致界面失稳。此时冰生长将进入胞晶-冰枝生长状态,称为"不稳定状态"。冰凝固进入该状态的条件可由线性临界稳定性理论给出。在界面生长非稳态时,温度场的扩散还将加快冰界面的扰动增幅,从而提前发生界面失稳。

当冰生长速度增加到与热扩散速度接近时,热扩散长度将不能被认为远大于界面扰动幅度。此时界面上的扰动将受到温度场的抑制,因而再次出现稳定的凝固界面。这种状态称为"绝对稳定",其判定条件由绝对稳定理论给出。

因此,飞机表面结冰是多阶段的演变过程,速率不仅与环境条件为非线性关系,而且随着时间改变。这与传统结冰理论描述的物理规律有本质区别。

11.2.4　结冰速率异常性的体现

为了更直观地展示结冰速率异常对结冰的影响,本节将对比传统理论模型/过冷模型计算的结冰速率差异和冰形。过冷结冰和传统 Messinger 模型的差异主要有两部分:冰枝生长速率和生长阶段转换,具体如表 11-1 所示。

表 11-1　不同结冰状态的对比

模　　　型	Messinger 模型	过　冷　结　冰
结冰速率	$m \propto \Delta T$	$\dot{m} \propto \Delta T$ 转变后 $\dot{m} \propto \Delta T^{2.09}$
温度场假设	准稳态	从非定常到准稳态
结冰形态	均匀冰层	均匀冰层、晶枝
阶段转换	无	有

1) 异常结冰速率

结冰速率异常是结冰异常的第一个特征。这里基于文献[6]中圆柱结冰的实验数据进行不同模型的结冰计算对比。该实验中圆柱以 0.5 Hz 的频率缓慢旋转,直径为 0.038 m,风速为 10 m/s,温度范围为 $0 \sim -24 ℃$。圆柱收集到的水流量约为 0.064 kg/(m·s²),计算过程可参考文献。

图 11-9 对比了 Messinger 模型、稳态过冷模型和多阶段过冷模型的结冰速率。其中 Messinger 模型为稳定平面冰增厚,稳态过冷模型为稳定冰枝生长,而多阶段过冷模型考虑了实际情况下两种冰生长方式的转换。可以看到,稳态过冷模型得出的结冰速率明显高于 Messinger 模型的,而多阶段模型的结果处于前两个模型之间。从图 11-9(a)中看到,在结冰的前 200 s,多阶段模型的积冰量增长与Messinger 模型一致,而在 200 s 之后突然增加,增长曲线的斜率与稳态过冷模型的一致。这说明在 200 s 左右时,多阶段模型判断冰表面变为不稳定,从结冰阶段 2

转变为阶段 3,从而改变了冰的增长方式和速率。冰增长阶段的转变对整个结冰过程的影响可以从图 11 - 9(b) 中看到。在图 11 - 9 (b) 中,过冷模型的计算结果显示,在较高的温度(269 K 以上)时结冰速率与 Messinger 模型的一致。而在温度接近 -10℃时其结冰速率非常接近于稳态过冷模型。当温度低于 -10℃时,本章理论模型的计算结果与稳态过冷模型接近。这是因为温度较高时,冰表面的稳定性能得到保持,冰的生长在长时间中处于第二阶段。此时冰的形态与 Messinger 模型的假设一致。而随着温度的降低,结冰将在更多时间处于第三阶段。此时结冰状态与稳态过冷模型的假设一致。从图中可以看到,由于在 -10℃附近结冰状态的改变,相比稳态过冷模型,本章提出的理论模型与实验结果符合得更好。

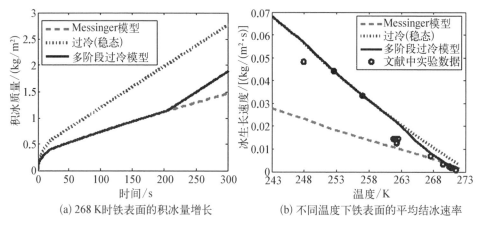

(a) 268 K时铁表面的积冰量增长   (b) 不同温度下铁表面的平均结冰速率

图 11 - 9 三种结冰模型结冰预测的对比

因此,过冷的冰生长阶段的转换会带来冰生长规律和积聚速度的剧烈变化。阶段转换时间能很大地改变积冰的结果。阶段转换时间主要由壁面传热决定。当温度和导热率变化时结冰的形式会变得完全不同。

2) 异常冰形规律

为了体现异常结冰冰形规律,我们选择了文献[7]中的一系列 6 个结果为基准进行分析,如图 11 - 10 所示。该批试验条件一致,仅有温度不同: MVD 为 20 μm,液态水含量(LWC)为 1 g/m³,来流速度为 67.05 m/s 且带有 4°迎角,结冰对象是弦长为 0.533 4 m 的 NACA0012 翼型,结冰时间为 300 s,结冰温度分别为 -28.3℃、-19.4℃、-13.3℃、-10℃、-7.8℃、-4.4℃。这里将冰形尖端角度按照文献[7]的方法进行了测量和比较。测量冰形尖端角度的基准点为翼型前缘的内切圆心。根据冰形的特点取尖端角度的方式有所不同:对于前缘

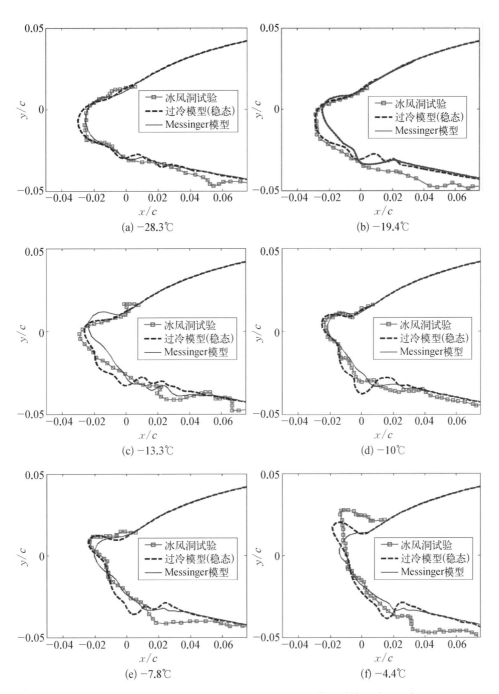

图 11 - 10　不同温度下 Messinger 模型和过冷模型计算的冰形及与
冰风洞试验结果的对比

较宽的冰其尖端取在前缘的中心,对于冰角明显的冰则取其距离最远的一点。

从图 11-10 中可以看到在−28℃和−10℃时两种模型对冰形的模拟都较好,冰的尖端角度也很相近。但在其他的温度下模拟结果有明显不同。

从尖端角度变化的趋势来看,模拟的冰形结果与实验相比都有一定误差,但过冷模型与实验结果更为接近,曲线随温度的变化趋势也基本一致。而Messinger 模型的结果误差较大,冰角度变化趋势与实验结果明显不同。特别在温度为−19.4℃和−7.8℃时,过冷模型的结果优于 Messinger 模型,这说明即便通过模型系数调整消除了过冷模型与 Messinger 模型的速度差别,过冷模型在模拟冰形变化趋势方面仍更准确。

图 11-11 中模拟的冰角度变化趋势与理论分析结果有相近之处,这反映了

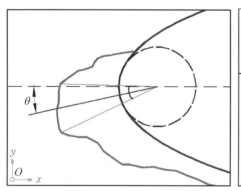 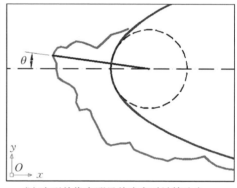

(a) 冰形前缘没有明显的尖角时计算冰角　　　(b) 冰形前缘有明显的尖角时计算冰角

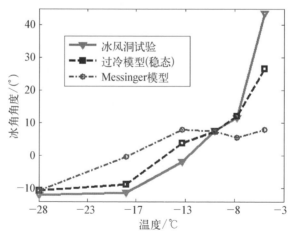

(c) 冰风洞试验结果及过冷模型和Messinger模型计算的冰形角度

图 11-11　冰形的角度随温度的变化曲线

相对结冰流动距离和二维冰形上冰尖端角度的关联。说明 Mesinger 模型在模拟不同温度下的结冰时，其结冰量-温度变化规律存在缺陷。通过冰风洞试验对比标定的传统 Messinger 模型适用的温度范围是有限制的。而偏离该条件范围会造成结冰速率预测误差大。

过冷结冰模型与 Messinger 模型的结冰规律差异体现为在较低的温度或者水含量小时过冷结冰模型的结冰速度较快，冰的流动距离更小；而在较高温度或水含量大时过冷结冰模型的溢流更强。这与异常结冰的两个特征相吻合，说明过冷结冰模型一定程度上反映了实际结冰速率非线性的特征。

11.3　过冷大水滴撞击结冰异常机理

与 11.2 节讨论的理想过冷水结冰条件不同，在自然结冰条件下结冰与水滴碰撞壁面过程耦合。当水滴粒径很小（小于 $50~\mu m$ 时），水滴将快速冻结或者聚集成水膜再冻结，此时撞击作用影响小。因此现有主要飞机结冰理论均基于定常流场和温度场假设建立。而大粒径过冷水滴（远大于 $50~\mu m$）结冰，如冻毛毛雨、冻雨等天气条件，结冰和传热均会受到撞击运动的直接影响。本节主要讨论过冷水滴撞击产生的结冰异常。

11.3.1　传统撞击结冰认知

针对过冷大水滴结冰异常特性，早期研究者主要关注大水滴动力学效应，如变形/破碎和飞溅引起的收集率变化。这些成果都已应用于结冰数值模拟软件，如美国的 LEWICE3.0、加拿大的 FENSAP-ICE。水滴破碎和飞溅在冰形上的作用可以在图 11-12 中看到。水滴变形/破碎使水滴受到的气动力增加，使水滴更容易飞离结冰表面，导致冰形特别是后缘形状缩小。而飞溅主要作用在冰形的前缘，减少了前缘的水收集率。

现有模型计算的大粒径水滴破碎和飞溅的动力学效应非但不能增加机翼表面的积冰量，反而减少了水的收集率。并且水滴破碎和飞溅对冰形的改变量有限，并没有显示出危险的结冰特性。这说明单纯大水滴动力学效应不足以导致异常结冰现象，必须要考虑水滴动力学对传热结冰过程的影响。

11.3.2　过冷大水滴撞击快速结冰现象

在上海交通大学 SH01 号结冰机理风洞中，通过压电式超大粒径过冷水滴发生器和 Phantom 高速摄像系统首次观察了过冷大水滴高速撞击壁面的冻结过程，如图 11-13 所示。试验段大小为 $0.15~m \times 0.15~m \times 0.6~m$，最高风速可

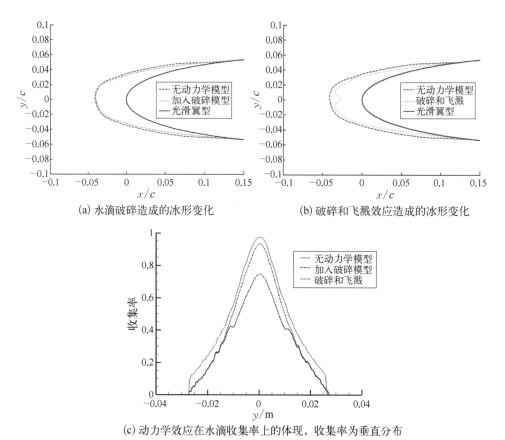

(a) 水滴破碎造成的冰形变化   (b) 破碎和飞溅效应造成的冰形变化

(c) 动力学效应在水滴收集率上的体现，收集率为垂直分布

图 11-12 大粒径水滴动力学效应在冰形上的体现

达到 50 m/s，环境温度最低为 -25℃。该试验中过冷大水滴的产生采用了其自主设计的过冷大水滴发生器，可以产生的过冷大水滴粒径范围为 $150\sim$ $2\,000$ μm，温度范围为 $-15\sim0$℃。该实验中水滴粒径为 $434\sim1\,340$ μm，风速为 $8.5\sim46.1$ m/s，温度为 $-14.1\sim-6.3$℃，属于典型的过冷大水滴结冰条件。

这里通过雷诺数和韦伯数来表征过冷大水滴试验条件的动力学参数。定义 β_{max} 为最大扩展比，即水滴最大的铺展直径与初始水滴直径之比，用以表征动力学过程进行的强度；定义 β_{real} 为最终回缩率，即为最终冰直径和最大铺展直径之比，用以表征撞击传热对相变结冰的影响特征。β_{max} 越大，说明动力学过程进行得越剧烈；反之，则越平稳。β_{real} 越大，说明冻结越快，撞击传热对相变结冰的影响越大；反之，则影响越小。各参数的定义式如下：

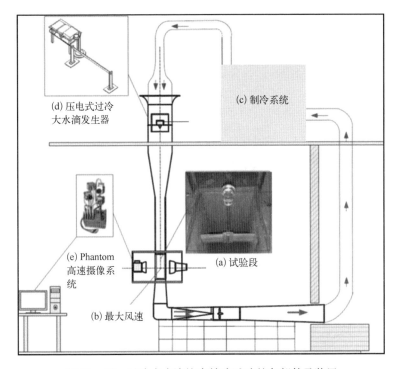

图 11-13 过冷大水滴撞击结冰试验的各部件及装置

$$\beta_{\max} = \frac{d_{\max}}{d_0} \tag{11-1}$$

$$\beta_{\mathrm{real}} = \frac{d_{\mathrm{final}}}{d_{\max}} \tag{11-2}$$

$$Re = \frac{\rho_a \upsilon d_0}{\mu} \tag{11-3}$$

$$We_a = \frac{\rho_a \upsilon^2 d_0}{\sigma} \tag{11-4}$$

$$We_w = \frac{\rho_w \upsilon^2 d_0}{\sigma} \tag{11-5}$$

上述式中，$d_{\max}$ 为最大直径；d_0 为液滴直径；d_{final} 为最终直径；Re 为液滴飞行的雷诺数；ρ_a 为空气密度；υ 为液滴撞击速度；μ 为动力学黏性系数；We_a 为按空气计算的液滴碰撞韦伯数；σ 为液滴表面张力；We_w 为按液滴属性计算的碰撞韦伯数；ρ_w 为液滴密度。

该试验显示过冷水滴撞击壁面分为两个过程：① 铺展过程，过冷大水滴在壁面摊开，形成"饼状"水膜；② 回缩过程，过冷大水滴受张力作用回缩，形成附着的液珠形状或发生冻结。

图 11-14 给出了水滴撞击铺展过程。在铺展过程中，水滴猛烈撞击壁面，产生飞溅。与此同时水膜由于张力作用，其在外表面形成致密的边界，此时水滴扩散到最大范围。

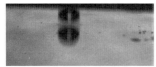  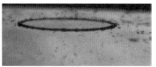

(a) 水滴接触壁面瞬间　　(b) 水滴碰撞壁面飞溅　　(c) 水滴铺展到最大状态

图 11-14　过冷水滴撞击后在壁面的铺展过程

然而，在结冰特征参数方面，回缩比 β_{real} 却体现了不同的结冰特性。这里我们将水滴的撞击结冰特征按照回缩比 β_{real} 分为三类：铺展结冰（$\beta_{real}=0.8\sim1.0$），回缩结冰（$\beta_{real}=0.5\sim0.8$），撞击完结冰（$\beta_{real}<0.5$）。图 11-15 给出了三种典型最终冰型的结冰特征。

 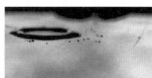 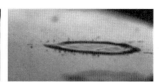

(a) 撞击完结冰　　　　　(b) 回缩结冰　　　　　(c) 铺展结冰

图 11-15　典型最终冰型的结冰特征

图 11-16 展示了进行无量纲后的实验工况条件与最大铺展比之间的关系，并与文献中的结果进行了比较。如图所示，在雷诺数为 4 000~10 000 时，过冷水滴的最大铺展比 β_{max} 与标尺结果符合得较好。β_{max} 的值正比于 Re。在这一点上，常规水滴与过冷水滴几乎没有差别。因此可以认为，在水滴撞击壁面往外铺展开的这段时间里，惯性力仍然起主要作用，过冷液滴在该过程中还没有对冻结过程产生影响。

图 11-17 给出了所有实验数据在雷诺数-温度坐标系下的分布特征。明显可知，这些水滴结冰特征迥异。之前的研究通常立足于雷诺数在 10 000 以下，而该情况下的结冰特异性很难被察觉。而当雷诺数增加到 50 000 时，这种关联

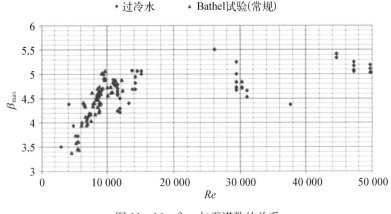

图 11-16　$\beta_{\max}$ 与雷诺数的关系

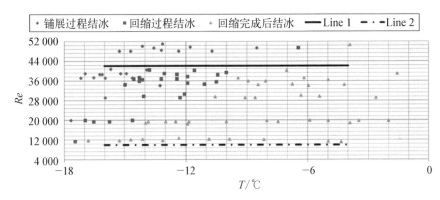

图 11-17　在雷诺数-温度坐标系下的水滴回缩率分布

注：Line 1 为以前研究的 Re 基准范围；Line 2 为正常飞行可能遭遇的 Re 范围。

性就可以很清楚地表现出来。不难发现，雷诺数的增长导致了 β_{real} 可能存在的范围增大，而这种增大本质上暗示了撞击过程对相变传热的影响关联。

11.3.3　过冷大水滴撞击异常结冰机制

过冷大水滴撞击壁面产生的异常现象包括飞溅损失、回落等纯动力学效应和快速结冰效应。其中快速结冰现象由水滴撞击动力学、传热和结冰过程耦合产生。目前主要的飞机结冰模型基于稳定的流动和温度分布假设计算结冰速率和溢流量。虽然有些模型考虑了结冰随着传热条件的演变，但无法考虑过冷大水滴碰撞的瞬时作用。下面介绍过冷大水滴撞击壁面运动和传热结冰耦合的机制。

根据实验呈现的结冰现象,可以将过冷大水滴的撞击和结冰分为水平结冰阶段和垂直结冰阶段,如图 11-18 所示。

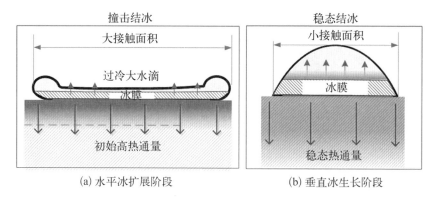

(a) 水平冰扩展阶段　　　　　　　(b) 垂直冰生长阶段

图 11-18　过冷大水滴在基底上的撞击和冻结的理论建模

在第一阶段,冰膜在基底上迅速扩散,使液滴在基底上的回缩运动停止,接触面积固定。假设冰膜足够薄,时间尺度足够短,这一阶段的换热量可以忽略。水平冰的生长和液滴的铺展/回缩之间的相互作用决定了在基底上的接触面积。快速铺展/回缩过程的持续时间与表面性质和驱动力有关。如果液滴完成收缩,则液滴与基底之间的接触面积减小到最小。当水滴水平冻结时间小于回缩时间时,液滴的运动因水平冰的生长而停止,并产生较大的扩展面积。

如图 11-19(a)过程所示。在水滴接触壁面后,冰核随机产生于壁面上任意位置,接着冰开始以其为中心向周围生长。理论上过冷水的运动对冰生长也有影响,但由于水滴铺展时间很短,只有 2 ms,而之后的回缩运动速度较慢(除了超疏水表面),因此在此暂不考虑流动对冰生长速度的影响,认为冰核产生后冰以恒定速度向外水平铺展,如图 11-19(b)过程所示。回缩运动和结冰过程中不同阶段的相对进展导致结冰的形态不同,对应着不同的结冰铺展率,如图 11-19 中的 4 种情况。这些物理过程的相互作用产生了水滴撞击结冰铺展面积。

在第二阶段,液滴通过释放全部潜热直至完全结冰。当结冰发生在非稳态热扩散期间时,水滴具有较高的热流密度和冰生长速率。

因此,非稳态热扩散取决于水滴碰撞运动和非稳态热扩散的时间尺度。

如图 11-20 所示,根据液滴动力学 τ_{dy} 和非稳态传热 τ_{un} 的时间尺度,撞击过冷大水滴的冻结有 4 种模式。C_{un} 表示因水滴非稳态传热产生的传热增幅比例,C_{dy} 表示水滴因铺展面积增加而产生的传热增幅比例。该系数>1 表示增强,≈1 表示与碰撞运动无关。

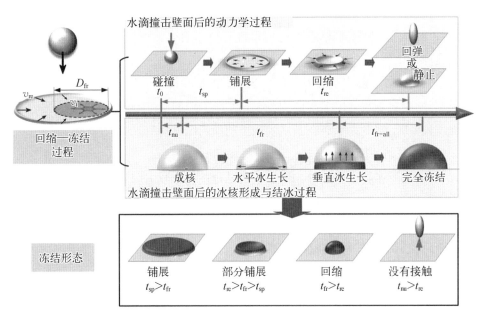

图 11-19　水滴碰撞动力学与结冰的耦合过程示意图

注：两个过程的相对变化使过冷水滴撞击壁面结冰出现不同的形态。

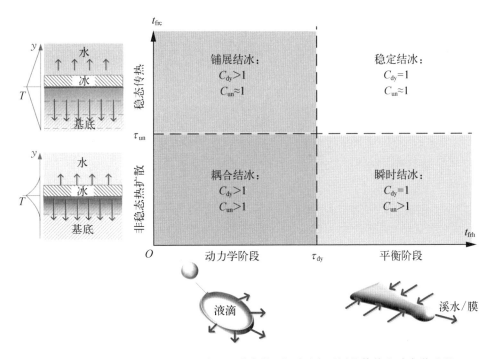

图 11-20　四种结冰方式的示意图及其条件，分别对应不同的传热和动力学过程

（1）耦合结冰模式。当 $t_{frh} < \tau_{dy}$ 和 $t_{frc} < \tau_{un}$ 时，$C_{un} \approx 1$、$C_{dy} > 1$。在此条件下，扩散动力学和非稳态热扩散均可提高结冰速率。该模式对应过冷大水滴的快速冲击结冰。

（2）铺展结冰模式。当 $t_{frh} < \tau_{dy}$ 和 $t_{frc} > \tau_{un}$ 时，$C_{un} \approx 1$、$C_{dy} > 1$。在这种情况下，液滴在基底上的结冰面积较大，但非稳态换热影响较小。该模式代表过冷程度较低时，过冷大水滴在亲水表面上的撞击结冰。

（3）瞬时结冰模式。当 $t_{frh} > \tau_{dy}$ 和 $t_{frc} > \tau_{un}$ 时，$C_{un} > 1$、$C_{dy} = 1$。在这种情况下，液滴回缩后很快结冰。该模式代表过冷程度较大时，过冷大水滴在超疏水表面的撞击结冰。

（4）稳定结冰模式。当 $t_{frh} > \tau_{dy}$ 和 $t_{frc} > \tau_{un}$ 时，$C_{un} \approx 1$、$C_{dy} = 1$。这种情况几乎是稳定结冰过程，对结冰没有影响。

为了直观理解过冷大水滴碰撞非稳态传热导致的结冰速率异常，这里对比了非稳态/稳态模型所计算的过冷大水滴撞击结冰速率，如图 11-21 所示。该图的纵轴为平均冰生长速率，横轴为过冷度。其中实验测量的结冰速率在 10℃ 之前与温度为近似线性关系，但在 10℃ 之后快速上升，显示了明显的非线性特征。采用稳态结冰模型预测的结冰速率则始终与温度呈线性关系。这使其在过冷度小于 10℃ 时与实验结果符合得好，但在更大过冷度下显著低估了结冰速率。假设最大铺展面积的模型亦无法模拟这一非线性规律，而使用非稳态传热

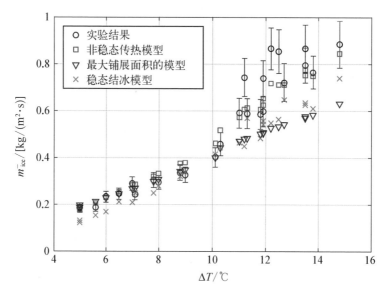

图 11-21　过冷大水滴撞击异常结冰速率与传统结冰理论的对比（见附图中彩图 11）

模型才可以有效地预测该结冰速率。这是由于过冷大水滴碰撞铺展运动和结冰传热过程耦合,使得水滴结冰时,潜热释放速率增加。此时随着过冷度增大,水滴平均结冰速率不再线性增长,而是呈现加速增长的趋势。以传统稳态结冰的视角来看,这就是异常的快速结冰现象。

11.4　过冷水的异常物理特性

11.4.1　普遍而又异常的水

水是地球上最为普遍的物质之一,覆盖了地表 70% 的面积。太阳能可以蒸馏地球大气中约 40% 的水,其中 14% 来自陆地,其余来自海洋。大气中 24% 的水将以降水的形式返回地球。水在大气和地表之间不断运动,形成了地球的水循环,而飞机结冰则是飞机与大气水循环相作用产生的现象之一。

如图 11-22 所示,飞机在不同尺度上与大气结冰云雾环境存在相互作用。最大尺度的图来自 2011 年 7 月 *Science* 报道的"飞机穿过云层结冰引起的云洞现象",中等尺度是飞机近场尾迹到远场尾迹流动中结冰,小尺度是传统意义上的飞机机翼前缘结冰。该研究也显示,欧洲活跃的航空活动在云层上产生了大

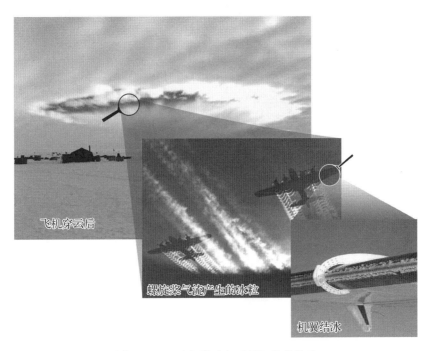

图 11-22　飞机结冰与云层气象的关系

量痕迹。可见人类航空活动和大气环境相互作用的范围很广,而结冰只是其中的现象之一。

虽然在传统飞机结冰研究中只用到水的少数物理性质,如密度、黏性、表面张力和导热率等,但其他相关领域如大气物理、物质科学等的研究均会提到,水是地球上性质最为异常的物质之一。由于水中氢键的强烈作用(约为 20 kJ/mol,高于范德华力),水拥有比相似相对分子质量和结构的物质高得多的熔点和沸点,使其能在常温下以液体的形式存在,并且拥有复杂的团簇结构。近百年来,研究不断发现水的物理化学性质的异常之处,到现在已经超过了 70 种,并且还在不断增加,其中大多数是地球环境形成和维持的基础。

11.4.2 亚稳态过冷水物理

1) 过冷水的物理定义

过冷态于 1724 年首次被报道,这是包括水在内的许多液体表现出的有趣特征之一。水与任何其他物质一样,可以以三种主要形式存在:固体、液体和气体。在正常情况下,它以液体的形式存在。有趣的是,当温度降低到冰点以下时,像水这样的物质可以继续以液体的形式存在,这种状态称为“过冷态”。

相比于过冷态而言,结晶是能量更低也更自然的状态,拥有更高的熵。水,包括其他一些液体,都可以在一定的条件下保持过冷态。但除非以极高的速率冷却形成玻璃态,否则水在低温下最终都将变为晶体相,如图 11-23 所示。

现有的成核理论认为,过冷态到结晶态的转变被一个不可穿透的高自由能壁所阻碍,其特征是巨大的势能梯度。完成结冰转变的要求是过冷态物质通过几个自由能高于液态或晶态的中间态,该自由能差产生的自由能垒阻止了其从亚稳态到稳定态的转变。在较高的温度下,液晶态和晶体相之间的自由能垒更高,在低温下则更低。

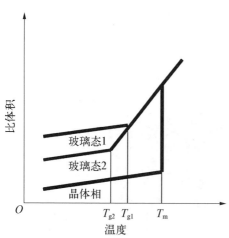

图 11-23 不同冷却路径下的过冷液体、玻璃态和晶体相关系

2) 过冷态的实现

现有研究表明,可以将大体积水过冷到 242 K 而不结冰,但样品必须是“足

够干净的",否则会立即结晶。这个温度是可以过冷的自然极限,称为"水的均匀形核温度"(T_H)。越容易玻璃化的物质(如 B_2O_3)在过冷状态下抵抗结晶的能力越强。相反,不管在纯水还是非纯水中,冰晶在成核温度以下都是自发形成的。这可以通过一个事实证明,在装有过冷水的容器中放入一根钢棒,水可以迅速转化为冰,而不放入钢棒时水也可以自发结冰。这种情况使水成为"不良"的玻璃化物质。然而,如果采取几项措施,则即将到来的结晶可以推迟或完全避免。有趣的是,可以通过保持样品静止或不断搅拌来延迟样本中水的结冰过程。据报道,水可以在剧烈搅拌后过冷至 254 K。更有效的方法是,通过将样品分散成非常微小的液滴,降低导致结冰的杂质浓度,从而将水的结晶推迟到较低的温度。由于这些液滴中杂质的浓度很小,结晶率可以忽略不计,因此永远无法达到形成冰的临界质量。Rau 用同样的原理成功地在实验室制备了 201 K 以下的过冷水,但这一工作在很大程度上被当代研究人员遗忘了。这种方法是除菌技术的一种变体,在这种方法中,对特定的水滴进行数次冻结和融化的循环,以防止冰成核。继续这个过程,其他液滴可以达到更大程度的过冷,甚至可以达到200 K 的温度。

在当今的实验室中,有两种替代方法可以可避免冰的形成:① 施加巨大的压力;② 采用高速率冷却。在这些条件下,过冷水可以有效地转化为玻璃态水。值得注意的实验方法有"避免"或延迟结晶(包括水蒸气在通过小喷嘴的超声速流动中凝结),以及在拉法尔喷管中进行 D_2O 与氮气的膨胀。通过这些方法可以进行过冷水结构的光谱研究。

3)热水先结冰的姆潘巴现象

姆潘巴现象指在同等质量和同等冷却环境下,温度略高的液体比温度略低的液体先结冰的现象。或者说,在同等质量和同等冷却环境下,温度略高的液体比低温液体降温更快,若其冷却环境能始终维持一致(温度不变)的冷却能力,则温度高的液体将先降至冷却环境温度,若温度低于该液体冰点则高温液体先结冰。

历史上亚里士多德、培根和笛卡尔均曾以不同的方式描述过该现象。亚里士多德认为"先前被加热过的水,有助于它更快地结冰"。可理解为"先前加热过的水相比于未加过热的水,在同一条件下会更快结冰"。但是这些论述均未能引起广泛的注意。

1963 年,坦桑尼亚的一位中学生姆潘巴在制作冰激凌时发现,热牛奶经常比冷牛奶先结冰,1969 年,他和奥斯伯恩博士共同撰写了关于此现象的一篇论文,因此该现象便以其名字命名。

关于该现象的一种解释是液体降温速度的快慢不是由液体的平均温度决定的,而是由液体温度梯度决定的。在冻结前的降温过程中,热液体中的温度梯度一直大于冷液体中的温度梯度。不过该现象的产生原因到目前仍是研究者争论的焦点。近期研究已越来越多地认为其来自水微观结构产生的反常热力学行为。

4) 低温下的密度异常

大多数固体比其处于液体状态时密度大,因此这些固体不能在相应的液相中漂浮。相反,正常的水比固态的冰密度大,使固态的冰可在液态水中漂浮。这是水体积异常的一个特征。其他含有氢键的液体,例如乙醇、四氧化二氮(N_2O_4)或过氧化氢(H_2O_2),该性质都与水不同,如乙醇的结晶现象。这关系到一个问题:水的特殊性质不在于它形成氢键的能力,而在于它是如何形成氢键的。在液体状态下,水可以有多种分子团簇构型,例如六聚体和十聚体。然而随着温度的下降,特别是在冰的熔点以下,几乎所有的单个水分子都与 4 个临近水分子以线性的氧-氢-氧键相连。

长期以来,水的密度一直是研究的焦点。如果我们比较水和冰的密度,可以很清楚地理解这一点。如图 11 - 24 所示,在 273 K 到 283 K 之间,水的密度有

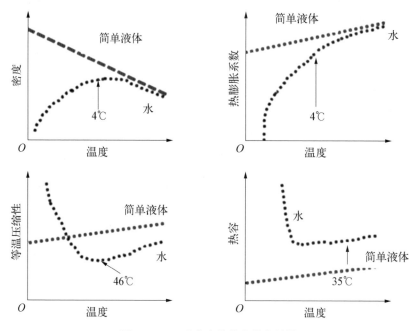

图 11 - 24 过冷水的热力学奇异性

一个明显的最大值，而冰的密度在这个范围内非常稳定。从图中可以看到水密度的非线性变化特征，也就是最大密度温度（TMD）。图 11 - 24 显示了密度、热膨胀系数、热容和等温压缩性的热力学奇点。

参考文献

［1］　National Transportation Safety Board. Aircraft accident report，in-flight icing encounter and loss of control Simmons Airlines，d. b. a. American Eagle Flight 4184 Avions de Transport Regional（ATR）［R］. 1996.

［2］　Aviation Safety Concil. GE 791 occurrence investigation report［R］. 2002.

［3］　Beaugendre H，Habashi W，Morency F. FENSAP-ICE's three-dimensional in-flight ice accretion module：ICE3D［J］. Journal of Aircraft，2003，40(2)：239 - 247.

［4］　孔维梁. 飞机异常结冰的过冷凝固机理及理论研究［D］. 上海：上海交通大学，2015.

［5］　Kong W L，Liu H. Unified icing theory based on phase transition of supercooled water on a substrate［J］. International Journal of Heat and Mass Transfer，2018，123：896 - 910.

［6］　Blackmore R，Makkonen L，Lozowski E. A new model of spongy icing from first principles［J］. Journal of Geophysical Research Atmospheres，2002，107(D21)：9 - 15.

［7］　Guy F，Ilinca A，Laforte J-L，et al. New roughness computation method and geometric accretion model for airfoil icing［J］. Journal of Aircraft，2004，41(1)：119 - 127.

［8］　Zhang C，Liu H. Effect of drop size on the impact thermodynamics for supercooled large droplet in aircraft icing［J］. Physics of Fluids，2016，28 (6)：062107.

［9］　Kong W L，Wang L P，Bian P X，et al. Effect of surface wettability on impact-freezing of supercooled large water droplet［J］. Experimental Thermal and Fluid Science，2022，130：110508.

［10］　Kong W L，Wu H C，Bian P X，et al. A diffusion-enhancing icing theory for the freezing transition of supercooled large water droplet in impact［J］. International Journal of Heat and Mass Transfer，2022，187：122471.

［11］　Heymsfield A J，Thompson G，Morrison H，et al. Formation and spread of aircraft-induced holes in clouds［J］. Science，2011，333(6038)：77 - 81.

［12］　Mandumpal J B. A journey through water：a scientific exploration of the most anomalous liquid on earth［M］. Sharjah：Bentham Science Publishers，2017.

第 12 章　大型客机减阻设计与机理

大型客机的阻力特性与其经济性密切相关,减阻设计在航空工业中具有至关重要的地位。本章将重点介绍大型客机的减阻设计与机理,深入探讨这一领域的核心技术及未来发展趋势。分别从大型客机阻力的定义和分类出发,介绍减阻的意义。本章将进一步详细介绍几类典型的减阻设计,包括翼梢小翼、涡流发生器、层流控制技术等。翼梢小翼通过优化翼尖流动结构减少诱导阻力;涡流发生器通过控制边界层流动延缓气流分离;层流控制技术则致力于保持机翼表面的层流状态,减少摩擦阻力,每种技术都有其独特的原理和应用效果。最后,本章对未来大型客机减阻技术进行展望。

12.1　大型客机的阻力

12.1.1　阻力的定义

从受力分析的角度来说,对飞机阻力的来源和定义是很难的。因为飞机本身是一个三维的物体,飞机周围的流场与飞机的相互作用是混乱且复杂的。事实上,飞机的气动力来源只有两种: ① 机身表面的压力分布 p;② 机身表面的剪切力分布 τ,如图 12-1 所示。

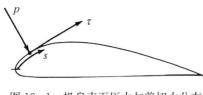

图 12-1　机身表面压力与剪切力分布

Anderson 在 *Fundamentals of Aerodynamics* 一书中将机身表面受到的气动合力命名为 R,而升力 L 为气动力 R 垂直于自由来流方向 V_{∞} 的分量,阻力 D 为气动力 R 平行于自由来流方向 V_{∞} 的分量,N 为垂直于机翼弦长方向的法向力,A 为弦长方向的轴向力。通过航程公式可以明确,客机的升阻比对飞机的飞行性能乃至经济效益都有很大的影响。在大型客机的减阻设计中,强调的是增升减阻,即希望在飞机减阻设计中不仅要减小阻力,还要增加升力,从而达到提升客机整体经济效益的设计目标。升力和阻力是飞机在气流中的相对运动中产生的。因此影响升力和阻力的基本因素如下:机翼在气流中的相对位置(迎角)、气流的速度和空气密度以及飞机本身的特点(如飞机表面状况、机翼形状、机翼面积、是否使用襟翼和前缘翼缝是否张开等)。飞机表面的升力与阻力分布如图 12-2 所示。

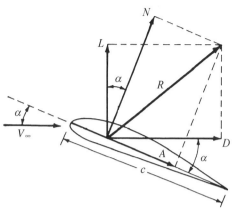

图 12-2　飞机表面的升力与阻力分布

12.1.2　阻力的分类

根据形成原因,大型客机机身所受阻力主要可分为三种:摩擦阻力、压差阻力和诱导阻力。

由于空气是有黏性的,所以当它流过机翼时,就会有一层很薄的气流被"黏"在机翼表面上,如图 12-3 所示。这个流速受到阻滞的空气流动层就称为"边界层"。其厚度通常取 $0.99V_\infty$,即流速小于 $0.99V_\infty$ 的区域为边界层。受阻滞的空气必然会给机翼表面一个与飞行方向相反的作用力,这就是摩擦阻力。

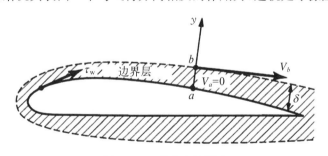

图 12-3　机身摩擦阻力

总的说来,摩擦阻力的大小取决于空气的黏性、飞机的表面状况以及与空气接触的飞机表面积等。为了减小摩擦阻力,就希望尽量延长层流段。选用最大厚度位置靠后的层流翼型,就有可能使转捩点位置后移。但是转捩点的位置不是固定不变的,气流速度、原始湍流度、翼型制造误差及表面粗糙度的增加都将使转捩点前移而导致摩擦阻力增加。

压差阻力是由运动着的物体前后所形成的压强差形成的。压强差所产生的阻力就是压差阻力。压差阻力与物体的迎风面积、形状和气流中的位置都有很大的关系,如图 12-4 所示。物体形状对压差阻力也有很大的作用。把一块圆形的平板垂直地放在气流中,流经它的气流很快会发生分离,分离点后产生的大量涡流使平板前后形成很大的压差阻力。如果在圆形平板的前面加上一个圆锥体,则它的迎风面积并没有改变,但形状却变了。这时平板前面的高压区被圆锥体填满了。气流可以平滑地流过,压强不会急剧增加,同时,气流的分离点向后移动,使木板后的涡流区变小。虽然这时平板后面仍有气流分离,低压区仍然存在,但是前后的压强差却大大减小,因而压差阻力必然会降低到原来平板压差阻力的大约五分之一。

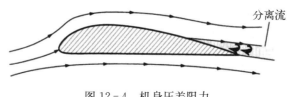

图 12-4　机身压差阻力

飞机的诱导阻力是一种因机翼产生升力而出现的附加阻力,它是产生升力所必须承担的"代价"。诱导阻力与机翼产生的升力紧密相关,其核心原因在于机翼有限翼展引起的翼尖涡流和下洗流场的变化。在机翼产生升力的过程中,下翼面的气压超过上翼面时气流会从下翼面绕过翼尖流向上翼面的低压区,在翼尖处形成旋涡,即所谓的翼尖涡流。这种涡流不仅降低了升力,还使得流过机翼的空气获得向下的速度分量,称为"下洗速度"。下洗速度使得实际迎角减小,导致升力向后倾斜,从而形成了升力的向后分量,这个分量就是诱导阻力,如图12-5所示。

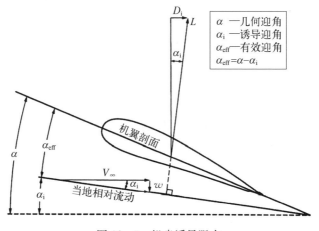

图 12-5　机身诱导阻力

具体而言,诱导阻力的产生机制关联着几个关键要素。首先,翼尖涡流是诱导阻力产生的直接原因之一,因为它会在机翼后方引起下洗流,改变来流的方向,从而导致升力偏转。其次,机翼的展弦比也是对诱导阻力有显著影响的一个因素。当展弦比增大时,诱导阻力减小,因为展弦比较大的机翼受翼尖涡流的影响相对较小。最后,升力的大小也会影响诱导阻力,升力越大,诱导阻力越大。

飞机阻力的来源与分类如图 12-6 所示,对大型客机而言,在飞机飞行时所受摩擦阻力约占 50%,压差阻力约占 20%,诱导阻力约占 30%。对于不同的阻力,对应的减阻方式是不同的,需要分别进行减阻设计。

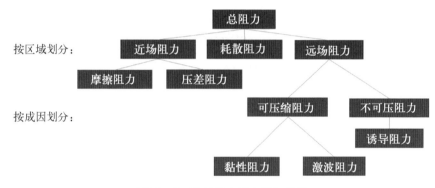

图 12-6　飞机阻力的来源与分类

12.2　大型客机减阻的意义

随着 ARJ21 和 C919 正式投入运营,以及宽体客机 C929 项目的启动,我国的民用航空产业已经进入快速发展的窗口。在此背景之下,国务院发布了《国务院关于促进民航业发展的若干意见》(简称《意见》),旨在大力发展我国航空经济,坚持率先发展、安全发展和可持续发展,提升发展质量,增强国际竞争力,努力满足经济社会发展和人民群众出行的需要。《意见》明确指出,至 2020 年,我国航空运输规模不断扩大,年运输总周转量达到 1 700 亿吨公里,年均增长12.2%,全国人均乘机次数需达到 0.5 次。然而,如图 12-7 所示,目前我国人均乘机次数仍远低于其他国家。此外,《意见》要求我国航空运输服务质量稳步提高,安全水平稳居世界前列,运输航空百万小时重大事故率不超过 0.15,航班正常率提高到 80% 以上。这不仅对我国机场、航空公司运营管理提出了严格的要求和任务指标;更为重要的是,飞机作为航空业运力的基石所在,为了在未来世界航空产业格局中占有一席之地,甚至超越空客、波音两大民用航空巨头,我国的国产大飞机需在设计阶段就将运营阶段中的机场综合运营效率、准点率以及安全性、经济性纳入关键的设计指标。而其中减阻就是影响飞机飞行的经济性和安全性的关键因素。研究表明,大型客机或运输机的巡航阻力降低 1 count(阻力系数的 1/10 000),等同于飞机增加 91 千克的有效载荷。以 150 座的民航客机为例,1% 的减阻效果将为我国航空公司每年节省 20 亿美元的燃油开支,年均运载旅客数增加 1 825 万人,航空货运量增加 300 万吨。由此可见,对飞机进行卓越有效的减阻设计,将显著减小飞机直接运营成本(DOC),是我国乃至全世界航空产业发展的基本技术路线。

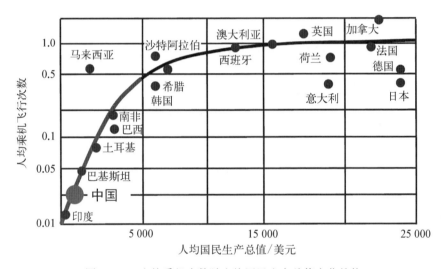

图 12-7　人均乘机次数随人均国民生产总值变化趋势

12.3　大型客机的减阻设计

12.3.1　翼梢小翼

在大型客机的飞行过程中,诱导阻力是飞行阻力的重要组成部分。这种阻力与飞机机翼末端生成的翼尖涡紧密相关,因此也称为飞机获得升力的"代价"。要减小机翼的诱导阻力,很大程度上就是要削弱翼尖涡。目前,削弱翼尖涡的研究思路主要有两种:一是削弱翼尖涡的强度,二是加快翼尖涡的衰减。目前通过加装翼梢小翼的流动控制方法可以有效地减少翼尖涡强度,典型的翼梢小翼如图 12-8 所示。翼梢小翼的概念最早可以追溯到 19 世纪,但是人们一直没有将它付诸实践。一直到 20 世纪 70 年代,随着航空业的发展,油价上涨,人们开始想办法减少飞机的油耗,这才把翼梢小翼真正运用到飞机上。20 世纪 70 年代,NASA 的空气动力学家 Whitcomb 从鸟翅膀尖部的小翅得到启发,提出了翼尖小翼的概念,即在小展弦比机翼的翼梢处装一个小翼片,从而既提高了展弦比,又不会使结构质量和摩擦阻力增加很多。翼梢小翼的作用原理主要有两个方面:一是增加升力,二是减小阻力。当气流流过机翼的上下两个表面时,所产生的气压差会对机翼产生向上的升力,当这种力大于飞机所受重力时,飞机便能够在天空中飞行。但这时机翼下表面的高压区气流会绕过翼尖流向上表面,形成强烈的旋涡气流,飞机飞得越快,所产生的涡流也越强,这样会增加飞行时的阻力和燃料的消耗。翼梢小翼重新调整翼尖涡流,使其更加远离机翼外侧并上移至层流之上。加装翼梢小翼后,由其重新配位的小翼涡流在翼梢小翼周围产生交叉气流,此气流通常与流过机翼表面的气流垂直。由交叉气流产生的侧向力含有向前的分量而产生阻力,翼梢小翼同时产生相应的推力,可有效地减少飞行时的阻力和燃料消耗。

 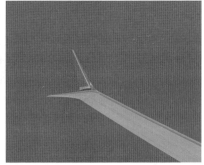

图 12 - 8　典型的飞机翼梢小翼

在现阶段,大型客机诱导阻力通过小翼的优化已经得到了有效减小,波音公司和空客公司的飞机上都安装了翼梢小翼。波音公司的飞机一般采用向上翘起的单片式翼梢小翼,空客公司的飞机则采用同时向上、下两个方向延伸的双片式翼梢帆片。图 12 - 9 展示了波音公司的翼梢小翼发展历史,从最早的单片式翼梢小翼,到波音 747 采用的帆片式翼梢小翼,再到波音 787 采用的融合式翼梢小翼,以及到目前波音 737MAX 正在采用的双叉弯刀式翼梢小翼,翼梢小翼的作用已经不局限于增升减阻,通过与复合材料的结合,优秀的翼梢小翼设计可以增加飞机飞行的稳定性。然而,目前的翼梢小翼发展仍然存在一定的问题,因为翼梢小翼的增加改变了翼尖涡结构,并且翼尖涡具有明显的不稳定性特征。在不稳定性与涡失稳衰减密切相关的前提下，如何基于对翼尖涡不稳定性的控制，通过对小翼合理的设计配置尾迹涡的结构，放大或是激励翼尖涡的不稳定性，使翼尖涡提前破碎从而加速其衰减，仍是一个有待解决的课题。

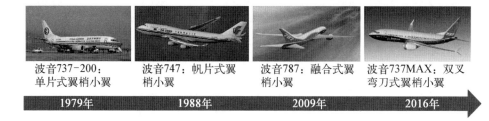

| 波音737-200：单片式翼梢小翼 | 波音747：帆片式翼梢小翼 | 波音787：融合式翼梢小翼 | 波音737MAX：双叉弯刀式翼梢小翼 |
| 1979年 | 1988年 | 2009年 | 2016年 |

图12-9　波音公司的翼梢小翼发展历史

12.3.2　涡流发生器

在大型飞机的机身或发动机短舱处，经常能看到一些凸起的小翅片，如图12-10所示，这就是大型客机的涡流发生器。涡流发生器实际上是一种安装在机体表面上的导流片，其构型类似于一种小展弦比的机翼，所以它在迎风气流中与常规机翼一样能产生翼尖涡。但是由于它的展弦比很小，其翼尖涡的强度相对较高。这种高能量的翼尖涡通过掺混作用将能量传递给下游，使处于较差流动条件下容易发生分离的边界层获得附加能量，能够继续贴附在机体表面，抵抗分离。事实上在许多机翼的前缘，都安装了涡流发生器以增强机翼大迎角条件下的升力。

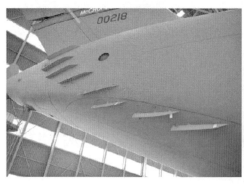

图12-10　典型的涡流发生器

涡流发生器是由美国联合飞机公司的 Bmynes 和 Taylr 在 1947 年首先提出的。早在 20 世纪 60 年代，就有研究人员对涡流发生器控制平板湍流边界层的机理进行了研究,并提出了涡流发生器控制边界层,特别是控制湍流边界层分离的基本原理就是向边界层内注入新的涡流能量的理论。之后研究人员对控制翼型和机翼湍流边界层分离的涡流发生器原理进行了大量的试验探究以及数值计算研究,包括对涡流发生器的形状、一系列几何参数及安装位置等多方面的研究,探索涡流发生器在高、低速状态下的作用及性能。

由于涡流发生器对流动的控制效果显著,且带来质量与成本的增加较少,方便实施,因此在飞机上机翼、机身、增升装置、进气道等位置,叶轮机械,风洞设计中都可应用。实际上,涡流发生器在民用飞机上已有很广泛的应用。以波音公司为例,涡流发生器已应用在波音公司的大多数飞机上,几乎成为波音公司的一种"商标"。此外,诺思罗普·格鲁曼公司也在其"湾流"飞机机翼上应用涡流发生器。同时,涡流发生器也应用在了很多发动机进气道内,可以用来防止进气道喘振现象。

12.3.3　层流控制技术

减小飞机阻力最有效的方法是减小飞机表面上的摩擦阻力。由于湍流边界层的摩擦阻力远大于层流边界层的摩擦阻力,因此减小摩擦阻力的基本思想包括两个方面:其一是尽可能推迟转捩的发生,扩大物面层流流动区域;其二是减小湍流边界层流动区域的摩擦阻力。过去的几十年里,国内外学者提出了许多减小摩擦阻力的控制技术,并对此进行了大量的研究。然而,目前这些技术仍处于研究阶段,几乎没有一种控制技术用于实际飞机减阻。在众多的控制技术中,层流控制是减小摩擦阻力的有效方法之一,该技术通过采取控制措施推迟边界层转捩发生,扩大物面的层流区域,从而达到减阻目的。对一架飞机而言,机翼、发动机吊舱、机头、水平尾翼和垂直尾翼是获得层流流动的主要部件。

层流控制技术的研究至今已有 70 多年的历史,已有的研究表明,在层流翼型与机翼的设计中,边界层内扰动控制的目的是在尽可能少地影响其他气动力性能和结构的前提下,推迟转捩位置。按照控制方式的不同,有三种控制技术(见图 12-11):其一是被动控制或自然层流控制(NLF),即通过调整外形加大物面顺压梯度范围,从而推迟转捩发生,这种方法在非设计状态下有较差的气动性能;其二是主动控制或层流控制(LFC),即在边界层特定位置进行操控(如抽吸气技术)推迟转捩发生;其三是混合层流控制技术(HLFC),它结合了自然层流控制(被动控制)和层流控制(主动控制,如抽吸气技术)的优点,可以有效减少抽吸气量和控制系统的复杂性。混合层流流动控制的特点如下:① 只需在前缘进行抽吸气;② 只需在前缘附近进行表面几何外形修形来实现有利的压力梯度;③ 混合层流控制的机翼设计具有良好的湍流性能。

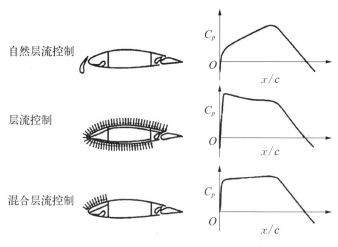

图 12-11　层流控制技术分类

主动控制技术主要包括抽吸气、壁面冷却和主动柔顺壁技术。而被动控制技术主要包括壁面修形、表面粗糙度分布、被动柔顺壁和多孔壁面技术等。目前发展的趋势是混合层流控制技术,应用最多的是壁面修形(保持较好的顺压梯度)和抽吸气技术的结合。

12.4　未来大型客机减阻的新设计

经过数十年的发展,飞机的减阻技术已经日益成熟,但对比自然界的生物仍然具有很大的技术差距。未来飞机的减阻需要与仿生学理念结合,向自然学习,完成减阻技术的突破。

12.4.1　借鉴鱼类游动减阻的仿生设计

Gray 在 1935 年研究海豚游动的能量守恒时发现,海豚肌肉所能提供的动能不到其刚性身体模型前进所需动能的 1/7,在游动的过程中,海豚可以轻松地减去 6/7 的阻力,达到远远超过 100% 的游动效率。这就是著名的 Gray 疑题,它引起了人们对于鱼类减阻的兴趣。

研究表明,鱼类推进主要依靠鱼鳍拍打所产生的涡环串,它可以捕获前方涡旋,从而减少肌肉运动,达到省力的目的,如图 12-12 所示。进一步地,鱼类表面的鳞片分布可以增加游动时表面所受压力,减轻湍流黏性对游动的阻力干扰,如图 12-13 所示。

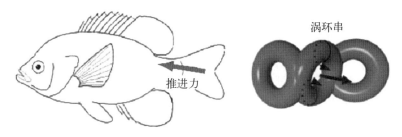

涡环串

推进力

图 12-12　鱼类推进原理

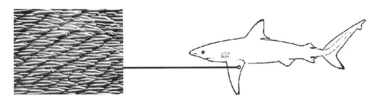

图 12-13　鱼类表面鳞片分布

　　通过对鱼类游动的研究,可以提出小肋膜减阻这一创新的减阻模式,在飞机湍流作用强的部分加设了放鲨鱼皮的沟槽结果,或者叫小肋结构。沟槽减阻一直是湍流减阻技术中的研究热点,其不需要能量输入,也是一种边界层被动控制方法。减阻效果好的沟槽间距的无量纲数 $S^+ = 10 \sim 20$,其中

$$S^+ = \frac{u^* s}{\nu}, \ u^* = \sqrt{\frac{\tau_w}{\rho}} \tag{12-1}$$

式中,s 为沟槽间距;τ_w 为壁面摩阻速度;u^* 为特征速度;ρ 为密度;ν 为动量黏性系数。在飞行条件下,实际间距一般为 $25 \sim 75 \ \mu m$。从现有的研究发现,沟槽可减阻 $5\% \sim 15\%$。3M 公司在 A340-300 飞机上进行的飞行试验结果表明,沟槽可使壁面摩擦阻力减小 $5\% \sim 8\%$。小肋膜在航空工业中最成功的实践案例是汉莎航空的 AeroSHARK,它是由汉莎技术公司和巴斯夫公司联合开发的表面技术,由大约 $50 \ \mu m$ 大小的肋骨组成。它专门模仿鲨鱼皮的特性,鲨鱼皮具有特别有利的流动特性,从而优化了飞机上相关点的空气动力学。因此,总体上需要的燃料更少。该薄膜材料应用于飞机表面,可以优化飞机空气动力学,提高燃油效率。首架配有 AeroSHARK 表面技术并由瑞士国际航空公司运营的波音777-300ER 客机已于 2022 年 10 月 14 日正式起飞。

12.4.2 借鉴鸟类飞行减阻的仿生设计

自然界中的鸟类有许多独特的装置,可以帮助它们在各种复杂的飞行条件下获得出色的飞行能力。在飞机的发展历史上,鸟类的飞行方式一直指导着各种各样飞行器的飞行设计,为飞行器的发明和改进提供了思路。1800 年左右,英国科学家、空气动力学的创始人之一凯利模仿山鹬的纺锤形,找到了阻力小的流线型结构。凯利还模仿鸟翅设计了一种机翼曲线。飞机上的仿生设计是指模仿生物的特殊本领,利用生物的结构和功能原理来研制机械或各种新技术的科学。在飞行器制造中,很多生物也为飞行器的发明和改进提供了思路。此外,无人机上也有许多借鉴鸟类的仿生设计,例如模仿蜻蜓的飞行方式。目前,鸟类翅膀结构中前沿的小翼羽逐渐引起空气动力学学者的关注,它位于大多数鸟类的臂翼和手翼的交界处,如图 12-14 所示。它经常在起飞和降落时展开,可能起到类似于固定翼飞机上的高升力装置的作用。通过对小翼羽作用的分析和推论,是否可以为未来民航客机的减阻技术提供新思路,是值得研究的热点问题。

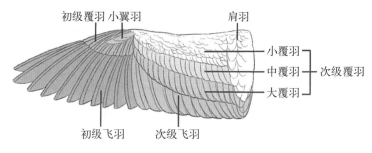

图 12-14　鸟翅膀结构

12.4.3 基于不稳定性的翼尖涡主动控制技术

在介绍翼梢小翼的时候我们提到,控制飞机尾迹涡影响的两大策略如下:① 减弱翼尖涡强度;② 使翼尖涡快速衰减。目前通过加装翼梢小翼等流动控制方法可以有效地减少翼尖涡强度,但经过数十年的发展,小翼的减阻效果已经达到一种工程极限。而针对第二种策略却缺乏有效的流动控制原理及方法。事实上,已有研究表明,涡的破碎和衰减与其不稳定性特征密切相关,基于流动不稳定性的翼尖涡主动非定常控制技术逐渐成为减阻技术研究的热点。

对于翼尖涡的主动控制方案主要有四种,如图 12-15 所示,主动控制方案包括定常/非定常吹吸气、等离子体控制、合成射流/零质量射流、振荡小翼(或运动小翼)等。从理论上讲,采用主动控制的方法既可以降低翼尖涡强度,又可以加快翼尖涡的湍流失稳。其中因为其零质量的特性,合成射流被证明在激发翼尖涡不稳定性方面是一种具有潜力的主动控制技术。在研究表面,合成射流扰动可以降低翼尖涡最大方位角速度,从而导致翼尖涡加速耗散,同时可以引起剪切层挠度和襟翼压力分布的较大变化。在翼尖自然不稳定性的范围内,适当选择最佳的激励频率,会导致更分散的涡旋以及切向速度的降低。

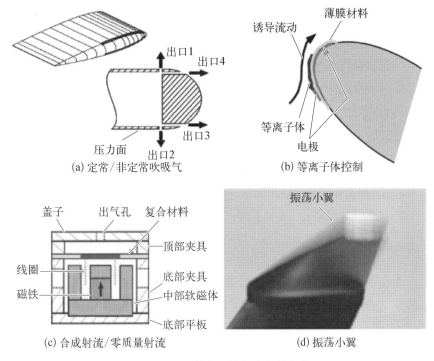

图 12 - 15　翼尖涡的主动控制方案

　　近些年,与翼尖涡的主动控制技术相关的研究试图建立一种基于不稳定性的翼尖涡控制策略,指导设计翼尖涡快速湍流失稳的控制方法。也就是通过合理地利用流动不稳定性特征,例如翼尖涡的 Crow 不稳定性、椭圆不稳定性和涡摇摆不稳定性,激发并加快不稳定性的发展,进而加快翼尖涡的湍流、变形、失稳、耗散,大幅度减少翼尖涡的生命周期。

参考文献

［1］　Anderson J D. Fundamentals of aerodynamics[M]. 7th ed. New York: McGraw-Hill, 2023.

［2］　Yong T M. Performance of the jet transport airplane: analysis methods, flight operations and regulations[M]. Hoboken：John Wiley & Sons，2017.

[3] 张礼,高正红,杜一鸣.低阻常规布局客机巡航阻力特性研究[J].西北工业大学学报，2020,38(3)：580 – 588.

[4] Szodruch J. Viscous drag reduction on transport aircraft[C]//29th Aerospace Sciences Meeting，Reno：1991.

[5] Houghton E L，Carpenter P W，Collicott S H，et al. Aerodynamics for engineering students[M]. 7th ed. Oxford：Butterworth-Heinemann，2017.

[6] Spalart P R. Airplane trailing vortices[J]. Annual Review of Fluid Mechanics，1998，30：107 – 138.

[7] 中华人民共和国国务院.国务院关于促进民航业发展的若干意见[EB/OL].（2012 – 07 – 12）. https://www. gov. cn/zwgk/2012-07/12/content_2181497. htm.

[8] 许敏,党铁红,叶叶沛,等.中国市场直接运营成本（DOC）计算方法研究与应用[J].民用飞机设计与研究,2010(4)：45 – 50.

[9] Lin J C. Review of research on low-profile vortex generators to control boundary-layer separation[J]. Progress in Aerospace Sciences，2002，38(4 – 5)：389 – 420.

[10] Jirasek, A. Vortex-generator model and its application to flow control[J]. Journal of Aircraft，2005，42(6)：1486 – 1491.

[11] Velte C M，Hansen M O L. Investigation of flow behind vortex generators by stereo particle image velocimetry on a thick airfoil near stall[J]. Wind Energy，2013，16(5)：775 – 785.

[12] Nikolaou I G，Politis E S，Chaviaropoulos P K. Modelling the flow around airfoils equipped with vortex generators using a modified 2D Navier-Stokes solver[J]. Journal of Solar Energy Engineering，2005，127(2)：223 – 233.

[13] Dudek J C. Modeling vortex generators in a Navier-Stokes code[J]. AIAA Journal，2011，49(4)：748 – 759.

[14] Braslow A L. A history of suction-type laminar-flow control with emphasis on flight research[R]. 1999.

[15] Chung P-H，Yeh S-I. Aerodynamic effect of an alula-like vortex generator using pressure sensitive paint technique[J/OL]. Frontiers in Physics，2023，11[2023 – 02 – 09]. https://www. frontiersin. org/journals/physics/articles/10. 3389/fphy. 2023. 1127081/full.

[16] Margaris P，Gursul I. Vortex topology of wing tip blowing[J]. Aerospace Science and Technology，2010，14(3)：143 – 160.

[17] Nelson R，Corke T，He C，et al. Modification of the flow structure over a UAV wing for roll control[C]//45th Aerospace Sciences Meeting，Reno：2017.

[18] Sawant S G，Oyarzun M，Sheplak M，et al. Modeling of electrodynamic zero-net mass-flux actuators[J]. AIAA Journal，2012，50(6)：1347 – 1359.

[19] Guha T K，Kumar R. Characteristics of a wingtip vortex from an oscillating winglet [J]. Experiments in Fluids，2017，58：8.

第 13 章　高超声速飞机设计及挑战

本章首先明确高超声速与高超声速飞机的定义,然后解释为什么我们要研究高超声速飞机,进而介绍世界各国对高超声速飞机的研制情况。通过研制情况可见,高超声速飞机设计具有很大的难度,关键是有声障、热障、黑障、高超声速巡航与低速性能之间的尖锐矛盾这几大挑战,针对这些挑战,目前高超声速飞机的研究热点主要是乘波体构型、动力系统设计以及飞发一体化设计。

13.1　高超声速与高超声速飞机的定义

13.1.1　高超声速与高超声速流动

高超声速是指速度远大于声速的状态。在现有研究中,对高超声速的定义通常源于美国国家研究会议对美国空军高超声速规划的评估报告,即大于 5 倍声速($Ma5$)的速度。钱学森对"高超声速"的定义如下。

"高超声速流动是指流体速度远大于小扰动传播速度,即声速的流动场。冯·卡门指出,在许多方面,高超声速流动的动力学与牛顿的颗粒动力学理论相似。因此作用在倾斜表面上的压力比自由流压力大一个量,这个量大约与倾斜角的平方成正比,而不是遵循常规超声速流动的通常线性定律。实际上,桑格尔利用这一概念设计了高超声速飞行在极高速度下的最优机翼和机身形状。"

对高超声速流动范畴最恰当的定义应该如下:随着马赫数的增大,一些在低马赫数时不显著的物理现象逐渐变得越来越重要。通常用马赫数>5 作为高超声速流的一种标志。这种界限并非绝对,流动是不是高超声速流还与飞行器的具体形状有关。对于钝体,马赫数>3 就已经开始出现高超声速流的特征;而对于细长体,马赫数>10 才开始出现高超声速流的特征。值得指出的是,飞行问题的"高超声速"是极大的流体速度造成的;而高超声速风洞中的"高超声速"往往是通过极低声速实现的。声速范围如图 13-1 所示。

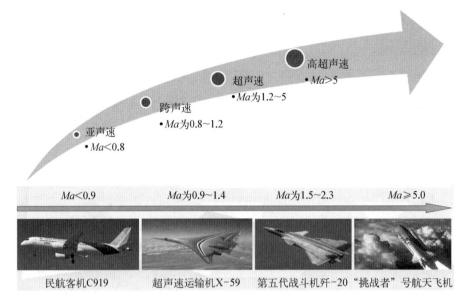

图 13-1 声速范围示意图

13.1.2 高超声速飞机

了解了声速和高超声速的概念之后，我们可以比较容易地理解高超声速飞机的概念，即指飞行速度在马赫数 5 以上的飞机。高超声速飞机的飞行高度较高，一般为 20~40 km，与之相比，通用无人机的飞行高度为 0.2~2 km，小型飞机在 3 km以下，而民航飞机的飞行高度通常不超过 10 km。此外，在现有研究中，高超声速飞机还应该有三方面的约束：一是从地面起飞，高超声速巡航，自主返回地面，且巡航马赫数不低于 5；二是可重复使用；三是携带足够的有效载荷，如载人的民用客机、货物运输机、携带设备的侦察机等。典型的高超声速飞机概念如图 13-2 所示。

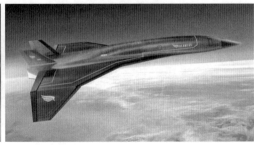

(a) 美国波音公司：未来的高超声速客机　　(b) 美国Hermeus公司：未来的"空军一号"

图 13-2 典型的高超声速飞机概念图

13.2 研究高超声速飞机的目的

近 30 年来,飞机的发展形式逐渐减少,整个行业达到了一个瓶颈。然而,当我们回顾航空百年的发展历史时,我们会注意到,在飞机速度方面的突破往往与航空技术的整体提升相伴而生。因此,高超声速飞机被认为是突破瓶颈的重要方向之一。

13.2.1 颠覆战争:速度就是新的隐身

正所谓"天下武功,唯快不破",以美国 SR-71 飞机为例,该型高空高速侦察机于 20 世纪 60 年代开始服役,其巡航飞行速度高达马赫数 3.3。这种速度对那个时代的防空系统来说,可以视为未来高超声速飞机的水平。因此,这架飞机服役了 17 年,共进行了 3 551 次飞行,却从来没有被击落过,堪称世界航空史上的奇迹。由于高超声速飞机飞行速度极快,因此依托高超声速飞机平台发射的导弹武器射程和弹头能量也会获得大幅提升。

2013 年,美国洛克希德·马丁公司的臭鼬工厂向《航空周刊》独家透露了 SR-71 的后继机——SR-72 打击平台的长期发展计划。这种被美国空军称为 "黑鸟之子"的 SR-72 飞机采用全新的设计理念和大量新技术,特别是具备高达马赫数 6 的飞行速度,不仅能让当今世界现有的防空系统望洋兴叹,还将使未来战争形态发生重大改变。按洛克希德·马丁公司下属臭鼬工厂有关 SR-72 飞机的长期发展计划,新开发的 SR-72 飞机将是一种可担负高超声速情报、监视与侦察(ISR)、攻击等多种任务的作战平台。值得注意的是,SR-72 在设计理念上发生了重大改变,将对现有的防空体系产生重大影响。时任臭鼬工厂副总裁阿尔·罗米格强调:"Speed is a new type of stealth(速度就是新的隐身)。"这与五代战斗机的隐身设计理念完全不同。

13.2.2 人类对"天空自由"的无限追求——更高、更快、更强

在过去的 100 多年里,人类对"天空自由"的追求达到了前所未有的高度,这种追求可以用三个词来概括:更高、更快、更强。从最初的飞行尝试到现代的航空成就,人类在航空技术上取得了令人瞩目的进步。

这一切可以追溯到 1903 年 12 月 17 日,那天奥维尔和威尔伯·莱特两兄弟在美国北卡罗来纳州基蒂霍克完成了他们的"飞行者一号"的首次动力飞行。这架飞机的飞行距离仅为 36.58 m,飞行时间只有短短的 12 s,它却标志着人类历史上第一次有控制的动力飞行。"飞行者一号"的最大速度约为 15.5 km/h,尽

图 13-3　美国 SR-71"黑鸟"侦察机与后续机型 SR-72 对比宣传图

管这个速度现在看来微不足道,但在当时却是革命性的突破。

随后,在 1947 年 10 月 14 日,查尔斯·耶格尔驾驶着由冯·卡门领导的团队设计的 X-1 试验机,成功突破了声障,创造了历史。这次飞行的最大速度达到了惊人的 1 000 km/h 以上,证明了超声速飞行是可行的,并为后来的高速飞行器设计铺平了道路。

早在 20 世纪 30 年代,德国火箭科学家尤金·桑格尔就提出了一个大胆的概念——"银鸟"(Silbervogel),这是一种用于洲际飞行的高超声速飞机。桑格尔的设计理念超前于时代,他设想的"银鸟"能够以大约 6 000 km/h 的速度飞行,这意味着它可以在不到一个小时的时间内跨越大西洋。虽然"银鸟"计划最终没有实现,但它的设计理念和理论为后来的高超声速飞行技术发展奠定了基础。

这些里程碑成就(见图 13-4)不仅代表了人类在航空领域的巨大飞跃,也展示了人类不断探索未知、挑战极限的精神。随着时间的推移,航空技术必将继续以惊人的速度发展。

高超声速飞机作为一种潜在的民用客机,具有改变全球交通格局的巨大潜力,可显著缩短长途旅行时间并提高整体交通效率。这类飞机如果投入商业运营,将会极大地促进国际交流与合作,使得地球真正成为"地球村"。

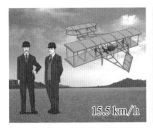

(a) 1903年12月17日，莱特兄弟的"飞行者一号"试飞成功

(b) 1947年10月14日，冯·卡门领导的X-1试验机成功突破声障

(c) 20世纪30年代，桑格尔提出了高超声速飞机概念——"银鸟"

图 13-4　已经过去的 100 年人类对"天空自由"的无限追求

　　例如，"协和"式(Concorde)超声速客机就是一种在 20 世纪下半叶投入商业运营的超声速飞机，如图 13-5 所示。"协和"式的最大飞行马赫数为 2.2，巡航速度可以达到 2.02(约 2 472 km/h)。这样的速度已经超过了晨昏线的移动速度(约 1 670 km/h)，使得跨洋飞行变得非常迅速。从伦敦到纽约的距离大约为5 500 公里，"协和"式可以在约 3.5 h 内完成这段旅程，而传统的亚声速商用飞机需要 7~8 h 才能完成相同的航程。

图 13-5　"协和"式超声速客机

　　然而，"协和"式虽然在技术上是一个巨大的成就，但由于其高昂的运营成本、噪声污染问题以及安全考虑等因素，最终在 2003 年停止了商业服务。"协和"式的出现预示着未来的可能性，即更快、更高效的空中旅行方式。

13.3　世界高超声速飞机发展情况

　　世界各航空航天军事强国早在 20 世纪 50 年代就开始研究高马赫数/高超声速飞机，目前美国在高超声速飞行器研究方面处于世界领先地位，积累了丰富的设计基础。

13.3.1 第一阶段

第一阶段以美国 XB‑70 飞机和苏联 T‑4 飞机为代表(见图 13‑6),XB‑70 远程战略轰炸机最大飞行速度为马赫数 3.1,T‑4 高马赫数战略轰炸机最大飞行速度大于马赫数 3;在气动布局设计方面,均采用远距鸭式三角翼、大长细比机身、双垂尾布局形式。鸭式布局作为升力面/操纵面,可增加起降升力、改善俯仰配平特性;进气道布置在机身腹部,利用高马赫数飞行时进气道前缘压缩斜激波流经三角翼下表面,增加机翼压缩升力;机翼翼尖部分在高速飞行时可向下偏转,抑制机翼下表面高压气流外泄,起到乘波效果,同时可作为腹鳍使用,提高高马赫数横航向稳定性。这两型飞机的研制为高马赫数飞机气动布局设计奠定了基础。

(a) XB‑70　　　　　　　　　　　　　(b) T‑4

图 13‑6　第一代高超声速飞机的探索

13.3.2 第二阶段

第二阶段以美国 SR‑71 飞机为代表(见图 13‑7),最大飞行马赫数为 3.3。在气动布局设计方面,采用大长细比边条机身、大后掠三角翼、翼身高度融合、脊形前体、全动倾斜 V 尾、无平尾布局形式。机身设计采用修形旋成体+边条融合形式,在满足总体布置和低阻力需求的同时,兼顾起降特性与高超声速巡航升阻特性,还能兼顾重心焦点匹配与操稳特性需求;翼身采用高度融合设计,减弱发动机舱与机身的干扰,提高机身气动效率;外翼设计采用边条和薄翼型,低速时可以提供涡升力,有助于实现起降和低速巡航飞行,高速时减小机翼激波阻力。SR‑71 飞机的研制使高马赫数飞机的常规气动布局设计技术和宽速域增升减阻技术得到突破。

图 13 - 7　美国著名的 SR - 71"黑鸟"高空高速侦察机

13.3.3　第三阶段

第三阶段以美国波音公司提出的 Manta 以及洛马公司提出的 SR - 72 等水平起降临近空间高超声速飞机为代表。2007 年,波音公司启动 Manta 计划(见图 13 - 8),研制临近空间侦察、打击平台项目,最大飞行马赫数为 7。在气动布局设计方面,Manta 采用内外乘波+大后掠无尾飞翼布局形式,前体内外乘波设计,提高宽速域进气道效率和前体升力;大后掠 S 形前缘三角翼设计提高低速非线性涡升力;高效内倾双垂尾设计,同时布置 4 块舵面,提高全速域横航向稳定

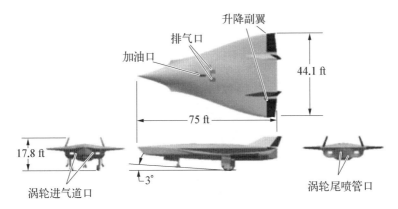

图 13 - 8　美国波音公司提出的 Manta 水平起降临近空间高超声速飞机

性和飞行控制能力。

2014年,洛马公司发布研制 SR‐72 飞机计划(见图 13‐9),研制高超声速情报、监视和侦察(ISR)及打击平台,最大马赫数超过6。在气动布局方面,SR‐72 采用大长细比高脊背机身,大边条、大后掠、小展弦比中单薄机翼,大后掠单垂尾局部乘波翼身融合布局形式,前体下表面在高超声速状态下为进气道预压缩,属于局部乘波设计;前体上表面采用大容量高脊背流线型设计,提高容量、减小阻力;单垂尾布置在大长细比尾锥上,减小机身侧向遮挡,增大高马赫数航向稳定性。

图 13‐9　美国洛马公司发布的 SR‐72 水平起降临近空间高超声速飞机

2018年,美国波音公司首次公开其高超声速飞机方案(见图 13‐10),其瞄准未来高超声速打击和侦察,最大马赫数超过5。气动布局设计采用大长细比

图 13‐10　波音公司的高超声速飞机概念模型

高脊背机身,大边条、大后掠、小展弦比中单薄机翼,大后掠双垂翼身融合布局形式,突出了兼顾低速和跨声速升力、阻力设计的特点。此外,美国通过 X‑7A、X‑20、X‑15、X‑24B、HTV‑2、X‑37B 等飞行试验项目,在升力体、翼身组合体等方面积累了大量经验。

13.4　高超声速飞机设计的几大挑战

高超声速飞行代表着航空技术的一个重要前沿领域,它涉及许多复杂的技术挑战。要实现真正的高超声速飞行,必须克服三大障碍,通常被称为"三座大山":声障、热障和黑障,如图 13‑11 所示。

(a) 声障　　　　　　　　　　(b) 热障　　　　　　　　　　(c) 黑障

图 13‑11　高超声速飞行需要跨越的"三座大山"——声障、热障、黑障(见附图中彩图 12)

13.4.1　声障

声障一词最早出现于 20 世纪 40 年代初期。在第二次世界大战中,战斗机的设计已经相当成熟,虽然还沿用直机翼,但暴露在机外的零件已经很少,飞机外形十分"干净"。当时单台发动机的动力已超过 1 000 hp(1 hp=735.499 W),飞机的平飞速度已达声速的一半;俯冲时,可以超过声速的 0.7 倍。正是在后一种情况下飞机有自发栽头和尾翼强烈抖振现象,使整个飞机有破碎的危险。后来发现,自发栽头是由于翼面附近出现了相当大的超声速区,翼面上吸力区(气压低于大气压的区域,也称"负压区")大大地向后扩展,压力中心显著后移,从而产生很大的低头力矩造成的。翼面上的局部超声速区是以激波为后界的,而激波又引起翼面上的边界层分离;分离流很不稳定,打到尾翼处就会引起尾翼抖振。同时这还使飞机的阻力随马赫数的微小上升而急剧增大,因而人们认为声速是飞行速度进一步提高的不可逾越的障碍。随着飞机外形设计的不断改进(如改用展弦比较小和翼剖面更薄的后掠机翼),推力更大的喷气发动机的制成,声障也就成为一个历史名词。

声障现象是一个统计结果。如果仅仅是因为在声速附近,所以出现声障现象,那么整个飞机均应出现声障现象,因为速度相同。如果说声障造成了液化,那么整个飞机都应在液化环境中。所以用声障来介绍飞机周围的液化现象是不合适的。尽管在声速的时候出现了空气液化的情况,液化仍应该从其自身的产生条件来考虑。当湿度大的空气受到压缩时,空气中的水就会液化。当飞机速度很大的时候,将在迎风面形成高压,高压空气中的水汽沸点升高,就会出现液化现象(见图13-12)。这也可以解释为什么飞机后半部分没有液化现象,因为飞机后部压力低,甚至出现负压,即使前方的水颗粒进入该区域,也会汽化而看不出来。

图13-12　经历声障时的超声速飞机

　　美国对超声速飞机的研究主要集中在贝尔X-1"空中火箭"式超声速火箭动力研究机上。研制X-1的最初意图,是想制造出一架飞行速度略微超过声速的飞机。X-1飞机的翼型很薄,没有后掠角。它采用液体火箭发动机提供动力。由于飞机上能携带的火箭燃料数量有限,火箭发动机工作的时间很短,因此不能用X-1自己的动力从跑道上起飞,而需要把它挂在一架B-29"超级堡垒"重型轰炸机的机身下,升入天空。飞行员在升空之前,已经在X-1的座舱内坐好。轰炸机飞到高空后,像投炸弹那样,把X-1投放出去。X-1离开轰炸机后,在滑翔飞行中,再开启自己的火箭发动机加速飞行。X-1进行第一次空中投放试验是在1946年1月19日;而首次在空中开启火箭动力试飞,要等到当年12月9日才进行,使用的是X-1的2号原型机。又过了大约一年,X-1的首次超声速飞行才获得成功。完成人类航空史上这项创举的,是美国空军的试飞员查尔斯·耶格尔上尉,他是在 1947 年 10 月 14 日完成的,24 岁的查尔斯·耶格尔从此成为世界上第一个飞得比声音更快的人,使他的名字载入航空史册。那是一次很艰难的飞行。耶格尔驾驶 X-1 在 12 800 m 的高空,使飞行速度达到 1 278 km/h,相当于 $Ma_\infty=1.04$。

在人类首次突破"声障"之后,研制超声速飞机的进展就加快了。美国空军和海军在竞创速度纪录方面展开了竞争。1951 年 8 月 7 日,美国海军的道格拉斯 D.558-Ⅱ型"空中火箭"式研究机的速度,达到 $Ma_\infty=1.88$。有趣的是,X-1 型和 D.558-Ⅱ型都被称为"空中火箭"。D.558-Ⅱ也是以火箭发动机为动力,由试飞员威廉·布里奇曼驾驶。8 天之后,布里奇曼驾驶这架研究机,飞达 22 721 m 的高度,使他成为当时不但飞得最快,而且飞得最高的人。接着,在 1953 年,"空中火箭"的飞行速度,又超过了 $Ma_\infty=2.0$,约合 2 448 km/h。人们通过理论研究和一系列研究机的飞行实践,包括付出了血的代价,终于掌握了超声速飞行的规律。高速飞行研究的成果首先用于军事上,各国竞相研制超声速战斗机。1954 年,苏联的米格-19 和美国的 F-100"超佩刀"问世,这是两架最先服役的、仅依靠自身喷气发动机即可在平飞中超过声速的战斗机;很快,1958 年 F-104 和米格-21 又将这一纪录提高到了马赫数 2。尽管这些数据都是在飞机高空中加力全开的短时间内才能达到,但人们对追求这一瞬间的辉煌还是乐此不疲。将"高空高速"这一情结发挥到极致的是两种"双三"飞机:米格-25 和 SR-71,它们的升限高达 30 000 m,最大速度则达到了惊人的马赫数 3,已经接近喷气式发动机的极限。随着近年来实战得到的经验,"高空高速"并不实用,这股热潮才逐渐冷却。

13.4.2　热障

随着飞行速度进一步提高,机身与空气的摩擦效应将产生巨大热量,这导致飞行器表面温度急剧升高,高温会大大降低机身材料强度,严重时,还能将飞行器表面烧穿,造成机毁人亡。2003 年,美国"哥伦比亚"号航天飞机失事,其原因是用于隔热的瓦片脱落,脱落后造成机身下游流动状态紊乱,形成湍流,湍流传递热量的能力极强,使"哥伦比亚"号机身被烧穿,7 名宇航员全部遇难。因此,高温对飞行器自身的热承载能力来说无疑是一个巨大的考验。高速带来的高温似乎成为一道不可逾越的障碍,这便是热障(见图 13-13)。

研究表明,热障出现的速度大概在马赫数 2.2 附近,超过这个速度之后,热障会出现趋势反转的现象,也就是说,超过马赫数 2.2 以后,虽然产生的热量更

图 13-13　航天器再入大气层的热障现象

多了,但与此同时散热能力也更强了。因此,热障出现的临界速度至关重要。为了使飞行器扛得住高温的考验,研发了耐高温且轻便的陶瓷材料,将其做成隔热瓦片,敷在飞行器表面,这属于被动防热。与被动防热相对应的还有主动防热,比如使用主动冷却系统,及时将热量带走,防止热量积蓄。例如美国的 X-43A(飞行速度达到马赫数 7,约等于 8 568 km/h),便使用水冷系统。而对于温度更高的情况,以上防热措施失效,比如"阿波罗"号在 52 km 高空时,速度为马赫数 36,此时飞行器头部温度大概为 10 000℃,没有任何一种材料禁得住这种温度。为了保护飞行器,只能弃卒保车,给飞行器的头部"戴"上一层容易被烧蚀的材料,材料被烧蚀后会变成熔融状态,之后汽化,不管是熔融还是汽化,都会吸热,从而保证了飞行安全。

热障的出现使空气动力学诞生了一个新的分支学科——气动热力学。它主要研究气动外形、飞行速度、边界层、大气环境等因素对飞机加热的影响,并为突破热障提供飞机外形设计指导。

13.4.3　黑障

黑障是发生在大气层的一种特有现象。当卫星、航天飞船、洲际导弹等空间飞行器以很高的速度再入大气层返回地球时,在一定高度和一定时间内与地面的通信联络会严重失效,甚至完全中断,这就是黑障。黑障区大约出现在地球上空 35~80 km 的大气层间。宇宙飞船在通过黑障时,船体外壳将达到 2 000℃ 的高温,高温一是有可能会使船体框架变形,导致坠毁;二是会使飞船丧失与外界的无线电联系,地面人员无法得知飞船的实时状况。

　　黑障是怎样形成的呢? 我们知道,所有飞行器返回大气层的时候,飞行速度极高,可以达到声速的十几倍到数百倍,这就使飞行器的前端形成了一个很强的激波。由于飞行器头部周围激波的压缩和大气的黏度作用,使高速飞行的动能大量转化为热能。由于气动加热,贴近飞行器表面的气体和飞行器材料表面的分子被分解和电离,形成一个等离子层。由于等离子体具有吸收和反射电磁波的能力,因此包裹飞行器的等离子层实际是一个等离子电磁波屏蔽层。所以当飞行器进入被等离子体包裹的状态时,飞行器外的无线电信号进不到飞行器内,飞行器内的电信号也传不到飞行器外,一时间,飞行器内外失去了联系。此时,地面与飞行器之间的无线电通信便中断了(见图 13 - 14)。

图 13 - 14　高超声速飞机导致的空气电离现象

　　随着飞行器高度的下降,当速度降低到一定程度时,不再有足够的温度使气体分子电离,等离子体层解除,黑障就会消失。在黑障区,由于返回舱与地面控制中心片刻失去通信,且与大气层的摩擦会产生上千摄氏度的高温,因此这段时间宇航员最危险。如果不采取防热措施,宇航员将无法承受,返回舱结构也会受损毁。以前的宇航员无防范,万一因为太空船在这里烧毁就会殉职。现今的宇航员必须穿着宇航服经历黑障区。

　　黑障的范围取决于再入体的外形、材料、再入速度,以及发射信号的频率和功率等。黑障区给载人飞船再入返回时的实时通信和再入测量造成困难。从20世纪50年代起,人们就开始研究黑障及其消除方法。一方面通过设计比较理想的再入体的外形和喷洒某种消除等离子材料来消除或减弱等离子鞘;另一方面改良通信与测量的方法和设备,以减弱黑障区的影响,例如,提高信号的频率和功率,将天线安装在等离子鞘最薄的位置等。但是这些方法只能缩短信号中断的时间,还不能完全解决再入黑障问题。另一种设想是用毫米波或激光穿透等离子鞘来解决再入通信中断问题。

目前并没有特别有效的解决黑障的方案。根据黑障的概念,解决黑障的思路无外乎两个:一个是消除或者减弱等离子体层,另一个是增强通信信号强度。第一种思路通过喷涂某些消除等离子体的材料来实现。第二种思路是通过提高信号频率和功率,将天线安装在等离子体层最薄弱的部位。但整体来说,以上两种思路都不能彻底消除黑障,只是会一定程度上缩短信号中断的时间。

13.4.4　高超声速巡航与低速性能之间的尖锐矛盾

一方面,为满足高超声速飞机在常规机场水平起降的设计要求,需要飞机在低速时拥有较好的升力特性,考虑到低速时的升力机制,主要通过调整机翼参数来满足设计要求。一般需要采用大展弦比机翼、较小的机翼后掠角和起飞翼载。为减少气流分离,翼型相对厚度一般也较大。同时,还需要足够的垂尾面积,以保证飞机离地抬头时的横航向稳定性。而在高速巡航时,飞机升力主要来自机身,机翼设计要求较低的气动阻力来满足航程要求。而大展弦比机翼会导致激波打到翼面造成额外的激波阻力,同时为保证亚声速前缘,机翼后掠角也普遍大于70°,机翼面积进一步减小,翼型相对厚度和垂尾面积也需要降低。这些气动布局设计的矛盾点制约了飞机外形参数的选择,使飞机的高低速性能无法同时达到最优,如表13-1所示。

表 13-1　各类飞机机翼展弦比及后掠角的对比

飞 机 类 型	机翼展弦比	机翼后掠角/(°)
涡桨支线客机	11.0~12.8	0~25
喷气运输机	7.0~9.5	25~37
公务机	5.0~8.8	0~25
超声速战斗机	2.5~5.0	40~60
高超声速飞机	<1.5	>70

另一方面,高超声速飞机在高速飞行时的升阻比对其航程至关重要,同时受限于目前动力系统的技术水平,巡航时的推阻平衡也是设计难点之一。因此,在进行气动布局设计时,要求飞机在高速下具有较高的升阻比和较低的气动阻力,机身设计趋于扁平化,尽量减少飞机的横截面积,机翼厚度也相对较小。随着飞行速度的增加,飞机的升阻比上限逐渐降低,如传统飞机在马赫数 0.8 巡航,升阻比一般为 10 左右;SR-71 的巡航速度提高到马赫数 3.3,其巡航升阻比为6.5 左右;而以马赫数 5 巡航的高超声速飞机的巡航升阻比只能达到 4.5~5.0。同时,高速飞行时使用的冲压发动机比冲也仅有 900~1 000 m/s,明显低于传统涡轮动力发动机比冲(3 600 m/s)。

为满足航程要求,高超声速飞机的机内载油系数较高,如波音公司提出的Manta 高超声速飞机方案,如图 13-15 和图 13-16 所示。其机内载油系数高

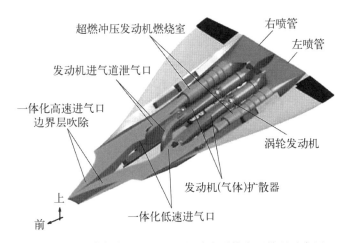

图 13-15　波音公司 Manta 飞机动力系统布置情况示意图

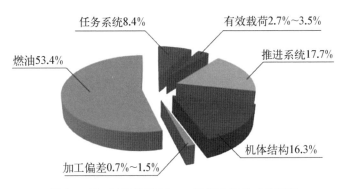

图 13-16　波音公司 Manta 飞机质量构成示意图

达 0.53,远高于常规超声速飞机的 0.25~0.35,因此需要飞机拥有较大的内部容积。而高速飞行带来的气动热问题,又会使结构进一步挤占机内空间,机翼也因厚度、隔热等原因无法装载燃油,各方面因素的综合作用导致机内装载空间严重不足。高超声速飞机的气动布局设计难以兼顾低阻力的外形和大容积需求的矛盾。

13.5 高超声速飞机关键设计因素的变化及主要原因

13.5.1 升力机制的变化

飞机的升力依靠其上下表面的压力差产生,在高低速飞行时的升力组成情况明显不同,图 13-17 给出了某型高超声速飞机概念方案在不同马赫数下的部件升力对比。

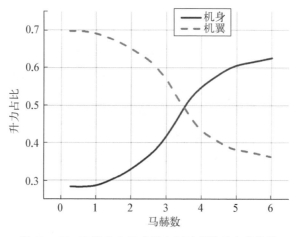

图 13-17 飞机升力组成随飞行马赫数的变化情况

在低速飞行时,飞机升力主要由环量升力理论来确定,根据库塔-茹科夫斯基升力环量定律,对于理想流体下任意物体的绕流,只要存在速度环量,就会产生升力。而从升阻比的角度考虑,翼型形状的升阻比较高,因此低速飞机主要依靠机翼来提供升力,机身则主要用来提供足够的容积。后续发展的飞翼布局和翼身融合布局也是在满足飞机容积的情况下,尽可能利用翼型形状来提高整机的升阻比。低速飞机的机翼升力约占全部升力的 70%,飞机升力特性主要靠调整机翼设计参数来满足,不同学科间的耦合较小。而在高超声速巡航飞行时,主要依靠全机迎风面压缩/背风面膨胀来提供升力,传统布局则不足以提供足够的升阻比,因此高超声速飞机的气动布局主要以乘波体为主,如美国的 X-43、X-

51 等验证机。乘波体构型在高超声速飞行时产生的弓形激波可以很好地附着在前缘上,使激波后的高压区域局限在下表面,从而产生比常规构型高得多的升阻比。乘波体的形成主要以机身为主,机身的升力占全机升力的 65% 左右,因此高超声速飞机的升力主要由机身提供。同时,机身的设计又与进排气系统相互耦合,使得飞机在不同姿态下的升力变化更为复杂。升力机制的变化使高超声速飞机气动布局设计难以兼顾高速和低速飞行的性能要求。

13.5.2　动力形式变化

为满足大空域宽速域飞行包线要求,需要采用组合动力方案。传统飞机飞行高度一般为 0～20 km,最大速度为马赫数 2.5 左右,单一涡轮动力即可满足要求。高超声速飞机空域扩展至约 30 km,最大速度超过马赫数 5,而涡轮动力受涡轮前温度限制,在现有成熟预冷技术下最多仅能够使用到马赫数 3,飞行速度再提高只能使用冲压发动机,在飞行马赫数大于 3 时,其进气道的冲压增压已能够代替涡轮发动机压气机的增压作用,同时可以避免相关的涡轮发动机部件被高温热流破坏。现有宽速域高超声速飞机普遍采用涡轮＋冲压等组合动力方案,额外增加的动力系统不仅造成了质量代价,一般还会带来更大的横截面积并挤占内部装载空间,使飞机难以兼顾动力和低阻力、大容积率的设计要求。高超声速飞机动力选择如图 13 - 18 所示。

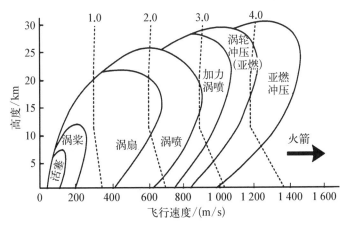

图 13 - 18　高超声速飞机动力选择

13.5.3　飞发一体化设计

高超声速飞机一般采用冲压发动机作为高速飞行时的动力形式,为满足推阻平衡、提高整机升阻比、降低结构质量,发动机的进排气设计与机身设计高度一体化,SR-72 的并联组合动力系统如图 13-19 所示。

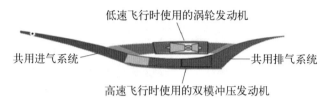

图 13-19　美国 SR-72 飞机涡轮基组合循环动力系统组成示意图

机身前体作为进气道的预压缩面对来流进行减速增压,同时会产生压缩升力和抬头力矩;机身后体作为尾喷管的膨胀面对尾喷流进行加速降压,同时会产生压缩升力和低头力矩。并且在高速飞行时,推进系统约 70% 的推力由进气道和尾喷管产生,机身外形的设计与进排气系统紧密耦合,其设计结果对飞机的升阻力、操稳特性、动力特性等方面影响较大,一体化设计难度高,图 13-20 给出了某型高超声速飞机概念方案的动力系统在不同马赫数下各部件的推力占比。

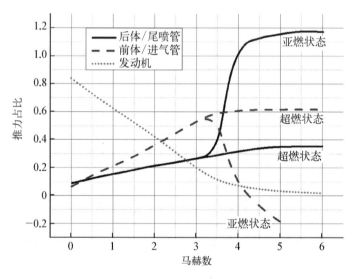

图 13-20　冲压发动机推力组成

参考文献

［1］　Tsien H S. Similarity laws of hypersonic flows［J］. Journal of Mathematics and Physics,1946,25(1-4):247-251.

［2］　Zuo F Y, Mölder S. Hypersonic wavecatcher intakes and variable-geometry turbine based combined cycle engines[J]. Progress in Aerospace Sciences，2021，106：108 - 144.

[3]　王江峰，王旭东，李佳伟，等. 高超声速巡航飞行器乘波布局气动设计综述[J]. 空气动力学学报，2018，36(5)：705 - 728.

[4]　Bulman M，Siebenhaar A. Combined cycle propulsion：aerojet innovations for practical hypersonic vehicles［C］//17th AIAA International Space Planes and Hypersonic Systems and Technologies Conference. San Francisco：2011.

[5]　Explore the world of Concorde with heritage Concorde［G/OL］. https：//www. heritageconcorde. com/.

[6]　Kucher P R. SR - 71 flight manual［R/OL］. https：//www. sr-71. org/blackbird/manual/.

[7]　Whitcomb R T. A study of the zero-lift drag-rise characteristics of wing-body combinations near the speed of sound[R]. 1956.

[8]　Whitcomb R T，Fiscetti T L. Development of a supersonic area rule and an application to the design of a wing-body combination having high lift-to-drag ratios[R]. 1953.

[9]　Jones R T. Theory of wing-body drag at supersonic speeds[R]. 1956.

[10]　Jumper E J. Wave drag prediction using a simplified supersonic area rule[J]. Journal of Aircraft, 1983, 20(10)：893 - 895.

[11]　Carlsen W D. Development of transonic area-rule methodology[J]. Journal of Aircraft, 1995, 32(5)：1056 - 1061.

[12]　Nonweiler T R F. Aerodynamic problems of manned space vehicles［J］. The Aeronautical Journal，1959，63(585)：521 - 528.

[13]　Kuchemann D. The aerodynamic design of aircraft[M]. Oxford：Pergamon Press, 1978.

[14]　左林玄，张辰琳，王霄，等. 高超声速飞机动力需求探讨[J]. 航空学报，2021，42(8)：70 - 86.

[15]　马松，林鹏，左林玄，等. 并联 TBCC 动力对高超声速飞行器性能的影响[J]. 国防科技大学学报，2019，41(2)：1 - 7.

[16]　Cone C D Jr. The theory of induced lift and minimum induced drag of nonplanar lifting systems[R]. 1962.

[17]　Birch D，Lee T，Mokhtarian F，et al. Structure and induced drag of a tip vortex[J]. Journal of Aircraft, 2004, 41(5)：1138 - 1145.

第14章　未来飞机趋势：新能源飞机还是核动力飞机

人类对飞行的渴望可以追溯到古代神话和传说,如伊卡洛斯和代达罗斯的故事。在现实世界中,人们一直梦想着能够像鸟一样自由飞行,实现在空中自由翱翔的愿景。随着科技的不断进步,人类不断地探索和创新,这一愿景终于在18世纪实现了。在人类一开始飞行时,我们期望能够实现自由、快速和方便的交通。我们希望像鸟一样自由飞行,摆脱地面的束缚,这反映了人类对无拘无束的生活方式的渴望。我们期望能够随时随地飞往世界各地,观赏不同的风景,体验不同的文化,这将为我们带来更多的快乐和便利。除了个人出行的便利外,人类也期望飞行能够带来更多的商业机会和经济发展。我们期望能够借助飞行器实现更快速、更高效的物流运输,缩短交货时间,降低运输成本,提高商业效率和竞争力。同时,我们也期望能够借助飞行器实现更多的旅游资源和生态保护,推动经济发展和生态平衡。除此之外,人类还期望借助飞行器实现更加遥远和广阔的探索和发现。我们希望通过飞行器能够探索未知的星球、发现新的天体,这将为我们带来更多的科学知识和对宇宙的更深入了解。

14.1　飞机形式的发展回顾

14.1.1　早期探索

早在古代,人们就有了飞行的梦想。在中国,有孔明灯和风筝等飞行器的传说;在古希腊,有阿基米德的螺旋桨和达·芬奇的扑翼机等设计。然而,这些设计都没有真正实现飞行器的飞行,古代人类对飞行的尝试仅仅是一种向往。

文艺复兴时期著名的意大利艺术家和科学家达·芬奇在他的笔记和绘画中提出了许多关于飞行器的概念和定义。他对飞行器的理解主要表现在他的一些飞行器设计和飞行器概念上,其中最著名的是他的"飞翔器"(flying machine)或

"飞行装置"(aerial screw)。达·芬奇的飞行器定义基于他对鸟类飞行的观察和对人类飞行的设想。他认为人类可以通过模仿鸟类的飞行方式来实现飞行,尽管他的具体设计在当时并没有得以实现。达·芬奇的飞行器设计概念通常包括一个由轴和螺旋形桨叶构成的旋转装置,这个装置通过旋转产生升力,使飞行器能够升空。他认为这种设计可以模仿鸟类挥动翅膀的方式实现飞行。然而,达·芬奇的这些设计从未在他的生活中得以实现,因为他的时代缺乏足够先进的材料和动力技术来制造飞行器。尽管达·芬奇的飞行器设计并没有直接促成飞行器的发明,他基于鸟类设计飞行器的概念和思考仍对后来的飞行器研究和发展产生了影响,为飞行器技术的进步奠定了基础。

18 世纪末,法国物理学家蒙哥尔费(Montgolfier)兄弟成功制造出世界上第一架热气球,通过加热空气来使气球升空。1783 年,他们成功地将一架人造气球送上了天空,这标志着人类历史上第一次有物体脱离地面飞行。这个事件被认为是飞行器形式发展的起点。

直到 19 世纪末 20 世纪初,人们才开始对真正的飞行器进行探索。其中,最为著名的是莱特兄弟的飞行实验。1903 年 12 月 17 日,莱特兄弟成功地进行了世界上第一次有人驾驶的飞行,使用了双翼飞机,采用了螺旋桨发动机和可操纵的尾翼等先进技术,实现了持续的飞行。

14.1.2　早期飞行器

在莱特兄弟的飞行器之后,许多其他的飞行器形式也被不断探索和发展。其中,最为著名的是多尼尔的硬式飞机和塞普赖斯的单翼机。多尼尔的硬式飞机采用了硬式机体、双翼结构推进式螺旋桨发动机,具有较高的飞行速度和稳定性,成为当时的主流飞行器。塞普赖斯的单翼机则采用了单翼结构和下单翼布局,具有较高的机动性和空中稳定性,成为后来的单翼机的先驱。

14.1.3　现代飞行器

随着科技的不断进步,现代飞行器也逐渐发展出来。其中,最为常见的是喷气式飞机和超声速飞机。喷气式飞机采用了涡扇发动机和高速喷气技术,具有较高的飞行速度和续航能力,成为现代民用航空的主流机型。超声速飞机则采用了超声速飞行技术,具有比喷气式飞机更快的飞行速度和高超声速技术的前景,但同时也面临着较大的空气阻力和油耗等问题。

除了喷气式飞机和超声速飞机,还有许多其他的飞行器形式也在不断发展。例如,倾转旋翼机和高超声速导弹等。倾转旋翼机具有直升机和固定翼飞机的优点,可以在垂直起降和高速飞行之间自由转换,具有广泛的应用前景。高超声速导弹则是一种具有高速和高机动性的导弹,可以用于打击远距离的目标。

纵观整个飞行器发展历程,有一个愿景一直贯穿人类对于飞行的探索,也就是能够像鸟一样以尽量少的能量换取尽可能长的航程,甚至最终实现全天候飞行的理想目标。

14.1.4 解耦飞机设计理念

凯利·约翰逊(Kelly Johnson)是洛克希德飞机公司的著名工程师和设计师,他在飞行器设计领域有着杰出的贡献,将"解耦飞机设计"(decoupled aircraft design)这一理念在飞机设计中发扬光大。解耦飞机设计的基本理念是将飞机的不同任务和功能模块分离,使飞机的各部分可以独立进行优化和改进,而不会相互干扰。这种设计方法的目标是实现更高的性能、灵活性和可维护性。

以下是解耦飞机设计理念的一些关键特点。

(1) 模块化设计:飞机被分成多个模块或部分,例如机身、机翼、发动机、座舱等。每个模块都可以独立设计、改进和维护。

(2) 替代性模块:解耦设计考虑了不同任务需求下的替代性模块。这意味着可以根据任务的不同,更换适当的模块,以实现最佳性能。

(3) 高度灵活性:解耦设计允许飞机的各个方面进行调整,以满足不同的任务需求,例如改变机翼类型、安装不同类型的发动机等。

(4) 易于维护:模块化和替代性模块使飞机更容易维护和升级,减少了停飞时间和维护成本。

凯利·约翰逊通过应用解耦飞机设计理念,带领洛克希德飞机公司成功设计了多款标志性的飞机,包括 U-2 侦察机和 SR-71"黑鸟"侦察机等,这些飞机在其所属领域内取得了卓越的成就。这种飞机设计方法的重要性在现代飞机工程中仍然存在,因为它有助于提高飞机的性能、可维护性和多任务适应性。

不过"解耦"这一设计理念也在一定程度上制约了飞行器的进一步发展,当人们秉承着这一理念对飞行器进行设计时,过度关注了更大推力所带来的好处,衍生发展出了诸如火箭、核动力飞机等使用场景相对极端的飞行器,相对来说偏离了人类最初对于飞行器的设计参照,也就是鸟。鸟、昆虫、鱼等自然界中诸多能够高效飞行、高效推进的生物,从来不会将实现推进的部分单独解耦出来,整体性是它们实现理想推进情况不可或缺的一环。这也引出了对目前的飞行器发展以及未来愿景的一个总结,也就是从达·芬奇以鸟为指导思想提出飞行器的概念,到凯利·约翰逊的解耦思想使人们能够实现飞行甚至让推力达到了极致,再回到对飞行器的设计初衷:耦合成一个整体的高效飞行设计思想,真正地实现像鸟一样低能耗、长航程的持久绿色飞行。

14.2　核动力飞机

从莱特兄弟的第一次飞行到现代商业航空的蓬勃发展,人类一直在不断探索和创新,推动飞行领域向前迈进。然而,随着环境问题和能源危机日益凸显,传统的航空动力系统也开始面临挑战。在这个背景下,核动力飞机这一概念逐渐走入人们的视野,被赞誉为"全天候飞行的铁鸟"。这也是凯利·约翰逊在提出"解耦"设计理念后,人们对推力、能量最大化的一次尝试。本节将深入探讨核动力飞机的原理、人类的尝试、种类和区别,以及其优势与弊端。

14.2.1　核反应提供能量的原理

核反应是一种原子核发生变化的过程,从而释放出巨大的能量。这种能量的释放是通过核裂变或核聚变两种基本反应来实现的。

1) 核裂变

核裂变(nuclear fission)是指重核(通常是铀、钚等)被撞击或吸收中子,导致核裂变成两个或更多轻核的过程。在核裂变过程中,大量的能量被释放出来,同时也会产生中子和其他粒子。这些释放的中子又可以继续引发其他核裂变反应,形成一个连锁反应,释放更多的能量。

例如,一种常见的核裂变反应是铀-235 的核裂变,其中铀-235 核吸收一个中子后裂变成两个轻核碎片、中子和能量。这些碎片的总质量小于铀-235 核的质量,这个质量差转化为能量,遵循爱因斯坦的质能方程 ($E = mc^2$),其中 E 代表能量,m 代表质量,c 代表光速。

2) 核聚变

核聚变(nuclear fusion)是指两个或多个轻核聚合成一个更重的核的过程。在核聚变过程中,需要克服两个原子核的静电斥力,因此需要非常高的温度和压力。核聚变通常在恒星的核心(如太阳)中发生,是太阳等恒星维持能量平衡的机制之一。

在核聚变中,轻核,如氢的同位素氘(D)和氚(T)聚合成氦(He),释放出大量的能量。核聚变的能量密度远远超过化学反应,是一种潜在的清洁、高效的能源来源。然而,目前实现可控核聚变仍然存在技术上的挑战,因为需要超高温和高压来维持核聚变反应,同时需要解决能量输出大于能量输入的问题。

核反应的能量释放与爱因斯坦的质能方程($E=mc^2$)密切相关。这意味着微小的质量变化可以转化成巨大的能量释放,这就是核能释放的原理。这种能量释放的巨大性质使核反应在核动力飞机等高能应用中具有潜在的应用价值。

14.2.2　核动力飞机的发展历史

大家都知道核动力航母和核动力潜艇,还有俄罗斯的核动力巡洋舰,它们共同的特征就是与外部无物质交换,不会造成明显的辐射危害。但是一提到核动力飞机,人们一定会以为这是未来的新式武器,其实核动力飞机早在"冷战"时期就已经出现,"冷战"时期世界进入核子时代,美苏两大阵营都对核武器怀有疯狂的热忱,双方研发的武器都尽量向核武器看齐。

美国在"冷战"时期为了能够获得一种实现长航时、高速飞行以及覆盖全球范围的新型军事工具,开始积极尝试开发核动力飞机。在 20 世纪 50 年代初,美国启动了一个名为"核动力飞行器项目"(Nuclear Aircraft Program)的计划。这个项目的目标是将核反应堆嵌入飞机以提供持续的动力,从而使飞机能够实现长时间飞行,甚至在空中停留数周。美国空军和海军都投入了大量资源用于这个项目的研究。

其中,一个重要的组成部分是康维尔 X-6 项目,该项目是为了测试核反应堆在高空环境下的性能。康维尔 X-6 实际上是一个用核能供电的热交换器,旨在验证核动力系统的可行性。然而,由于核反应堆的质量、辐射风险以及核材料的安全问题,这个项目没有到实际的飞行阶段。

除此之外,B-36 核动力轰炸机(康维尔 B-36)是美国在"冷战"时期研发的一种战略轰炸机(见图 14-1),虽然并非直接使用核动力,但在设计和概念上与核动力飞机有关。B-36 是 20 世纪 40 年代晚期至 50 年代中期的一款巨型轰炸机,被认为是当时最大的军用飞机之一。

B-36 被称为"飞行的巨人",其翼展达到了 230 ft(约 70 m),是当时世界上翼展最大的飞机。这使 B-36 能够携带大量燃料和弹药,实现远程飞行。B-36 装备了 6 个发动机,使其能够在不同的飞行阶段实现较高的速度和较长的航程。B-36 并没有使用核反应堆作为动力系统,而是采用了传统的内燃发动机。然而,它的巨大尺寸和远程飞行能力与核动力飞机的概念有一定的联系。在 B-36 的设计初期,有人曾考虑将核反应堆作为辅助动力装置,以提供额外的电力和推进力。但由于技术和安全问题,这个概念未能实现。

图 14-1　B-36 核动力轰炸机

　　1955 年 12 月的一天，苏联间谍从美国获得一份情报，情报上说，美国已经把小型化的核反应堆放到 D-36H 轰炸机上，但是还没有完全利用核能驱动飞机。两大阵营在"冷战"时期，无论在什么方面都会一争高低，苏联担心在这一方面落后于美国，于是加紧了研制核动力飞机的进程。图-119 项目最初在 20 世纪 50 年代末启动，计划使用一种称为图-95LAL（LAL 代表"летающий атомный лабораторный"，即核动力试验飞机）的飞机进行核动力试验（见图 14-2）。该飞机的设计目标是将核反应堆置于飞机的尾部，通过核反应来加热和喷射工作流体，从而提供推力。这个项目旨在验证核动力飞机的可行性，以便实现长时间飞行和持续巡航。

图 14-2　图-95LAL 核动力试验飞机

接下来图-119 核动力飞机应运而生(见图 14-3),它的动力为 NK-14A 核动力涡桨发动机,机长 46.17 m,翼展为 50.04 m,最大飞行速度为 800 km/h,机组成员 9 人,设计之初的型号为图-95,其反应堆安装在弹仓内,周围以铅和塑料隔层作为屏蔽,飞机周身布满放射探测器,1961 年伊始至同年 8 月,图-95 共进行了 34 次飞行,飞行试验的结果令人鼓舞,所以真正使用核动力发动机的图-95 的改型设计工作也随后开始。

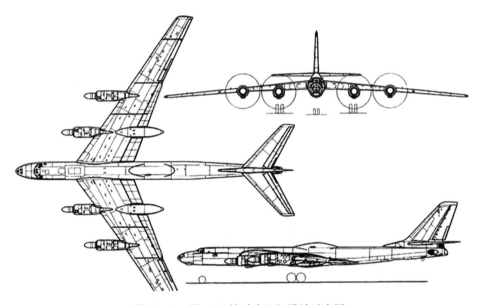

图 14-3 图-119 核动力飞机设计示意图

为了减少核反应堆的致命核辐射对机组人员和地勤人员的伤害,反应堆被厚重的重金属防护罩层层包裹,设计师还在图-119 的驾驶舱和反应堆所在的动力舱之间加装了两道密闭隔离门,密闭隔离门由重金属、铅、橡胶等复合材料构成,对反应堆发出的核辐射有较好的屏蔽效果。

在测试过程中,苏联科学家采集到的数据显示,该机理论上可以绕地球连续飞行 80 圈,因而又有了一个外号:"永不停息的铁鸟",但图-119 也仅仅是进行了 34 次试飞之后,项目就下马了。究其原因,核反应堆整体小型化以适应轰炸机结构的难度重重,散热问题也没有解决,加之试飞机组人员曾出现了核辐射的腐蚀反应,政府高层也担心,一旦飞机出现意外,将会造成巨大的核污染,而且 20 世纪 60 年代以来,核打击的重点已经放到远程弹道导弹上,最终使苏联放弃了核动力轰炸机项目。

14.2.3　核动力航空发动机的种类区分

核动力航空发动机是一种将核能应用于飞机推进的概念,尽管在实际应用中面临许多技术、安全和环境挑战,但仍然有不同的设计和原理。核动力航空发动机可以按照原理分为核裂变动力和核聚变动力航空发动机,或者按照热能动能转化方式分为直接空气循环和间接空气循环两种核动力航空发动机。

核裂变动力航空发动机通过利用核反应堆产生的裂变反应来加热和喷射工作流体,从而产生推力。核裂变反应释放的能量密度高,可以提供持续的高温和高速气流,适合于长航程飞行。相对于传统燃烧动力,核裂变发动机的燃料更为丰富,具有更长的航程和更大的续航能力。核裂变发动机理论上可以实现较高的速度,因为其能量密度远远超过传统的燃料。不过核裂变反应需要严格的辐射控制,避免核泄漏对机组人员和环境的危害。核反应堆的质量和体积大,可能影响飞机的设计、性能和机动性。

核聚变动力航空发动机的概念是利用核聚变反应产生的能量来产生推进力。核聚变反应的能量密度极高,是所有核反应中最高的,因此理论上可以提供更为强大的推力和速度。核聚变反应使用轻核,如氢同位素氘和氚,燃料更为丰富,产生的废物相对较少。不过人类目前仍然无法实现可控核聚变,需要克服高温、高压等技术难题。核聚变反应需要极高的温度和压力来维持,要求特殊的材料和冷却系统。除此之外还需要解决能量转化、反应控制等问题。

直接空气循环核动力航空发动机的核心概念是将空气直接通过核反应堆加热(见图 14 - 4),然后喷射出去以产生推力。这种设计的发动机允许空气通过核反应堆的燃烧室,然后通过喷嘴排放出来,产生高速的气流以产生推进力。直接空气循环发动机的优势在于简化了热交换系统,从而提高了效率。然而,直接空气循环核动力航空发动机也面临着许多挑战。

(1) 核反应堆需要足够的热交换表面,以确保空气能够充分加热。

(2) 辐射控制和安全问题需要严格考虑,以避免核泄漏对机组人员和环境造成威胁。

(3) 高温和辐射环境可能对发动机材料和结构造成损害,需要开发耐高温材料。

间接空气循环核动力航空发动机的设计概念与直接空气循环类似(见图 14 - 5),但在核反应堆和空气之间引入了一个传热介质。核反应堆将热能转移到传热介质,然后该介质通过热交换器将热能转移到空气中,最终产生推进

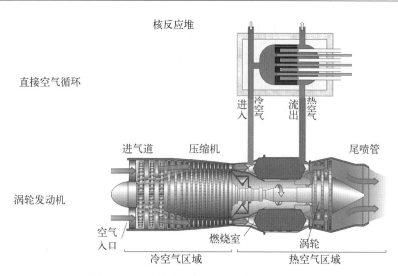

图 14-4 直接空气循环核动力航空发动机

力。这种设计可以有效地隔离核反应堆和空气,从而减少对发动机材料的损害。间接空气循环核动力航空发动机的优势和挑战如下。

(1) 更好的辐射控制和安全性,因为核反应堆与空气之间有一个隔离层。

(2) 较少的材料损害,因为核反应堆不直接与空气接触。

(3) 介质传热和热交换器的设计和性能是关键,需要克服传热效率和耐久性的问题。

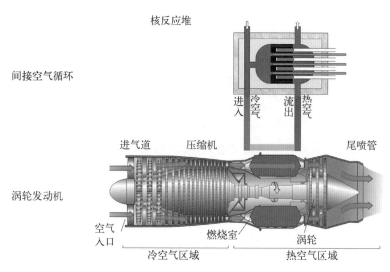

图 14-5 间接空气循环核动力航空发动机

需要注意的是不论是以上描述的哪一种核动力航空发动机，它们都面临复杂的技术挑战，包括核反应堆设计、热管理、辐射控制、材料耐久性等。这些挑战需要克服，才能实现核动力航空发动机的实际应用。

14.2.4　核动力飞机的优势和弊端

总的来说，在考虑核动力飞机的优势和弊端时，需要综合考虑技术、安全、环境和经济等多个方面。

优势如下。

（1）长航时能力：核动力飞机的核心优势之一是其可能拥有非常长的航行时间。核能的能量密度远高于传统燃料的，核动力飞机可能能够在空中停留数周，从而对侦察、监测和远程任务非常有利。

（2）高速飞行：核动力发动机可能提供更高的推力，使飞机能够以更高的速度飞行。这将使飞机更快地覆盖距离，缩短飞行时间，增加快速部署的能力。

（3）燃料可持续性：核动力不依赖于有限的化石燃料资源，因此具有更好的能源可持续性。这将减少对石油供应的依赖，并在环境上产生更小的碳足迹。

（4）减少补给需求：由于核动力飞机可能具有长航时和高速飞行的特性，它们将减少对基地和补给站的依赖，增加在远程和偏远地区执行任务的能力。

（5）战略威慑：若核动力飞机能够实现长航时和全球覆盖范围，则它们可能成为强有力的战略威慑工具，对潜在对手具有威慑作用。

弊端如下。

（1）核安全和辐射风险：核动力飞机涉及核能技术，必须具备严格的核安全措施，以防止核泄漏和核材料的滥用。对核反应堆的设计、建造和运营必须确保安全性。

（2）技术挑战：核动力飞机需要解决许多技术难题，如核反应堆的设计、热管理、辐射屏蔽、材料耐久性等。实现这些技术突破可能需要很长时间。

（3）环境风险：核动力飞机的事故可能导致核泄漏，对环境和人类健康造成严重影响。核动力飞机的运营和事故应对需要严密的环境风险管理。

（4）政治和国际问题：核能的应用会引发国际关切和监管问题，可能影响国际安全和核不扩散体系。跨国合作和监管将是必要的。

（5）高成本：核动力飞机的研发、制造和运营成本可能非常高昂，包括核反应堆的开发、测试和安全措施。这可能限制其广泛应用。

综上所述，核动力飞机的优势在于长航时能力、高速飞行、能源可持续性和战略威慑,但它们面临核安全、技术难题、环境风险、政治问题和高成本等多重挑战。在决定是否发展核动力飞机时,需要权衡这些因素,并寻找解决方案以确保其安全性、可行性和可持续性。

14.3　新能源飞机

想象一下,你站在机场塔台的屋顶上,看到一架大飞机进场降落,它从头顶经过时,你却只听到风的"咻咻"声,那是因为这架大飞机是电动的,它不需要燃烧许多燃料,从城市上空飞过去也不会发出声音引起路人的注意。但工程师预测,全电力的飞机要在数十年后才会出现。目前,能载送310名乘客又不排放污染的波音787"梦幻客机"仍只是设计师的美梦。人类对新能源飞机持之以恒的探索发展旨在为航空领域引入创新技术和可持续实践,以减少对环境的影响、提高效率并满足日益增长的航空需求。

14.3.1　新能源飞机的种类与形式

新能源飞机按照能量的来源分为以下几个种类。

1)电动飞机

使用电能作为主要能源来源,与传统的燃油发动机相比,电动飞机使用电池、超级电容器、燃料电池等电力储存技术来提供动力。这种新型的推进系统能够减少或消除排放,降低噪声水平,并具备更高的能源效率和可持续性。电动飞机的主要推进系统是电动发动机或电动螺旋桨。这些电动系统从电池或其他电力储存装置中获取电能,将其转化为机械能,进而推动飞机前进。电动飞机通常使用直流电动机,但也可以采用交流电动机,具体取决于设计需求。

2)氢燃料飞机

使用氢气作为主要燃料的航空器,使用氢气与氧气进行反应,通过燃烧产生动力,产生的副产品只有水蒸气,不产生二氧化碳等温室气体和污染物。这使氢燃料飞机成为一种环保、零排放的航空解决方案。其工作原理类似于传统的燃油飞机,但燃料由氢气代替。氢气被注入燃烧室,在与氧气反应时燃烧产生热能,这些热能转化为机械能,推动飞机的前进。燃烧的主要副产物是水蒸气,不产生碳排放。

3)太阳能飞机

太阳能飞机通过太阳能电池板将太阳能转化为电能,为电动发动机提供动力。它们通常用于高空大气研究、科学探索和环境监测等领域,具有长时间飞行能力。太阳能飞机的机翼上覆盖了大量太阳能电池板，这些电池板可以将太阳能转化为直流电能。电能储存在电池中，然后供给电动发动机或螺旋桨，驱动飞机飞行。在白天，太阳能电池板可以不断地产生电能，同时储存在电池中，使飞机可以在晚上或低光条件下继续飞行。

4）生物质燃料飞机

使用生物质燃料作为燃料，以减少对传统化石燃料的依赖并降低对环境的影响。生物质燃料是从植物、农作物、林木等可再生生物质中提取的，其燃烧过程产生的碳排放可以被植物吸收，实现碳中和。

5）混合动力飞机

将多种不同能源和推进系统结合在一起，以提高燃油效率、降低排放和增强飞行性能。通常，混合动力飞机将传统的内燃发动机与电动发动机或其他可再生能源相结合，以在不同飞行阶段使用不同的动力来源。在起飞和爬升等高功率需求时，使用内燃发动机提供足够的推力。而在巡航和下降等低功率需求时，电动发动机可以提供较为高效的动力，从而降低燃料消耗。

6）空气动力飞机

也称为"气动飞行器"或"气动翼飞机"，是一种利用大气动力来维持飞行的航空器，无需传统的动力系统，如发动机。这类飞机通常具有类似于风筝的结构，可以在高空中捕获大气能源，实现长时间飞行。空气动力飞机利用大气中的风力和空气流产生升力，维持飞行。这种飞机的翼面通常设计成具有较大的面积，以捕获更多的风力。当风吹过翼面时，产生的升力会支持飞机在空中飞行。对空气动力飞机的控制通常通过舵、操纵杆和其他控制面来实现。

14.3.2　对新能源飞机的尝试

1）高自由性

1883 年，有位法国航空迷进行了史上第一次电动飞行，他在飞艇上安装了电动机，但由于电动机十分笨重，飞船的航程和载客量都十分受限。回到我们的时代，沉重的电动机和电池的问题依旧无解，0.5 kg 的普通飞机燃料所含的能量比 0.5 kg 最先进电池的能量高 60 倍，所以飞机燃料箱得增加 60 倍来装满电池才能满足正常的能量需求，但是这样的飞机会很重，几乎无法起飞。同时它也无法降落，飞机的设计是油箱满载起飞，几乎空箱降落，否则起落架将无法承受这么高的负载，触地时会断掉。所以假如飞机刚起飞就需要紧急降落，它需要在机场上方盘旋，直到烧掉足够的燃油，达到特定重量才准许降落。可是如果用电池,飞机的重量在飞行期间不会变,因此设计师必须找到别的解决方案。

如果能够将单发动机小飞机使用的旧的燃油发动机、排气系统和油箱替换成更小更轻的电动机,把所有空的空间塞满电池,则最终版的飞机应该刚好与原本一样重,它才能够正常起飞,正常飞行,但它只能做短程飞行,这也是电动飞机的巨大优势。

全球航线中约有半数航程低于 805 km,像是从纽约到华盛顿特区,或从底特律到多伦多,都少于 322 km,而这些航线目前只有大型客机在飞,它们起飞时进行爬升,然后就得立刻降落了,在这么短的航程中使用这些大飞机,就像把巨大的货运电梯放进两层楼的房子,没利润也没道理。世界上所有传统飞机每年大约排放 10 亿吨二氧化碳,所以只要使用电动飞机,我们就能将对环境的伤害降低一半。

基于这种想法,许多设计师试图把一些飞机转换成电动的,比方说赛斯纳208B(eCaravan)9 人座客机,它在 2020 年时仍在进行电动机的使用认证,这个过程可能会花好几年。ES-19 是一架拥有 4 个电动机的全电动飞机,铝制外壳让它超级轻,虽然每架的价格大约是 880 万美元,其维修成本却比普通飞机少90%,而且飞机用的电能比标准燃油便宜50%~75%,它的航程大概是 354 km,很适合在欧洲境内或者是偏远的岛屿之间往来,而且它能在不到 762 m 的距离内进行起降。由于这些飞机基本上静音,机场可以建在市中心附近,这样能把乘客的交通时间几乎缩短一半。

Eviation 公司的 Alice 电动飞机又向未来跨了一步,这架 9 人座飞机几乎全由复合材料制作(见图 14-6),由 3 台电动机提供动力。它的长度像校车,但翼展有如篮球场,其最大起飞重量约与两辆吉普车一样,其中 60% 来自电池,电池为它提供了大约 998 km 的航程。Alice 的经济性非常好,搭载 9 名乘客与 2 名机组成员时每小时花费约 200 美元,同等级的传统飞机大约需要 5 倍的花费。Alice 在充电站待 0.5 h,能让它在空中飞行 1 h,所以乘客上下机以及装载行李的同时,飞机能累积足够的飞行能量。当拿这种小飞机与传统大飞机比较时,需要至少 20 架 Alice 飞机才能替换一架配备完全的波音 737 去载 180 名乘客,不过一辆电动飞机的价格是 400 万美金,20 架是 8 000 万美金,与一架波音飞机的 1 亿美金相比,Alice 仍在经济性上占有优势。

2) 长航程

目前,超长航程的新能源飞机设计在飞行器领域还相对较具挑战性,因为电动飞机的电池技术限制了其续航能力。然而,有一些正在研发的新能源飞机概

图 14 - 6　Alice 电动飞机

念旨在实现超长航程,尽管它们可能尚未完全投入商业运营。例如 E - Fan X
是一个由空客公司和罗罗公司合作开发的概念性涡轮电力飞机项目(见图 14 -
7)。该项目旨在探索电动和涡轮发动机技术的混合动力应用,以提高飞机的燃

油效率、增加航程和减少碳排
放。E - Fan X 项目于 2017 年
启动,是欧洲航空领域的一个
重要研究项目,旨在推动电动
飞机技术的发展。该项目是为
了回应全球对气候变化和环境
保护的日益关注,以及航空工
业对更环保和能源效率更高的
飞机的需求。

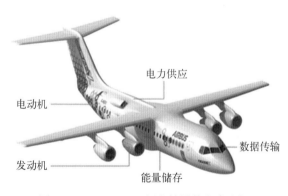

图 14 - 7　E - Fan X 概念性涡轮电力飞机

　　E - Fan X 采用了混合动
力设计,其中一台或多台传统的涡轮发动机被替换为电动发动机。电动发动机
主要用于在起飞、爬升和降落等高功率阶段提供辅助动力,而涡轮发动机则用于
巡航阶段,以提高燃油效率。这种混合动力配置可以降低起飞和降落时的噪声
和碳排放,同时减少对燃料的依赖。E - Fan X 的电动发动机由电池供电。电池
技术在项目期间进行了持续的改进,以提高续航能力和性能。电池组通常采用

锂离子电池技术,具有较高的能量密度,以满足飞机的电力需求。

尽管 E-Fan X 项目代表了电动飞机技术的重要探索,但该项目于 2020 年停止。虽然项目已经结束,但它为混合动力和电动飞机技术的发展提供了重要的见解,这些见解可能在未来的飞机设计中得到应用,以减少航空工业的碳排放,提高燃油效率,并大大地增加航程。未来的超长航程电动飞机可能需要能量密度更高的电池技术的突破,以支持更长的飞行距离。此外,涡轮发电机等混合动力系统也可以在一定程度上延长飞机的续航能力。这些技术的不断发展可能会为超长航程电动飞机的实现提供更多可能性。

3) 长航时

人类为了实现长航时飞行所做出的一个典型尝试就是太阳能飞机,它是一种利用太阳能电池板来供电的飞行器,它们通常被设计为无人机(无人飞行器)或者小型飞机,用于环境监测、科学研究、气象观测和通信等。"阳光动力 2 号"太阳能飞机是由瑞士的安德烈·博尔舍伊(André Borschberg)和伯特兰·皮卡尔(Bertrand Piccard)领导的团队开发和制造的(见图 14-8)。飞机的机翼、机身和尾翼覆盖了数千块太阳能电池板,用于收集太阳能并将其转化为电能。电能储存在锂聚合物电池组中,以便在夜间或云层遮挡太阳能电池板时供电。为了降低质量,飞机采用轻质复合材料的结构。"阳光动力 2 号"的目标是实现长航时飞行,在白天充电,然后在夜晚使用电池供电来持续飞行。它能够成功飞越大洋,完成环球飞行。

图 14-8 "阳光动力 2 号"太阳能飞机

"阳光动力 2 号"的成功展示了太阳能飞机在长航时飞行方面的潜力，尽管速度较慢，但它具有零碳排放和长时间空中停留的优点，可用于环境监测和气象研究等领域。

4）其他形式的新能源飞机

除了上述提到的电动飞机驱动方式外，我们还可以以另一种思路来使用电为飞机提供动力。电，不仅能驱动电机旋转，还能用来加热。第一种曾经出现的电动飞机设计就这么简单，在燃烧室里放一堆电加热器，通过电阻把电能转化成热能，这样的设计称为电阻喷气（resistojet）。但是如果要达到燃烧燃料的温度，电阻就得产生非常高的温度，没有材料可以承受，再加上热交换效率很低，这样的发动机推力很小。既然是受限于材料，那有没有可能不通过电阻来进行加热呢？

闪电是另一种电能在自然界中的存在方式，云层和地面之间的高电压击穿了本来是绝缘体的空气，形成一条等离子通路，这条通路里面电流很大，温度很高，可以用来加热流过的气体，这样的设计运用在飞机上称为电弧喷气（arcjet），电流通过的是等离子体，不受材料耐热的约束，可以达到高得多的温度，但气体通过等离子的时间很短，热交换效率低，推力仍然很小。

除了用电来加热，还可以利用电产生的电场和磁场提供推力，例如飘升机（见图 14 - 9）。其结构非常简单，是由一对电极组成的，一个尖或者细，另一个平或者宽，电极通上高压电后，尖、细的一极就会把周围的空气电离成离子，并在静电力的作用下移动到另一极产生推力，这也称为"离子风"。2018 年麻省理工

图 14 - 9 飘升机

学院的飘升机成为第一个没有运动部件也能自主飞行的飞行器,翼展大约为5 m,而且没有发动机。在飞机的机翼之间有个金属结构,类似格栅,电池为结构提供40 000 V的负电荷,机翼后面也有相同的结构,它则充满正电荷。结构通电后,前端像磁铁一样从空气中捕捉带负电的电子,然后电子朝后面充了正电的结构运动,离子移动的同时会与空气分子撞击数百万次,这与普通飞机一样创造了推力,而且它移动的同时会持续为空气中的粒子充电,把它们往后推。麻省理工学院的工程师试飞了大约10次,他们的飞机运用离子推进力飞了几乎61 m,但他们的模型机只有2.3 kg,而且没有飞行员。

目前的设计都是通过一个电动机驱动压气机往发动机压入高压的空气。磁等离子引擎(MPD)就是用了等离子作为工具,与电弧喷气一样通过高压电击穿气体产生等离子,但产生的等离子多得多。这些等离子导通了两极,让电流可以通过。这个电流的磁场在高压电场中受到洛伦兹力作用,将等离子往后喷,在低功率版本里可以在喷嘴周围交叉电磁铁提供额外的磁场用于推进。另一个很新的设计也用到了等离子作为工具,这个方案用微波来电离和加热高压空气,可以得到1 000 ℃以上的等离子流,单位面积的推力也不亚于喷气发动机,比前面的几种方案更适合大气层内的推进。

14.3.3 新能源飞机发展前景与瓶颈

新能源飞机的发展潜力是巨大的,尤其在面对气候变化和环境可持续性的全球挑战时。以下是其发展潜力以及可能面临的瓶颈。

发展潜力如下。

(1) 环保可持续性:新能源飞机的发展可以显著减少空中交通对环境的影响。减少碳排放和其他污染物排放,实现航空业的碳中和,有助于应对气候变化。

(2) 创新技术:新能源飞机推动了空中交通技术的创新,涵盖了太阳能、电动、氢燃料等多个领域,可以推动航空技术的进步。

(3) 市场机会:随着环保意识的增强,越来越多的旅客和运输公司对环保飞行方式的需求增加。新能源飞机在航空市场上有着巨大的商业机会。

(4) 政策支持:许多国家和国际组织已经开始制定支持新能源飞机发展的政策和法规,为其提供了政策环境上的支持。

瓶颈如下。

(1) 技术挑战:新能源飞机的技术开发需要解决诸如能源储存、效率、安全性等一系列技术挑战。例如,电池技术的能量密度和充电速度、氢气储存的安全性等问题。

（2）成本问题：新能源飞机的制造、维护和运营成本可能较高,这可能限制其在商业航空中的应用和推广。

（3）基础设施建设：新能源飞机需要相应的基础设施支持,包括充电、加氢站等。这需要大规模的投资和建设,可能需要时间。

（4）市场接受度：尽管公众环保意识增强,但市场对新能源飞机的接受度和准备度仍然是一个挑战。消费者可能需要时间来适应新的飞行方式。

（5）法规和认证：新能源飞机可能需要符合严格的航空安全法规和认证要求,这可能需要额外的时间和资源。

综合来看,新能源飞机有着巨大的发展潜力,但也面临着技术、成本、基础设施、市场认知等多方面的挑战。随着技术的不断成熟和公众环保意识的提高,相信新能源飞机将在未来取得更大的突破和应用。

14.4　未来飞机设计方向展望

对于未来飞机的设计方式,主要应该考虑人类对飞行的最初愿景,也就是能够像鸟一样真正地实现高效、低能耗的长航程飞行。不论是前文所提到的核动力飞机还是新能源飞机,无一不是围绕着这一追求进行探索发展。因此飞机的设计方向仍应该专注于降本增效,即通过动力、结构形式的创新来返璞归真,实现借助工具,甚至是纯人力的长航程飞行。

14.4.1　未来航空,绿色环保

为了降本增效,我们可以将目光投向鸟类。鸟类能够巧妙地利用气流来节省体力,从而实现超低能耗的飞行,军舰鸟更是其中翘楚。海洋上表层洋流的运动以及海洋深处上升流海水的上涌会导致积云上升气流,成年军舰鸟可以借助上升气流回旋爬升至高空,再以滑翔的方式下降,将速度提升到 $4\sim5$ m/s,并且滑翔近 60 km。它在飞行过程中重复这样的动作,就可以真正地做到乘风而上、借力滑翔,根本不需要浪费体力去扇翅膀,飞行半径更是能够达到 1 600 km,如图 14-10 所示。

目前的飞机不能直接捕获风能,因为风能是一种流动的能量,无法被捕获并储存。然而,飞机可以在飞行过程中利用风能来提高其性能和效率。以下是一些飞机利用风能的方式。

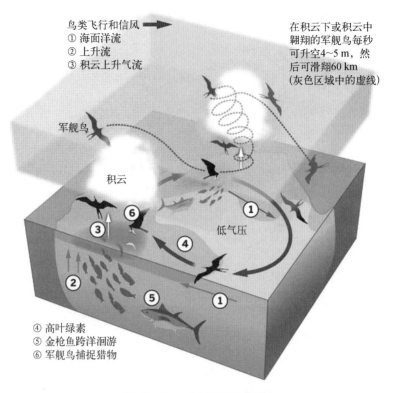

图 14 - 10 动态翱翔示意图

(1) 利用顺风：飞机可以利用顺风来提高飞行速度。通过调整机翼和发动机的设定，飞机可以在顺风中获得更多的推力，从而更快地飞行。

(2) 利用气流：飞机在飞行过程中可以利用气流来提高升力。通过调整机翼的形状和角度，飞机可以在气流中获得更多的升力，从而更高效地飞行。

(3) 利用侧风：飞机可以利用侧风来提高机动性。通过调整机翼和尾翼的设定，飞机可以在侧风中获得更多的升力和推力，从而更好地完成各种飞行动作。

由此给了我们关于地球上未来飞机的设计方向：能否把风当作一种能量来自由捕获呢？如果能在飞机上实现风能的主动捕获，那么飞机的耗油率、航程将会有极大的改善，能源种类的局限性也将被打破，可实现节能减排甚至人力飞行的最终目标。

14.4.2 人力飞行的畅想

人力利用自然气流飞行是一种创新的概念，可以在一定程度上实现人类飞行的梦想,同时也与可持续和环保的理念相契合。以下是一个关于人力利用自然气流飞行的畅想。

（1）气流能量捕获：在地球上,大气中存在着各种各样的气流,包括上升气流、下降气流等。人力飞行器可以设计成能够捕获和利用这些气流能量的形式,类似于大型风筝或滑翔伞。飞行器的机翼和结构可以设计成能够与气流相互作用,将气流的动能转化为飞行器的动力。

（2）机翼设计：飞行器的机翼可以设计成特殊的形状,使其能够更好地与气流相互作用。例如,机翼可以具有较大的面积和较高的升力系数,以便在气流中捕获更多的动能。

（3）可调整结构及姿态：飞行器的结构可以具有可调整性,以便根据不同的气流情况进行调整。可以通过改变机翼的弯曲度、角度等参数,来适应不同的气流能量。飞行器可以配备先进的姿态控制系统,通过调整飞行姿态来最大限度地捕获气流能量。飞行员可以根据气流的方向和强度来调整飞行姿态。

（4）高度控制和导航：飞行器可以设计成能够在不同的气流中自由上升、下降和导航。飞行员可以利用气流的变化来控制飞行器的高度和方向,类似于滑翔运动。

（5）轻质材料和设计：为了实现人力利用气流飞行,飞行器需要具备轻质的材料和结构,以便在气流中保持稳定和灵活的飞行。新材料技术和先进设计方法可以在保持强度的前提下减小飞行器的质量。

（6）安全性和控制：人力利用自然气流飞行可能涉及较高的风险,因此需要开发先进的安全系统和控制机制,以确保飞行员的安全。

尽管人力飞行对气流能量的捕获是一个具有挑战性的概念,但通过合适的设计和技术创新,有可能在特定的气流环境下实现人力飞行的梦想。这需要跨学科的合作,涵盖工程、材料科学、气象学等领域的知识。

14.5　飞机设计迭代理念的总结

鸟与昆虫翅膀的扑动,鱼类尾部摆动实现的高效飞行或游动激发了人类对飞行的向往,达·芬奇设计了一系列飞行器概念,包括螺旋桨式飞行器和帆布覆盖的飞行器。尽管这些概念没有实际应用,但它们为飞行技术的发展提供了启发。人类也基于这一假想做出了早期尝试,乔治·卡伦(George Cayley)提出了现代飞行原理的基本概念,他的研究包括固定翼设计和升力原理的理论发展。蒸汽气球和热气球成为早期飞行的代表,1783 年的蒸汽气球飞行被视为现代航空的起点。莱特兄弟于 1903 年成功首飞了第一架有人驾驶的固定翼飞机,奠定了现代航空的基础。在第一次世界大战中,飞机在军事冲突中广泛使用,推动了飞行技术的快速进步。第二次世界大战期间,飞机技术取得重大进步,包括喷气发动机的引入。20 世纪 50 年代,喷气时代开始,带来了更高速度和更远航程的飞机,如庞巴迪喷气式飞机。凯利·约翰逊提出了"解耦"的理念,该理念指出,将飞机的主要推力产生装置分离为多个独立的发动机可以提高飞行的效率和安全性。这个理念在现代飞机设计中得到了应用。到了 21 世纪,现代航空业不断发展,包括更高效的飞机设计、数字化航空和无人机技术的崛起。航空飞机的发展历程如图 14 - 11 所示。

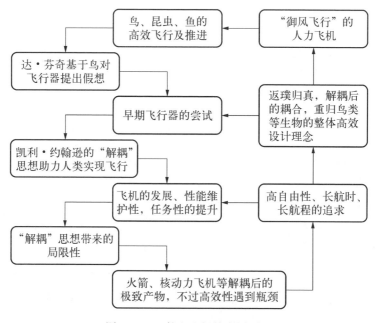

图 14 - 11　航空飞机的发展历程

　　纵观其发展路径,可以总体归纳为从总体,到解耦,再到追求耦合的大体趋势。解耦思想使人们尝到了甜头,助力人们实现了飞行,飞机设计得到了发展,性能维护性以及任务性也得到了提升,不过瓶颈也随之而来,解耦设计终究还是制约了人类设计飞机对高自由性、长航时、长航程的追求。现在,理念转为返璞归真,设计应该重归耦合的整体高效设计理念,思考鸟、昆虫、鱼真正的高效机理以及如何帮助我们实现对高效飞机的设计,在能够实现完美融入这一设计理念的未来,"御风飞行"也许就不再是天方夜谭。

参考文献

［ 1 ］　莱昂纳多·达·芬奇. 鸟类飞行手稿［G］. 1505.

［ 2 ］　陶子. 飞行是灵魂的事　达·芬奇与其鸟类飞行以及飞行器研究［J］. 东方艺术，2007
　　　　（2）：32 - 43.

［ 3 ］　伦纳德，约翰逊，史密斯. 我是怎样设计飞机的［M］. 杨松，译. 杭州：浙江教育出版社，
　　　　2019.

［ 4 ］　黄瑜璋. 臭鼬工厂的统治者：记美国著名飞机设计师"凯利"·约翰逊［J］. 国际展望，
　　　　2005（14）：86 - 89.

［ 5 ］　Bussard R W，Delaver R D. Fundamentals of nuclear flight［M］. New York：McGraw-
　　　　Hill，1965.

［ 6 ］　Dowdy W L，Sandford J W. Major factors influencing the development of a nuclear
　　　　flight stage［J］. Journal of Spacecraft and Rockets，1969，6（7）：778 - 784.

［ 7 ］　Simpson S P，Bean Q A，Rodriguez M A. Overview of the main propulsion system for
　　　　a nuclear thermal propulsion flight demonstrator［R］. 2019.

［ 8 ］　Marszałek N，Lis T. The future of sustainable aviation fuels［J］. Combustion Engines，
　　　　2022，191（4）：29 - 40.

［ 9 ］　Chiaramonti D. Sustainable aviation fuels：the challenge of decarbonization［J］. Energy
　　　　Procedia，2019，158：1202 - 1207.

［10］　Garrett-Glaser B. Historic flight of magnix's eCaravan showcases maturity of electric
　　　　aviation［EB/OL］. （2020 - 05 - 29）［2024 - 07 - 14］. https://www. aviationtoday.
　　　　com/2020/05/29/historic-flight-of-magnixs-ecaravan-showcases-maturity-of-electric-
　　　　aviation/.

［11］　Eviation［G/OL］. https://www. eviation. com/.

［12］　Airbus. E-Fan X：a giant leap towards decarbonising flight［G/OL］. https://www.
　　　　airbus. com/en/innovation/low-carbon-aviation/hybrid-and-electric-flight/e-fan-x.

［13］　Solar Impulse Foundation. Historic flight ［G/OL］. https://aroundtheworld.
　　　　solarimpulse. com/adventure.

［14］　Hern A. First ever plane with no moving parts takes flight［EB/OL］. （2018 - 11 - 21）
　　　　［2024 - 07 - 14］. http://www. theguardian. com/science/2018/nov/21/first-ever-
　　　　plane-with-no-moving-parts-takes-flight.

第 15 章 高效推进流动结构——涡环

涡环(vortex ring)是自然界和工程领域中常见的流体现象,广泛存在于鸟类飞行、昆虫振翅、水母游动、鱼类游泳及血液流动中。涡环这一现象不仅揭示了自然奥秘,还为航空航天等工程领域提供了设计灵感和技术支持。鸟类在飞行时,翅膀运动生成的涡环提高了飞行效率;昆虫通过快速振动翅膀产生涡环,实现灵活飞行;水母通过收缩和扩张身体推送水流形成涡环;鱼类摆动尾鳍生成涡环,增强推进力和灵活性,使它们能够快速改变方向和速度;在血液流动力学中,心脏搏动产生的血流形成涡环,帮助维持血液流动的稳定性和效率。理解这些涡环现象对于优化医疗设备和治疗方案,如人工心脏瓣膜设计,具有重要意义。航空航天领域也能从自然界的涡环现象中受益,提高飞行器的性能和效率。本章将详细探讨涡环在自然界的实例及其工程应用。

15.1 生物高效推进原理

15.1.1 鸟类——人类征服天空的梦想

人类模仿鸟类飞行的历史可以追溯到古代。早在公元前 5 世纪,古希腊人就设计了多种飞行器,试图实现人类飞行的梦想。然而,由于缺乏科学知识和技术手段,这些尝试都以失败告终。

直到 15 世纪,意大利的文艺复兴时期,艺术家开始重新探索飞行的问题。达·芬奇设计的飞行器成为他们的灵感来源,并开始了人类模仿鸟类飞行的探索之旅。

17 世纪,欧洲的科学家开始进行更为系统的研究。他们观察鸟类的飞行方式,尝试用木材和纸张制造出类似于鸟翼的飞行器。意大利的乔瓦尼·达·利昂是这一时期的代表人物,他不仅设计了多种飞行器,还进行了大量的试验。

1809 年，英国科学家凯利发表了题为 *On Aerial Navigation* 的著名论文，提出了人造飞行器应该将推进动力和升力面分开考虑的设想，人们放弃了单纯模仿鸟的扑翼，进入了固定翼的飞行时代

18 世纪，随着工业革命的到来，人们开始使用更轻、更结实的材料制造飞行器。英国的约翰·怀特和美国的约翰·穆雷是这一时期的代表人物，他们不断改进飞行器的设计和制造技术，并进行了更为成功的飞行试验。

进入 20 世纪，随着航空技术的不断发展，人类模仿鸟类飞行的梦想终于实现。1903 年，美国的莱特兄弟成功地进行了世界上第一次有人驾驶的飞行，他们的飞行器"飞行者一号"成为世界上第一个具有现代意义的飞行器。

自从飞行器被真正发明以来，设计者陆续开发了具有更好升阻比和更小阻力的气动外形，如薄翼型、下单翼布局和流线型机身等。但在此之后，飞机的气动性能再也没有得到巨大的突破，一直处于对现有的气动布局小修小补的状态。在这个大背景下，人类又开始将目光放在鸟类的飞行上，试图从中获取灵感。

通过对鸟类的研究，研究者惊奇地发现，鸟类有着不可思议的飞行性能。例如，斑尾塍鹬竟能一口气连续飞行 10 000 km，横跨整个太平洋，中途不吃不喝不睡觉。而进一步的研究发现，很多鸟类在飞行的时候，甚至不需要消耗自身的能量，科学家将这种飞行方式命名为"翱翔"。这是一种从气流中获得能量的飞行方式，一种不消耗肌肉收缩能量的飞行方式，一般分为静态翱翔和动态翱翔两类。前者利用上升的热气流或障碍物（如山、森林）产生的上升气流。蝴蝶、蜻蜓和一些鸟类（如鹰和乌鸦等）能利用这种垂直动量及能量产生的推力和升力。动态翱翔利用随时间或高度不断变化的水平风速产生的水平运动气流。许多大型海鸟（如信天翁和海鸥）普遍采用这种飞行方式。风吹经海面时，越接近海面越因摩擦而受阻，因而在约 45 m 高的气层中产生许多切层，其风速从最低处的零达到顶层的最高速。海鸟利用这种动量在气流中盘旋升降，不需要扑翼即可终日翱翔。

鸟类除了能实现这种近乎零能耗的飞行，还具有很强的环境适应能力。研究者通过研究发现，鸟类在遭遇强风等突发恶劣天气时，常常会进行扑翼运动，而这种扑翼运动带来了比固定翼更好的气动性能。传统理论并不能很好地解释这种气动性能的提升，因此这促使人们寻找非定常空气动力学机制，以解释扑动翅膀的良好性能。其中一种机制即动态失速，表现为在大迎角时在机翼上表面形成前缘涡（LEV）。然而，在二维机翼的实验和计算研究中，从静止开始，LEV 的强度一直在增加，直到它从机翼上分离出来，进入尾流，被相反符号的尾缘涡

所取代。这种涡旋生长和脱落的模式不断重复，产生了一系列反向旋转的涡旋，称为"卡门涡街"。在烟草天蛾（*manduca sexta*）和黑腹果蝇（*drosophila melanogaster*）的三维模型中，LEV 不会迅速脱落，而是在整个击打过程中一直附着在翅膀上（见图 15-1）。目前有两种假说来解释三维流动中 LEV 的长时间附着。一种类似于"协和"式飞机等三角翼飞机上稳定附加涡的机制，是以螺旋涡的形式从基底到尖端的展向流动，通过从涡核中去除能量来限制前缘涡度的增长。该模型得到了动态机械飞蛾的流动可视化试验结果的验证，并得到了计算流体力学模拟的支持。另一种假设是，翼尖涡和尾迹涡诱导的向下流动降低了有效迎角，从而减弱了 LEV 的生长。在 LEV 扩大到不稳定状态并脱离之前，机翼旋转、反转方向并释放累积涡量。

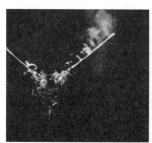

图 15-1　鸟类翅膀上的前缘涡（见附图中彩图 13）

不同于 17—18 世纪对鸟类飞行的模仿，基于非定常流体力学的知识，人们设计了许多仿鸟类飞行器。仿鸟类飞行器一般具有轻盈、小巧的外观，能够高速飞行，并且具有极佳的隐蔽性。这些特性使仿鸟类飞行器在许多领域具有广泛的应用价值，如环境探测、危险区域勘探、防灾救援、战场侦察、信号干扰、巡逻突袭等。

西北工业大学航空学院宋笔锋教授团队自主研制的"云鸮"仿生扑翼飞行器，于 2022 年 10 月 26 日通过国家专业认证机构的现场检测，单次连续飞行时间达到 123 min，打破了吉尼斯世界纪录。"云鸮"仿生扑翼飞行器的成功意味着我国在仿生飞行技术领域突破了低雷诺数/非定常空气动力学计算与试验、高性能仿生扑动翼设计、高效扑动机构设计和适合扑翼飞行器的微型飞控系统研制等难题。这种扑翼飞行器不同于传统飞机利用螺旋桨驱动，其利用扑翼作为驱动源，有着低能耗、低噪声等一系列优点。

目前仿生类飞行器已经得到国外内学者的广泛关注，例如布朗大学工程学院的 Matteo 团队,通过对鸟类的观察[见图 15-2(a)],设计了一种新型的分离流机翼[见图 15-2(b)]。该机翼可以使流动分离和层流-湍流过渡对阵风扰动和自由流湍流变化具有鲁棒性。在传统翼型中,层流-湍流转变的位置受到大气湍流水平的强烈影响。相比之下,在所提出的翼型上,明确定义分离点,并且在流动到达后襟翼之前始终实现向湍流的过渡。因此,升力的产生对外部湍流不敏感,从而提高了飞机对大气环境的适应能力。

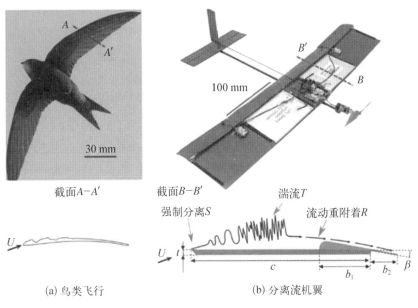

图 15-2　自然界中以及人为设计的分离流机翼

目前仿生飞行器取得了很大的进展,各国的研究团队已经研制出多种类型的仿生飞行器,如仿鸟类、仿蝙蝠、仿蜻蜓等。这些飞行器不仅具有与生物一样的外观和飞行方式,而且在气动性能、能源效率、机动性和隐蔽性等方面也表现出色,可应用于多个领域。但目前的仿生飞行器与真实的鸟类还是存在较大的差距,因此未来仿生飞行器的发展将更加注重能源效率、智能化、多模态飞行和微型化等方面,以便将仿生飞行器应用到各行各业的实际生产工作当中。

15.1.2　昆虫——翅膀的谜语

除了飞行的鸟类外,空气中自由飞行的昆虫也让人充满兴趣。昆虫之所以能在进化上取得非凡的成功,很大程度上要归功于它们的飞行能力。与不会飞的祖先相比，会飞的昆虫更善于躲避捕食者、寻找食物来源和开拓新的栖息地。由于它们的生存和进化在很大程度上依赖于飞行性能，因此，其与飞行相关的感官、生理、行为和生物力学特征成为自然界中发现的最引人注目的适应性例证之一，也就不足为奇了。因此，昆虫为生物学家提供了一系列有用的例子，阐明了生物体设计中的结构-功能关系和进化限制。昆虫也激发了物理学家和工程师的极大兴趣，因为它们的飞行似乎不太可能使用传统的空气动力学理论。昆虫的体型小、拍击频率高和独特的相互拍击运动相结合，阻碍了对飞行空气动力学的简单"概括性"解释。与生物学中的许多问题一样，对昆虫飞行的深入理解取决于一些微妙的细节，这些细节在彻底的理论或实验分析中可能很容易被忽视。然而，近年来，研究人员通过高速视频捕捉翅膀运动学、数字粒子图像测速（DPIV）等新方法量化流体以及强大的计算机模拟和分析，探究发现了扑动这一动作很可能是昆虫之所以能够顺利飞行的原因。

　　昆虫的翼展包括两个平动阶段：下翼展和上翼展；有两个旋转阶段：旋转和旋转分开。通过在每次翼展反转时旋转翅膀，翅膀的前缘（即翼的最前缘）总是处于领先位置。已经确定了五种关键的气动机制来解释昆虫如何用它们的翅膀产生气动力（见图 15－3）。下面将对这五种气动机制进行简单阐述。

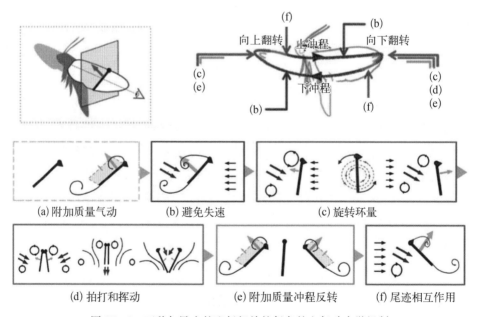

图 15－3　五种与昆虫的飞行相关的复杂的空气动力学机制

1) 附加质量气动(added mass startup)

当机翼在启动[见图 15-3(a)]和冲程反转[见图 15-3(e)]过程中加速和减速时,它也必须启动和停止周围的空气。最靠近机翼的空气经历最大的加速和减速,这产生了作用在机翼上的压力。这种效应通过结构和肌肉来增加翅膀质量,使翅膀能够拍打。因此,它通常被称为"附加质量"效应,并且通常被数学建模为机翼惯性的时变增加。增加的惯性使与机翼加速度相关的力增加,从而增加了空气动力。

2) 避免失速(absence of stall)

当机翼在大迎角下冲程和上冲程之间进行转换时,气流在前缘周围分离,分离的边界层卷起形成一个强大的前缘涡,并稳定地附着在转换机翼上[见图 15-3(b)]。气流在这个旋涡后面重新附着在机翼上,这样机翼就不会失速,从而能够向流体传递比固定翼稳态条件下更大的向下动量。通过前缘涡稳定化来避免失速是在中下冲程和中上冲程期间增加升力的主要机制。然而,由于所产生的压力作用于平向机翼表面,因此前缘涡的存在也显著增加了阻力。对于大迎角的固定翼,前缘涡继续增长,直到气流不能再附着,因此,气流与机翼分离。这种效应在文献中通常被称为"失速延迟"或"延迟失速",然而,这个名字可能会误导扑翼飞行的研究。值得注意的是,前缘涡在冲程开始时形成后,仍然稳定地附着在扑翼上。因此,是避免而不是延迟了失速。在中冲程期间,前缘涡通过向心加速度和科里奥利加速度来稳定,这些加速度是由机翼围绕其底座的旋转运动产生的,驱动和引导沿机翼跨越的轴向流。在包括果蝇在内的多种昆虫实验和模拟中都能观察到前缘涡。

3) 旋转环量(rotational circulation)

在旋前和旋后的过程中,翅膀的旋转会在周围空气中产生与翅膀旋转角速度成正比的环量[见图 15-3(c)]。这种旋转效应即克莱默效应,随着旋转轴向机翼后缘移动而减小。基于相对于每次翼击的旋转的持续时间和时机,这种效果可以增加或减小在平移过程中产生的力。

4) 拍打和挥动(clap and fling)

在旋前过程中,翼间相互作用可以进一步增加升力[见图 15-3(d)]。在上划之后,翅膀的前缘可能会在拍打时相遇。这使两个机翼上相反的环量相互抵消,减少了在下一次冲程中从后缘脱落的涡度。因此,机翼可以以更快的速度产生环量,并在接下来的下冲程中延长升力产生的时间。此外,在这一运动过程中,从机翼之间喷出的气体有助于增加推力。当然,"拍打"也可能仅仅是努力使冲程幅度最大化的结果，这可以大大增加飞行力。随着翅膀继续内翻，前缘在"抛"或"剥"时首先分离。机翼之间较低压力的区域会吸收流体，这也有助于在机翼开始下划时更快地产生束缚环量。在旋前过程中，翅膀的联合相互作用通常称为"拍打和挥动"或韦斯-福格效应，这种机制可以将升力提高15%。

5) 尾迹相互作用（wing-wake interaction）

在冲程反转期间，机翼可以"捕获"在前一次冲程期间脱落的涡流［见图15-3(f)］，这些涡流发生在一个称为"尾流"的区域。在这样做的过程中，之前冲程中损失的一些能量可以从空气中恢复，从而提高了产生力的整体效率。这种非定常气动效应称为"尾流捕获"或"翼-尾流相互作用"。

对昆虫气动机制的理解，有利于仿昆虫机器人的开发，与其他仿生机器人不同的是，仿昆虫机器人通常体型较小，它们通常由微型电机、传感器、控制器和外壳组成，可以模拟昆虫的飞行、爬行、跳跃等行为。

由于仿昆虫机器人的体积较小，可以在狭小的空间中进行操作，因此它们也可以用于其他许多领域，例如微型手术、环境监测、安全检查等。

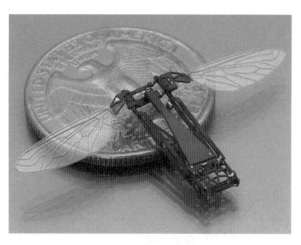

图15-4　RoboBee 微型机器人

最有名的仿昆虫机器人之一是哈佛大学的 RoboBee（见图15-4）。这是由哈佛大学的 Wyss 研究所开发的一种微型机器人，仅相当于蜻蜓的大小，能够进行飞行、游泳和跳跃等复杂行为。该机器人的设计灵感来源于昆虫的飞行和生物学特征，能够自主控制和导航，适用于多个领域，包括环境监测、农业、灾难救援等。例如，它可以被放置在受污染区域，用于监测空气质量和污染物的分布情况。在农业领域，RoboBee 可以用于监测作物生长情况和害虫分布，从而提高农作物的产量和质量。

总而言之，仿昆虫机器人是一种具有广泛应用前景的微型机器人。它们模仿昆虫的运动和行为，具有小巧、灵活、适应复杂环境等优点，可以用于多个领域，例如医疗、环境监测、无人侦察等。在未来的发展中，仿昆虫机器人将会有更多的应用场景和更高的性能要求。为了更好地适应不同场景的需求,仿昆虫机器人需要具备更加灵活和智能的控制能力,能够模拟更复杂的运动和行为。此外,仿生智能技术也将不断发展,为仿昆虫机器人提供更加智能的感知和决策能力。

15.1.3　水母——深海中起舞的"幽灵"

除了在昆虫上观察到涡环的存在,在深海中,也可以广泛地观察到作为海底生物推进的基本形式存在的涡环。

水母在众多实现高效推进的海底生物中占据着独特的地位。水母具有两个特点:第一,在所有动物游泳者中,水母游泳的能量效率是最高的;第二,它们的肌肉组织结构在需要肌肉驱动的动物游泳者中是最有限的一套结构部件。与水母有关的流体相互作用的量化进一步得到了它们的生理构造的帮助:它们的胶状身体的透明或半透明性质通常使其能够通过其身体组织容易地可视化,而它们的轴对称、放射状的身体结构为将二维测量外推到完整的三维身体形状提供了巨大的好处。他们游泳的搏动性也有助于提高水动力效率。此外,许多水母,特别是水母属生物(月亮水母),很容易通过从黏性到惯性流的多个大小阶段进行饲养,从而可测试比例依赖效应。因此,为了确定生物高效推进背后的水动力相互作用,水母是非常有指导意义的模型。

相对于其他肌肉动物而言,水母的肌肉能力十分有限,那么它们怎么能成为如此高效的游泳者呢? 答案就在于水母是如何移动它所拥有的身体部件的。水母的推进效率取决于钟形凸轮机构运动学(bell kinematics),它产生三个关键部分:钟形结构收缩时的吸力推力、钟形结构放松后的被动能量回收(PER)以及钟形结构初始收缩后收缩时产生的壁面效应推动力。虽然这些组成部分与水母游泳的脉动特性密不可分,但它们发生在脉动周期的不同阶段。

吸力是水母推进推力的主要来源。在喇叭口收缩的过程中,水母柔韧的喇叭口边缘会沿着边缘外侧产生反向旋转涡流。在这些旋涡的交界处,流体被加速,在喇叭口边缘朝前的表面形成一个高速、低压区域。喇叭口前表面周围的低压产生了一股吸力,将水母向前拉(见图 15-5)。与此同时,被收缩的喇叭口向后推动的水会形成一个高压区,将水母推向前方。推力在鳟鱼游动过程中早已被确认;拉力或吸力推力成分最近才被量化,但却是净向前推力的主要来源。钟缘表面的压力差取决于收缩的钟缘产生的涡流结构,这也是灵活弯曲的钟缘对实现水母高效推进至关重要的原因。

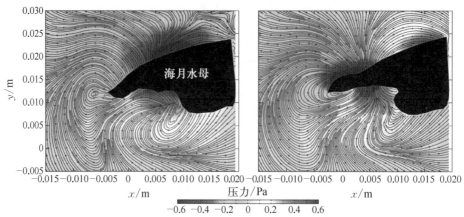

(a) 在推进游泳动作的两个瞬间，压力等高线和流动线(身体左半部分用黑色形状表示)

(b) 局部流体压力导致的前向拉力(青色箭头)、后向拉力(蓝色箭头)、前向推力(洋红色箭头)和后向推力(红色箭头)的空间分布(箭头长度与局部压力大小成正比，方向表示流体压力作用于动物身体的方向)

图 15-5　海月水母直线游动过程中的压力动态分析(见附图中彩图 14)

在每个推进周期中，被动能量回收大大增加了游动距离。钟形结构收缩后，会放松恢复到原来的形状。吸入再充气喇叭口的流体是停止涡流的一部分，其旋转流也会产生流体速度升高的区域，推动喇叭口内表面(见图 15-6)。在加注过程中对凹形喇叭口内表面的这种推力会在喇叭口完全松弛后缓慢但持续地增加喇叭口向前的运动，而不需要进一步的能量驱动，因此称为"被动过程"。

基于水母本身可以实现的高效推进，以及对水母高效推进的原理的研究，类水母的仿生机器人应运而生。

类水母机器人的发展可以追溯到 20 世纪 90 年代，当时的研究人员开始探索水母的运动机制和形态学特征，并尝试将其应用于机器人领域。早期的类水母机器人通常采用传统的机械结构和方法进行设计和制造，但是由于它们的结构复杂性和制造难度等问题，其性能和可靠性并不理想。

随着材料科学和微纳米技术的发展，近年来类水母机器人得到了迅速的发

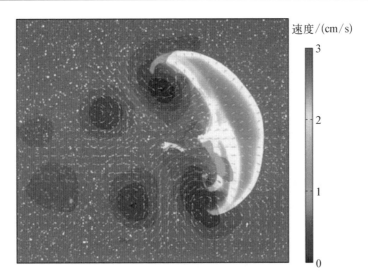

图 15 - 6　水母推进过程中的流场结构(见附图中彩图 15)

展。新型的材料和制造方法使得机器人的结构更加简单、轻便、灵活和可靠,并且可以更好地模拟水母的生物形态和运动方式。例如,研究人员采用高分子材料、金属材料、复合材料等来制造机器人的驱动器和传感器,采用微纳米技术来制造机器人的微型结构。

　　除了材料和制造方法的发展外,类水母机器人的控制技术和感知技术也得到了不断的改进和完善。研究人员采用各种传感器来监测机器人的运动状态和环境信息,采用先进的控制算法来优化机器人的运动性能和任务执行能力。

　　目前,类水母机器人已经广泛应用于各种领域,如环境监测、海洋勘探、水质监测、海底资源开发等。例如,在环境监测领域,类水母机器人可以用于监测海洋污染物的分布和迁移,评估海洋生态系统的健康状况;在海洋勘探领域,类水母机器人可以用于探索海底地形和资源分布,为海洋科学研究提供数据支持;在水质监测领域,类水母机器人可以用于监测水体的物理、化学和生物指标,评估水体的质量状况等。

　　尽管类水母机器人已经得到广泛的应用和关注,但是其仍然存在一些问题和挑战。例如,机器人的能源供应问题、生物相容性和环境影响问题、控制和感知技术的精度和可靠性问题等。未来,研究人员需要在这些问题上进行更多的研究和探索,以推动类水母机器人的进一步发展和应用。

15.1.4　鱼类——潮水中的"利剑"

　　相对于水母,人类对鱼类的研究要早上不少,可以追溯到古代。在古代,人们就开始对鱼类的游泳行为进行观察和研究,并从鱼类的游泳方式中汲取灵感,用于船舶设计、水下工程等领域。早在古希腊时期,阿基米德就发现了鱼类的身体结构具有最佳的减阻效果。

近现代以来,随着科技的发展,科学家开始使用更先进的仪器和技术来研究鱼类游泳。詹姆斯·格雷爵士在20世纪30年代就宣布了一个非常鼓舞人心的关于鱼类运动的悖论。他在研究鱼类游泳的过程中,发现鱼类在游泳时所受到的阻力非常小,只有正常情况的1/7左右。通过进一步的实验和分析,他断言这是因为鱼类的身体结构具有特殊的形态和材料特性,可以减小水的阻力。例如,鱼类的身体表面非常光滑,具有微小的鳞片和黏液层,可以减少水的阻力。此外,鱼类的尾巴和鳍也具有特殊的形态和运动方式,可以产生强大的推力,从而推动鱼类向前游动。这些发现为后来的研究提供了重要的启示,也为鱼类运动的机械和生物学研究提供了强有力的激励。

在鱼类游泳时的阻力很小被发现后,许多科学家和工程师都对鱼类的游泳进行了深入研究和探索,取得了许多重要的成果和贡献。

弗兰克·尤里奇(Frank Urich)是一位德国生物学家,他的主要研究领域是鱼类生理学和进化生物学。他对鱼类游泳的研究集中在鱼的尾巴和鳍的形态和运动方式上,旨在探究鱼类如何实现高效游泳的机制。

尤里奇进行了一系列实验,研究了不同类型鱼的游泳方式和肌肉活动,以揭示鱼类游泳的机制。他发现,鱼的尾巴和鳍的特殊形态及运动方式可以产生强大的推力和升力,从而推动鱼类在水中自由自在地游泳。当鱼类在游泳时,身体的后方会形成一系列的涡环(见图15-7),这些涡环会以鱼类为中心不断向外扩散。这些涡环的产生与鱼类的尾巴或鱼的全身形态密切相关。当这些涡环与周围的水流相互作用时,会产生一种向前的推力,帮助鱼在水中前进。他还研究了鱼的肌肉和骨骼的特性,发现它们具有高弹性和高强度,可以在游泳时提供足够的动力和支撑。尤里奇认为鱼类游泳的高效性主要归功于它们的尾巴和鳍的特殊形态和运动方式,以及肌肉和骨骼的特殊结构和力学特性。

恩斯特·马丁·欧拉(Ernst Martin Euler)进行了进一步的探究。欧拉发现这些涡环不仅可以为鱼类提供一个向前的推力,还可以减少鱼类游泳时的阻力。欧拉设计了一系列实验,使用高速相机和计算机模拟技术,观察和分析鱼类游泳时周围的流场和涡环结构。他发现,鱼类在游泳时产生的涡环可以将周围的水流引导到其下方,从而减少水对鱼类上部的阻力。这种减少阻力效应对鱼类游泳的高效性起到了关键的作用。

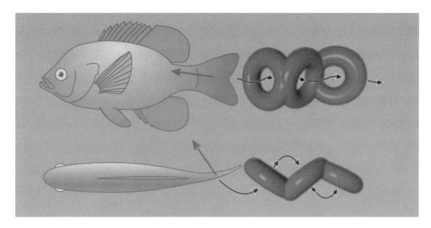

图 15-7　鱼类摆动过程中形成反卡门涡街

除此之外,还有不少学者从别的方面对鱼类游泳进行了研究,例如罗伯特·福斯特(Robert Foster),他是一位英国工程师,他对鱼类游泳的研究集中在游泳方式和能量消耗上。他发现,鱼类的游泳方式非常高效,消耗的能量比人类游泳要少得多。

这些科学家和工程师对鱼类游泳的研究和应用做出了巨大的贡献,不仅丰富了人们对自然界的认识,而且为人类在船舶设计、水下工程、体育健康等领域提供了重要的启示和帮助。他们的研究成果不仅推动了科学技术的发展,也促进了人类对水下世界的探索和了解。

得益于上述学者对鱼类游泳的研究,一些科学家开始尝试设计能够模仿鱼类游泳的机器。到了 20 世纪 80 年代,随着计算机技术和控制理论的不断发展,仿鱼类机器人的设计和性能得到了显著提升。这个时期的仿鱼类机器人已经能够实现较为复杂的游泳动作。进入 21 世纪以后,随着人工智能和机器学习技术的快速发展,仿鱼类机器人的智能化程度不断提高。现在的仿鱼类机器人已经能够实现自主控制和自主导航等功能。例如深之蓝海洋科技公司开发的一款名为"蝠鲼"的仿鱼类机器人(见图 15-8)具有非常高的知名度,它具有游泳速度快、续航能力强、适应性强等优点,其在海洋探测、资源开发、水下作业等领域具有广泛的应用前景。

现在的仿鱼类机器人已经取得很大的进展,可以在水下高效、灵活地游动。这些机器人通常模仿真实鱼类的形态和运动方式,使用各种技术和驱动器来实现游泳和操作。仿鱼类机器人已经广泛应用于海洋探测、资源开发、水下作业等领域,并且已经成为一种重要的研究工具和海洋探测设备。虽然仿鱼类机器人的性能和实用性得到了很大的提高,但是还需要进一步的技术突破和优化,以适

图 15 - 8　蝠鲼仿鱼类机器人

应更复杂的水下环境和任务。

15.1.5　涡环——生物推进的统一形式

虽然上述生物的生理结构以及运动方式大不相同,但它们都不约而同地选择了涡结构作为自己的推进形式。这些涡环同时发挥作用为生物提供推力,实现了生物的高效推进。Dabiri 从生物推进的角度指出涡环及其衍生形式是生物推进流体结构的统一形式,并且是唯一的统一结构。相对于人类目前设计制造的飞行器,生物利用涡环产生各种非定常机制,使其运动同时具备高推进效率、高机动性和高适应性等特征。

涡结构称为流体运动的"肌肉和筋骨",是流体中普遍存在的一种运动形式,从微观的湍流到宏观的大气,都可以观察到涡结构的存在。我国著名流体力学家陆士嘉曾经说过:"流体的本质就是涡,因为流体经不起搓,一搓就是涡。"在复杂的涡结构中,涡环这种由封闭的涡管形成的最基本的涡结构,其形成与运动反映了整个涡运动的基本原理。在对生物尾迹涡结构进行的研究中,最基本的形式是反卡门涡街结构,其广泛地存在于鱼类、昆虫和鸟类等生物的运动尾迹中。相比于卡门涡街,反卡门涡街可以产生推力。对空中和水中等以流体作为运动介质的动物来说,在三维流场下反卡门涡街的表现形式是封闭的涡环结构。即使存在身体构造、运动方式和生活环境的差别,但从一个较统一的观点看,生物在推进时都会利用涡环这种非定常流体结构：鱼类通过尾部的周期性摆动，在尾迹形成一连串涡环[见图 15-9(a)]。水母利用其柔性的身体，通过"舒张-收缩"伞形边缘而产生一系列类圆形的涡结构完成推进[见图 15-9(b)]，并实现在所有动物中最低的能耗比(见图 15-10)。昆虫在高速拍动翅膀时利用展向流使前缘涡稳定附着，实现在大迎角下的延迟失速(delayed stall)，翅膀拍动结束后脱落的漩涡会被下次拍动利用，实现尾迹捕获(wake capture)，昆虫扑翼还可通过形成与升力反向的涡环结构以实现悬停等动作[见图 15-9(c)]。鸟类在扑翼飞行的尾迹中也存在一系列相互作用的被拉长的涡结构[见图 15-9(d)]。与昆虫相似的是，小型鸟类的外段翼也会发生明显的前缘涡附着，作用是弥补因低速飞行引起的升力不足。在哺乳动物中同样发现了涡环在推进中的利用：蝙蝠可利用附着于翅膀上的前缘涡、翼尖涡和翼根涡，连接成一串同向旋转的闭合涡环并获得最大 40% 的升力提升，这使蝙蝠能以 4.8 的升力系数在较慢的速度下滑翔[见图 15-9(e)]。

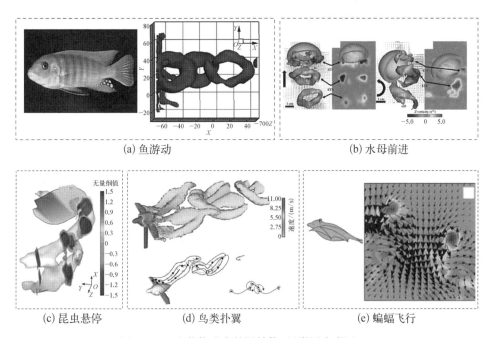

(a) 鱼游动　　　　　　　　　　　(b) 水母前进

(c) 昆虫悬停　　　　　(d) 鸟类扑翼　　　　　(e) 蝙蝠飞行

图 15-9　生物推进中的涡结构(见附图中彩图 16)

　　生物在产生涡环的形式上，无论是鸟类或昆虫的扑动，鱼类的摆动，还是水母和心脏的舒张，其"启动-暂停-再启动"往往遵循一种规律的周期性。近年来的研究表明，鸟类、鱼类和水生哺乳动物即使身体结构和运动模式有巨大差别，

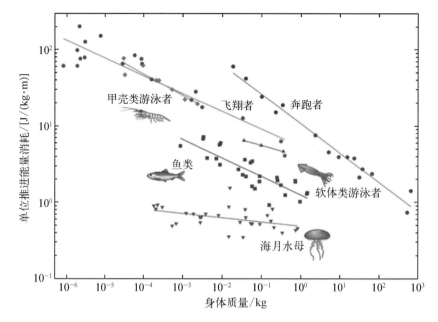

图 15 - 10　水母在所有生物中具有最低的能耗比

它们在巡航时仍统一处于同一个无量纲运动参数——斯特劳哈尔数(Strouhal number)的范围内。斯特劳哈尔数 Sr 定义为

$$Sr = \frac{f_s D_s}{U_a} \qquad (15-1)$$

式中, f_s 为摆动频率; D_s 为摆动振幅; U_a 为推进速度。

　　各种生物在巡航过程中飞行或游动的 Sr 稳定在 $0.2 \sim 0.4$。针对 Sr 统一分布的研究,Triantafyllou 等提出在此范围内生物的摆动和扑动可以获得最高的推进效率。对鸟类扑翼的研究显示,在面对异常风况而扑频过快时,鸟类会采用"间歇飞行"的方式,间歇性地停止扑动以降低瞬时 Sr,使其恢复至 $0.2 \sim 0.4$ 的范围内。Taylor 等设计并制造了可完成俯仰和沉浮运动的昆虫翅膀模型,在风洞中利用烟线的流场可视化技术,观测到了在飞行 Sr 为 0.3 时,前缘涡的稳定附着,如图 15 - 11 所示。除了避免涡的分离,在此 Sr 下产生的涡环串相对稳定,往往在尾迹中形成反卡门涡街。Sr 在生物尾迹涡系中的表现是具有固定间隔的涡环串,在涡环间距对涡环相互作用的影响研究中,Krueger 等发现,最大的相对力增益出现在较小的形成时间 T^* 和较小的时间间隔 Δt 下,并给出了脉冲占空比 Sr_L 来解释相互作用对涡环推力和推进效率的提升。

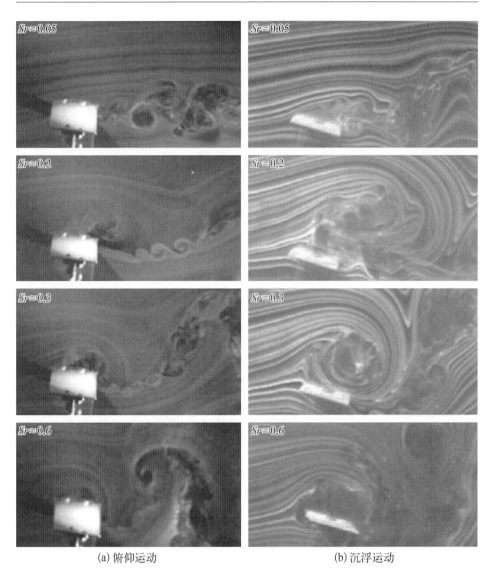

(a) 俯仰运动　　　　　　　　　　(b) 沉浮运动

图 15-11　前缘涡在 Sr 为 0.3 时形成稳定附着

15.2　血流动力学原理

15.2.1　射血涡环——人类的动力源泉

涡环同样也在人类的生命活动中发挥着极其重要的作用,在人类的生命之源,心脏内部的血流也是以涡环的形式存在的。

血液在心脏中的流动方向,由浑身各处收集而来的静脉血摄入身体的右心房,心脏的右心房血液流过三尖瓣进入右心室,通过右心室的收缩将血液射入大肺动脉。肺动脉血液经过肺脏的循环过滤,将含氧量较低的静脉血过滤为含氧量较高、含二氧化碳量较低的动脉血,动脉血经过肺静脉回流入左心房。左心房内的血液经过二尖瓣传递入左心室,左心室进行收缩,收缩以后将含氧量充足的动脉血射出到体外,射入人体的大动脉中。

但血液在心脏中并不像水管中的水一样进行定常流动,而是在心室腔体内形成一个射血涡环。早在1972年,Bellhouse等便通过体外实验的方式发现左心室在舒张期有涡环的形成(见图15-12),尤其在使用的心室模型较小的情况下,涡环非常明显,涡环强度主要集中在二尖瓣前叶。1994年Kim等使用多普勒超声在猪心中证实了涡环的形成,并通过三维核磁确认了左心室在舒张期有涡环形成,将涡旋运动定义为流线为圆形的区域,并画出了速度矢量。

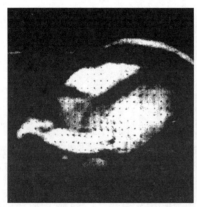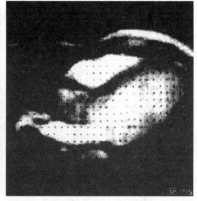

图15-12 左心室舒张期的涡环

在漫长的自然进化中,人类利用涡环作为自己心室内血液的流动结构,必然存在其优越性。首先,涡环是一个稳定的结构,它可以在运动过程中保持自身结构,并能以较低的能量消耗远距离输送流体。舒张期的充盈模式为旋涡环,因此具有较高的血流运输效率。Dabiri等在2005年和2009年的研究指出,最佳涡环的形成在生物推进和流体输送中都起着至关重要的作用。其次,不对称的心内流动模式有助于血流的重定向。他们发现旋涡环的运动方向会转向强度更大的旋涡,即二尖瓣前叶和三尖瓣前部,从而完成血流的重定向。推测这种不对称的手性填充方式可以减少流入、再循环和流出血量之间的耗散相互作用,从而减少能量耗散的往复运动,并动态增强房室功能。最后,旋涡环的体积大于流入心室的血液体积,这意味着心室的一部分血液被"吸入"旋涡环,在此期间,积存于心室的血液和破碎的红细胞可以随着旋涡环排出心室,降低血栓形成的风险,也就是说,由于夹带的性质,涡环可以扫过心室。2016 年,Töger 定义了混合比例来表征脑室内流的这一特性。

利用旋涡环的物理特性和各种参数来评价心内血流是该领域的研究热点。通过比较健康人与不同心脏病患者中心旋涡环的不同参数,对疾病的诊断具有重要意义。

目前有不少研究已经证明了心脏病理上的改变会引发射血涡环的改变。2016 年,Töger 等利用体外模拟实验的方式研究了射血涡环的席卷夹带作用(见图 15 - 13),并提出了将混合比例(mixing ration)作为心衰的判断指标,认为当混合比例达到一个临界值时,血栓开始形成。

(a) 应用了强度背景校正的激光诱导　　　　(b) 涡环的手动勾画(红色连续线)和
荧光的浓度场图像　　　　　　　　　　　　　计算出的中心线(绿色虚线)

━━━　━━　　　　　　　━ ━ ━ ━ ━
射血涡环边界手动划定　　　　中线

图 15 - 13　射血涡环的席卷夹带作用(见附图中彩图 17)

2018 年,Saaid 等利用超声波探测的方式研究了左心室射血涡环的形成过程及运动,并利用这些数据进行了数学建模,得到了二尖瓣和左心室内涡环形成的协同关系(见图 15 - 14)。

还有许多学者针对射血涡环的其他方面进行了研究,Kilner 等发现心室内的手性非对称血流对血流运输的方向起到了重要作用。Nguyen 等利用 CMR 成像技术,对志愿者进行了实体实验,证明了心脏发生病变的时候,涡环与心室壁的耦合系数会发生变化。还有不少研究发现了当心脏发生病变的时候,射血涡环的压强和剪切力会发生变化。总体上来说,不同疾病都会导致涡环变小,速

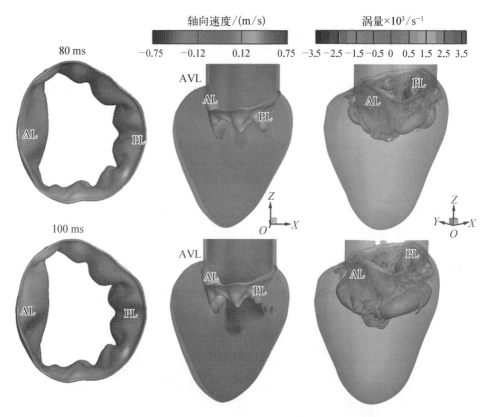

图 15 - 14　二尖瓣与射血涡环的协同关系(见附图中彩图 18)

注：图中 AVL 为右心房向量导联；AL 为前侧导联；PL 为后侧导联。

度变慢，涡度减小，能量耗散变大，涡环提前破裂等。

15.2.2　人造心脏与航空工程师

2021 年 1 月 11 日，在浪漫之都巴黎，一家法国制造商 Carmat 展示了一颗人造心脏，20 天前，该人造心脏获得了 CE 认证，这标志着 Carmat 可以在包括欧盟在内的众多国家出售人工心脏。这天，公司创始人阿兰·卡尔庞捷(Alain Carpentier)已经是 87 岁的老人，离他开始人造心脏的梦想已经过去了足足 28 年。1993 年，卡尔庞捷已经是全世界闻名的外科医生，他向法国实业家拉加代尔提出了进行人造心脏研制的请求，拉加代尔当时是一家导弹公司的老板，于是他提供给卡尔庞捷实验室和一些制造导弹的工程师进行研发，此后几经变迁，此公司被空客公司收购。

2008 年 12 月 31 日，空客公司、松露资本(Truffle Capital)和卡尔庞捷共同创立了人造心脏制造公司 Carmat。此时，Carmat 中很多工程师都是来自空客公司的航天工程师。

　　按照卡尔庞捷的说法,不管诗人或者艺术家喜欢不喜欢,心脏仅仅只是一个泵体而已。卡尔庞捷是一位有野心的医生,他想制造世界上第一颗全自动化、没有任何体外连接的心脏,移除整个心脏用人造心脏完全替代,下半部分连接各处的切口,上面连接两条主动脉。

　　该人造心脏不需要任何体外连接就可以 24 小时不间断地工作(见图 15 - 15),其外壳由塑料组成,内部有泵体、传感器、电缆处理器等电子元器件,人造心脏由两个腔室组成,利用一个隔膜进行分割,一侧是液压油,另外一侧是血液电动泵,将液压流体移入和移出腔室,产生收缩压和舒张压,导致隔膜移动。另外一侧的血液就流入或者流出人造心脏,这就是整个工作原理。人造心脏内装有传感器,检测压力的变化,将该信息发送到内部控制系统就可以根据患者的需要调整流速,比如需要更多的氧气时,就增加泵体的转速,血压升高。这可以说是人造心脏很大的改进,提供了人体所需要的变化的血流速度。

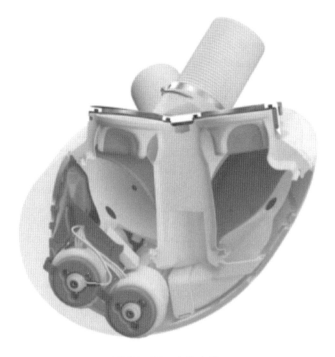

图 15 - 15　人造心脏

　　因此人造心脏的设计,不仅需要许多血流动力学的知识,同时也需要各系统整合调节的知识。其设计思路与飞行器的设计思路具有异曲同工之妙,这也是

Carmat 有许多飞行器工程师的原因。

参考文献

[1] 赵长辉，王衡，张勤满，等. 民用飞机发展研究[J]. 航空与航天，2006(3)：16-25.

[2] Wang W，An W G，Song B F. Dynamic soaring parameters influence regularity analysis on UAV and soaring strategy design[J]. Drones，2023，7(4)：271.

[3] Pan Y，Wang K B，Zou W Y，et al. Dynamic soaring trajectory optimization and tracking with adaptive non-singular fast terminal sliding mode control[C]//Fu W X，Gu M C，Niu Y F. Proceedings of 2022 International Conference on Autonomous Unmanned Systems (ICAUS 2022). Singapore：Spinger，2023：3114-3127.

[4] Bomphrey R J，Nakata T，Henningsson P，et al. Flight of the dragonflies and damselflies[J]. Philosophical Transactions of the Royal Society B：Biological Sciences，2016，371(1704)：20150389.

[5] Tamai M，Wang Z J，Rajagopalan G，et al. Aerodynamic performance of a corrugated dragonfly airfoil compared with smooth airfoils at low Reynolds numbers[C]//45th AIAA Aerospace Sciences Meeting and Exhibit，Reno：2007.

[6] Rees C J C. Form and function in corrugated insect wings[J]. Nature，1975：256：200-203.

[7] Muralidharan M，Saini P，Ameta P，et al. Bio-inspired soft jellyfish robot：a novel polyimide-based structure actuated by shape memory alloy[J]. International Journal of Intelligent Robotics and Applications，2023，7：671-682.

[8] Vanshaj K，Shukla A K，Shukla M，et al. Jellyfish search optimization for tuned mass dampers for earthquake oscillation of elevated structures including soil–structure interaction[J]. Asian Journal of Civil Engineering，2023，24：779-792.

[9] 李芳. 仿鲨鱼鳃呼吸过程的流场控制及减阻性能研究[D]. 哈尔滨：哈尔滨工程大学，2016.

[10] Eldredge J D，Jones A R. Leading-edge vortices：mechanics and modeling[J]. Annual Review of Fluid Mechanics，2019，51：75-104.

[11] Okafor I U，Santhanakrishnan A，Chaffins B D，et al. Cardiovascular magnetic resonance compatible physical model of the left ventricle for multi-modality characterization of wall motion and hemodynamics[J]. Journal of Cardiovascular Magnetic Resonance，2015，17(1)：51.

[12] Vu V，Rossini L，del Alamo J C，et al. Benchtop models of patient-specific intraventricular flow during heart failure and LVAD support[J]. Journal of Biomechanical Engineering，2023，145(11)：111010.

[13] 佚名. 首个 3D 打印的"人造心脏"诞生，有望变革器官移植[J]. 现代医学与健康研究，2019，3(8)：121.

第 16 章　开创航空航天新篇章：致敬未来精细、精确、精致的总师

本章作为全书的结篇，阐述了本教材希望传递给航空航天青年学子的三个重要培养理念——"强"格局、"爱"杰作和"想"未来。并以航空航天中"三层次设计"及树立"空天报国"的理想信念作为全书最后的结尾。

16.1　课程重要理念

16.1.1　"强"格局

1）世界格局——合作与竞争的交织

航空航天领域作为人类探索极限、实现梦想的舞台，正经历着多元且不断变化的世界格局。这个领域在全球范围内汇聚了国家、组织、公司的共同努力，既有合作共赢，也有激烈竞争。航空航天领域的世界格局揭示出这个引人瞩目的领域的发展脉络与前景。

航空航天领域的世界格局体现出多极化的趋势。美国、俄罗斯、中国等国在航空航天领域的技术实力和创新能力备受瞩目。这些国家通过持续投入，取得了在火箭发射、太空探索、卫星通信等领域的显著成就。与此同时，ESA 以及一些发展中国家也在不同程度上积极参与航空航天领域发展，共同构筑了一个多元的世界格局。在商业航天方面，私营企业如 SpaceX 等的涌现，为领域注入了更多创新力量。然而，这种多元化格局也伴随着一系列合作与竞争的挑战。

国际合作与竞争交织成为航空航天领域的双重主题。国际空间站的建设、卫星导航系统的合作等充分展示了国家之间共同推动科学进步和技术创新的意愿。然而，随着太空资源开发、月球探索等领域的崛起，国际竞争也日益激烈。各国积极探索可再入技术、载人登月等前沿领域，为实现科技突破而展开激烈竞赛。这种合作与竞争的并存，将不断塑造航空航天领域的未来走向。

作为航空航天领域的人才,如何培养世界格局,是迎接未来挑战的必要素养。首先,跨文化视野的拓展势在必行。了解不同国家的航空航天发展历程、技术优势和文化特点,有助于建立全球视野。其次,国际合作意识的培养至关重要。参与国际合作项目,了解合作伙伴的需求和期望,培养良好的合作沟通能力,有助于推动共同科研和项目开展。最后,对国际法律法规的认知也不可忽视,航空航天领域的发展需要在国际法律框架内进行,因此,理解并遵循相关法律,有助于推动合作顺利进行。

综上所述,航空航天领域的世界格局呈现出多元性、合作性和竞争性的融合态势。作为航空航天领域的从业者,通过拓宽视野、培养国际合作意识和法律法规意识,可以更好地融入全球航空航天的大格局,为人类的探索与发展贡献力量。

2) 历史格局——征途与腾飞的不懈追求

航空航天领域作为人类对天空的永恒探索的阵地,其历史格局随着时代的演进不断变化。从莱特兄弟的飞行到登月计划的成功,这个领域见证了人类科技与勇气的壮丽腾飞。通过审视航空航天领域的历史格局,我们能够洞察人类在探索未知、实现梦想中的不懈追求。

航空航天领域的历史格局展现出国家间的竞赛与合作。20世纪初,莱特兄弟首次成功飞行标志着人类航空史的开端。随后,两次世界大战成为飞行器技术的试金石,各国力争在军事和民用领域取得领先地位。然而,随着"冷战"的升温,美国与苏联展开了宇航竞赛,登月计划的成功使美国成为航天领域的领头羊。此后,国际航天站的合作再次凸显出国家间的合作精神,为科研和探索提供了难得的合作平台。

技术的演进是航空航天历史格局变迁的重要因素。从螺旋桨飞机到喷气式飞机,再到如今的太空飞行器,技术的革新不断推动着航空航天领域飞速发展。卫星通信、导航系统等应用技术不断成熟,改变了人类的生活方式。商业航天公司的涌现,使航空航天不再局限于国家间的竞争,而是融入市场竞争之中。

航空航天领域的历史格局也呈现出人类对未知领域的不懈探索精神。"阿波罗"登月计划、火星探测任务等都是人类超越自我极限的壮举,展现了人类勇往直前的探险精神。此外,随着太空旅游的兴起,航空航天正逐渐走向商业化,为更多人提供亲身体验太空的机会。

总体而言,航空航天领域的历史格局是一个充满竞争、合作和不懈探索的过程。国家间的竞赛、技术的演进、人类的勇气,都在推动着航空航天不断前行。

从莱特兄弟的飞行到现代商业航天的崛起，航空航天领域始终在演绎着人类的征途与腾飞的壮丽篇章。这一历史格局将继续塑造人类探索和发展的未来。

3）家国格局——科技兴国的崛起与挑战

航空航天领域作为国家科技实力的象征，其家国格局在全球范围内呈现出多样性。国家在这一领域的发展水平不仅影响着其在科技舞台上的地位，还牵涉国家安全、经济繁荣等多个层面。理解航空航天领域的家国格局，有助于深刻理解国家在科技竞争中的角色与影响。

航空航天领域的家国格局展现出一系列国家的崛起。美国作为航空航天领域的巨头，凭借 NASA 等机构取得了在太空探索、卫星技术等领域的显著成就。同样，俄罗斯以其悠久的航天传统和技术实力，在火箭技术等领域保持一定的优势。中国近年来的快速发展，尤其是"嫦娥"系列探月任务的成功和"长征"系列火箭的发展，使其逐步走上航空航天强国的道路。此外，欧洲各国、印度、日本等国家也在航空航天领域迈出了重要的一步，彰显了科技兴国的坚定信念。

航空航天领域的家国格局也面临着一系列挑战。首先，高昂的投入和技术壁垒对一些发展中国家而言，可能成为其实现航空航天梦想的障碍。其次，航空航天领域的技术密集和高风险特点，使发展中国家需要在人才培养、技术创新等方面付出巨大努力。在国际合作中，家国格局也需要权衡自身利益与全球合作之间的平衡，以确保自身在航空航天领域的发展受益。

作为航空航天领域的从业者，应该怎样看待家国格局并应对挑战？首先，要明确国家的优势和不足，充分发挥自身所在国在航空航天领域的优势，同时加强技术创新和人才培养，以提升国家的整体实力。其次，在国际合作中，要积极参与，分享资源、经验和知识，实现合作共赢。最后，还要关注全球技术发展趋势，不断学习和创新，为国家在航空航天领域的崛起贡献一份力量。

在航空航天领域，家国格局带来了机遇与挑战。国家在该领域的崛起需要充分发挥自身优势，同时积极参与国际合作。科技兴国的道路并不平坦，但通过不断的努力和创新，各国都有可能在航空航天领域取得骄人的成就。

16.1.2　"爱"杰作

1）超越时代的先进性能

航空航天领域的杰作总是以其超越时代的先进性能为人津津乐道。U-2高空飞机于20世纪50年代问世，其最为突出的特点是出色的高空侦察能力。由于其设计理念，U-2能够飞行在高达70 000 ft的高空，远远超越了当时敌我双方的防空火力,成为超越时代的航空器。这一独特的飞行高度不仅赋予了 U-2 极佳的侦察视野,而且使其免于常规防空火力的威胁。得益于此,U-2 在 "冷战"时期为美国提供了宝贵的侦察情报,成为时代的英雄。类似地,SR-71 "黑鸟"战略侦察机则在 U-2 的基础上进一步突破,成为飞行速度和高度的双 重奇迹。SR-71 能够飞行在高达 85 000 ft 的高空,而其最大的特点在于其超声 速飞行能力。SR-71 可以以惊人的速度飞越大洋,仅需数小时即可环球飞行, 这在当时无疑是刷新了人类航空飞行的极限。此外,SR-71 的隐身设计和先进 的雷达系统,使其能够在极高的速度下成功执行侦察任务。

2) 突破极限的创造思维

航空航天领域的杰作总是凝聚着突破极限的创造思维,F-117"夜鹰"隐身 战斗机与 B-2 隐身轰炸机是其中的典范,它们以卓越的设计和突破性能在航空 史上留下了深刻的足迹。F-117"夜鹰"隐身战斗机在 20 世纪 80 年代初问世, 其最大的突破在于先进的隐身技术。在当时,雷达识别是战斗机面临的一大难 题,而 F-117 通过独特的设计和材料,实现了对雷达波的极强吸收,将其在雷达 上的反射信号降至最低。这一突破性技术使 F-117 能够在雷达监测范围内隐 蔽行动,成为战场上的"无形剑"。而 B-2 隐身轰炸机则在 F-117 的基础上进 一步突破,成为飞行性能和隐身设计的典范。B-2 的飞翼设计不仅为其带来了 卓越的隐身性能,还赋予了其出色的飞行稳定性。B-2 还能够携带大量的武器 负载,保持长时间的飞行能力,实现战略打击的远程部署。在技术层面,B-2 的 飞行控制和飞行管理系统都达到了极高的水平,使飞行员能够充分发挥其飞行 性能。尽管 B-2 的设计和建造过程异常复杂,但突破性的创造思维确保了其在 空中优势领域的领导地位。

F-117 和 B-2 的成功不仅源自其卓越的设计和性能,更源自科学家、工程 师的创造性思维和不懈努力。他们通过不断试验、改进和创新,成功攻克了一个 个技术难题,将飞机的性能推向了新的高度。这些杰作的存在为航空技术的发 展带来了新的思路和方向。

3) 矢志不渝的空天情怀

航空航天领域的杰作常常不仅代表技术的巅峰,更是设计师无尽的热情和 不屈不挠的追求的结晶。设计师的空天情怀贯穿于每一架飞机、每一艘飞船的 设计与制造过程,其中凯利·约翰逊(Kelly Johnson)和沃纳·冯·布劳恩 (Wernher von Braun)作为航空航天领域的代表人物,展现了深刻的情怀和卓越 的成就。

　　凯利·约翰逊是洛克希德公司的创始人之一，也是 SR-71"黑鸟"间谍飞机的主要设计师。约翰逊的空天情怀在他对超声速飞行的追求中得以充分展现。他不仅在技术创新方面取得了突破，更在组织管理和团队合作方面做出了杰出贡献。约翰逊致力于打造一款能够高速飞行、在高空高速情况下保持稳定的飞机，以满足美国空军对侦察的迫切需求。他的团队突破了航空工程领域的界限，创造了 SR-71 这一超越时代的奇迹。然而，约翰逊的成就不仅仅源于技术突破，更因为他对工程伦理和团队合作的重视。他注重倾听工程师的声音，鼓励创新思维，打破层级束缚，让团队成员充分发挥他们的创造力。这种人本主义的领导方式使约翰逊在设计 SR-71 的过程中，不仅创造了技术奇迹，也培养了一支富有激情和归属感的团队。

　　沃纳·冯·布劳恩则是航空航天领域的另一位重要人物，他是德国火箭工程的先驱者，也是美国土星 5 号火箭的主要设计师。布劳恩的空天情怀凝聚在他对人类进入太空的梦想中，以及他在各种合作的历程中所体现出的坚定信念。冯·布劳恩是一个早期的太空探索者，他的火箭技术在德国第二次世界大战末期得以应用，为人类进入太空奠定了基础。然而，冯·布劳恩深知科技的应用需要与和平相结合，他在战后将自己的知识和团队带到美国，参与了土星 5 号火箭的设计，为"阿波罗"登月计划的成功做出了巨大贡献。冯·布劳恩在其职业生涯中一直坚信，科技的发展应该造福于人类，推动人类前进，而不仅仅是出于军事和政治的目的。

　　约翰逊和冯·布劳恩的事迹充分展现了设计师的空天情怀对航空航天领域的影响。他们的追求不仅仅是技术的突破，更是人类探索和进步的呼声。约翰逊通过团队合作和创新思维，创造了 SR-71 这一超越时代的奇迹；冯·布劳恩则通过将火箭技术用于和平目的，为人类进入太空的梦想奠定了坚实基础。航空航天伟人的奋斗与情怀，铸就了航空航天领域的辉煌业绩，也启示着我们在科技发展中始终保持矢志不渝的追求和人本情怀的重要性。

　　在百年航空航天发展史上，一些杰出的航空器和航天器成为永恒的经典，它们不仅代表着技术的巅峰，更寓意着人类对未知的探索和对极限的追求。正是这种对卓越的热爱，驱使着我们不断追求精湛技艺，也鞭策着总师们去塑造未来更加精细、精确、精致的航空航天领域。

　　U-2、SR-71、F-117、B-2、土星 5 号等杰作深藏着总师们对航空航天事业的热爱，这些杰作也以无限的热情和努力塑造了航空航天的辉煌。未来的航空航天领域需要我们继续保持热爱，不断追求卓越，以精湛的技艺打造更为精细、精确、精致的飞行。

16.1.3 "想"未来

1) 远古科学文明的源动力

在人类文明的漫长历史中,远古时期的人们对天空和星体的观察,以及对自然规律的初步认知,为航空航天领域的崛起奠定了坚实的基础。古代文明中蕴含的天文学、地理学等知识,不仅是当时人类对世界好奇与探索的产物,更是航空航天科技发展的直接启示。这段远古历史以其无尽的好奇心和探索欲望,推动着人类不断寻求飞行和探索太空的方法与途径,如今依然在我们的航空航天征程中闪耀着独特的光芒。

远古人类对天空的观察超越了日常生活的枷锁,引领着他们进入更加广阔的思维空间。从早期的天象观察到后来的星座绘制,人类逐渐认识到星体的运行规律,探索了昼夜交替、季节更迭等自然现象背后的奥秘。这些观察不仅催生了天文学,也为导航和地理学提供了基本概念。古代航海者根据星辰的位置和行动来定位航向,实际上开启了人类对空中和水面探索的初步尝试,为后来的飞行和太空探索积累了经验。

古代人们从飞鸟的翱翔中得到了对飞行的最初启发。神话和传说中的飞行英雄,如希腊的伊卡洛斯和中国的蓬莱仙人,无不映射出人类对飞翔的渴望。这些神话虽然在技术上并未直接促使飞行的实现,但它们表达了人类的想象力和对未知的探索欲。这种追求飞行的欲望最终成为人类发展飞行技术的动力,推动了人们跨越地面,向蓝天和太空进发。

古代人的天文观察和地理探索催生了对自然规律的初步认知。他们尝试理解日月星辰的运行,提出了不同的宇宙观念,如地心说和日心说。虽然这些理论有时不准确,但它们在科学发展中具有开创性的意义。古代人还尝试解释地球的形状和引力现象,这些初步的认知为后来的火箭运动和太空探索提供了物理学基础。

远古时期人类的好奇心和探索欲望从未止息。尽管他们的工具和知识受限,但这种对未知的渴望激励着他们勇往直前。正是在这样的动力下,人类逐渐开拓了飞行的可能性,将飞机升上蓝天,将人类送上太空,实现了曾经被认为是遥不可及的梦想。

远古时期的天文学、地理学等知识,是航空航天领域发展的重要基石。这段历史教会我们,无论环境如何艰苦,人类的好奇心和探索精神永不熄灭。我们应该珍视古人的智慧,将其传承下去,为未来的航空航天科技进步贡献更多的可能性。

在远古时期,人类对天空和星体的观察,以及对自然规律的初步认知,奠定了航空航天领域的基础。古代文明中的天文学、地理学等知识,为航空航天的发展提供了直接的启示。远古人类的好奇心和探索欲望推动了他们不断寻求飞行和探索太空的方法与途径。

2）近代自然科学的着眼点

近代科学的爆发,特别是牛顿的力学和引力理论,以及伽利略的天文观察,为航空航天领域提供了更深入的理论基础。这些理论的发展让人们开始思考如何克服重力、实现飞行,甚至进一步探索太空。航空航天工程的发展从轻型飞行器到喷气式飞机、火箭,最终演化成了登月和太空站等人类太空活动。

牛顿的力学和引力理论是近代科学的里程碑,它们揭示了物体运动的规律,为飞行提供了坚实的数学和物理基础。牛顿的三大运动定律不仅解释了物体在空中的飞行轨迹,还为设计飞行器的稳定性和控制提供了指导。而引力理论则让人们了解了重力的本质,为飞行和太空探索提供了理论依据。

伽利略通过天文望远镜的观察,为航空航天领域提供了实际观测数据。他的观察揭示了行星的运动规律,打破了地心说的观念,强化了日心说的正确性。这些观测结果为人类理解太空环境和导航提供了重要线索,同时也鼓舞了人们对飞行的想象和探索。

近代科学不仅提供了理论指导,也在工程技术上实现了突破。轻型飞行器的发展让人类首次实现了机械飞行,喷气式飞机的引入大幅提升了飞行速度和效率,为国际航行创造了条件。而火箭技术的发展更是使人类进入了太空,首次实现登上月球,并建立了太空站,展开了对宇宙更深层次的探索。

从轻型飞行器到航天飞机,从地球到月球、火星,航空航天领域的发展见证了人类智慧和勇气的飞跃。近代科学的爆发不仅为技术进步开辟了道路,更激发了人类对未知世界的好奇心和勇气。这个领域的成就背后,是科学家、工程师和探险家不懈的努力,是他们为追求知识和进步而付出的执着。

在近代科学的引领下,航空航天领域迎来一个新的时代。人类的航空航天征程从未停止,我们期待着在科学的驱动下,继续突破技术难关,开拓更广阔的太空领域,为人类的未来探索描绘更加壮丽的篇章。

3）未来文明的救赎

随着人类社会的发展,航空航天领域依然扮演着重要的角色。资源枯竭、环境问题和人口压力等挑战催生了对新的解决方案的需求,而航空航天技术在这个背景下具有巨大的潜力。太空资源的利用、地球环境的监测、太空旅游等都是未来航空航天领域的发展方向。

太空资源的利用是未来航空航天领域的重要发展方向之一。地球上的资源逐渐枯竭,而太空中蕴含着丰富的矿产、能源和水资源。如何开发和利用这些太空资源,以满足人类不断增长的需求,是重要的课题。太空资源的开发有望为人类提供新的发展机遇,同时也有助于缓解地球资源短缺的问题。

航空航天技术在地球环境的监测和保护方面发挥着重要作用。卫星遥感技术可以实时监测大气成分、海洋温度、陆地覆盖等环境参数,帮助科学家更好地理解自然环境的变化。这些数据对于应对气候变化、预防自然灾害等都具有重要意义。

太空旅游则为航空航天领域带来了新的商业机会和人类体验。随着技术的进步,太空旅游不再是遥不可及的梦想,越来越多的人有望亲身体验太空的奇妙景象,这将激发更多人对航空航天的兴趣,推动技术的进一步发展。

总结而言,航空航天技术的持续发展为科技创新带来了巨大的推动力。在追求更高飞行速度、更大载荷能力以及更先进的材料和系统的过程中,航空航天行业不断催生出各种技术创新。这些创新不仅应用于航空航天领域,还渗透到其他领域,如通信、材料科学、计算机技术等。例如,太空探索推动了先进的遥感技术,为气象预测、环境监测和自然资源管理提供了更准确的数据。

航空航天的发展激发了人类对科技进步的追求,从而促使社会不断进步,也对经济增长产生了积极影响。航空航天产业链涵盖设计、制造、测试、运营等多个环节,吸纳了大量的人力和资金投入。随着太空旅游、卫星通信等领域的兴起,航空航天产业不仅创造了就业机会,还促进了相关产业的发展。例如,卫星导航系统的普及使交通运输、物流、农业等领域的效率得以提升。航空航天产业的繁荣带动了整个经济的增长,为人类创造了更多的机会和财富。

然而,航空航天的发展也伴随着一系列环境问题。火箭发射和飞行过程中产生的废气和废物对大气和生态环境造成影响。此外,太空中废弃的卫星和碎片也形成了"太空垃圾",对地球轨道的稳定性和未来的太空探索构成威胁。因此,航空航天行业需要在技术创新的同时,关注环境可持续性,采取有效的措施减少对环境的负面影响。

最后,航空航天的发展需要国际合作来共同应对挑战。太空探索需要超越国界的合作，因为其中涉及的资源、知识和技术是全球范围内的。国际合作不仅可以降低成本，还可以加速科技进步。例如，国际空间站就是多个国家共同合作的产物，为科学研究和技术测试提供了宝贵平台。航空航天的成功需要各国共同努力，建立和维护合作关系，实现更大范围内的科学探索和技术创新。

作为未来航空航天领域的优秀总师，要能够把握时代发展的脉络，克服挑战，让航空航天技术为人类创造更加美好的未来。

16.2　总师信条

16.2.1　三层次设计

无论是航空器或者航天器，其设计可以分为三层次的设计。第一层次是实现整体先进（整体弥补缺项），其代表如"幻影"2000 及土星 5 号；第二层次是设计技术引领学术研究，其代表如"协和"式/B-2 飞机及"阿波罗"号飞船；第三层次是全新颠覆理念（组合动力、隐身），其代表如 SR-71"黑鸟"及"卡西尼"号。

第一层次航空航天飞行器实现了整体先进的设计，以弥补它们的部分缺点。以下是它们的一些特点。

"幻影"2000 战斗机是法国生产的一种战斗机，设计时强调了机动性、速度和武器装备。它的缺点是载弹量和雷达探测距离较小。为了弥补这些缺点，设计师采用了以下措施。

（1）减小机身质量，以提高机动性和速度。

（2）增加机翼的尺寸和升力系数，以提高载弹量和飞行时间。

（3）安装较小的机载雷达和红外探测器，以提高雷达探测距离和侦察能力。

通过这些措施，"幻影"2000 能够在性能上取得平衡，并成为一种成功的战斗机。

土星 5 号火箭是 NASA 在 20 世纪 60 年代设计的一种运载火箭，用于把"阿波罗"号飞船送上月球。它的缺点是成本高、操作复杂和质量大。为了弥补这些缺点，设计师采用了以下措施。

（1）使用多级火箭系统，以提高运载能力和降低成本。

（2）采用新型材料和先进工艺，以减小质量、降低成本。

（3）设计高可靠性的自动控制系统，以减少人为操作错误。

通过这些措施，土星 5 号火箭能够实现先进的性能，并成功地将"阿波罗"号飞船送上了月球。

因此,"幻影"2000 战斗机和土星 5 号火箭通过整体先进的设计,弥补了它们的部分缺点,实现了成功的飞行任务。这些设计经验对于今后的航空航天飞行器设计仍具有启示意义。

第二层次航空航天飞行器设计的代表包括"协和"式/B‐2 飞机和"阿波罗"号飞船。这些飞行器实现了设计技术的引领,推动了学术研究的发展。以下是它们的一些特点。

"协和"式是法国和英国合作开发的一款超声速客机,设计时强调了速度和舒适性。B‐2 飞机是美国的一种隐身轰炸机,设计时强调了隐身性和精确打击能力。它们的共同特点是采用了如下先进的设计技术。

(1) 超声速气动设计,以减少阻力和提高速度。

(2) 先进的材料和结构设计,以减轻质量和提高强度。

(3) 高效的发动机设计,以提高推力和降低油耗。

(4) 先进的航空电子技术,以提高飞行安全性和效率。

这些设计技术的引领,不仅使"协和"式和 B‐2 飞机成为当时世界上最先进的飞行器之一,也为航空工程学科的发展提供了重要的研究对象和理论支持。

"阿波罗"号飞船是 NASA 在 20 世纪 60 年代用于登月的航天器系列,设计时强调了安全性、可靠性和精确控制。它们的共同特点是采用了如下先进的设计技术。

(1) 先进的航天器结构和材料,以提高强度和减小质量。

(2) 先进的航天器导航和控制系统,以实现精确控制和导航。

(3) 先进的航天电子技术,以提高通信和遥测能力。

(4) 先进的生命保障和环境控制技术,以确保宇航员的安全和健康。

这些设计技术的引领,不仅使"阿波罗"号成功登上了月球,也为航天工程学科的发展提供了重要的研究对象和理论支持。

因此,"协和"式/B‐2 飞机和"阿波罗"号飞船通过先进的设计技术,引领了航空航天领域的技术发展,推动了学术研究的进步。

第三层次航空航天飞行器设计的代表包括 SR‐71"黑鸟"和"卡西尼"号,它们实现了全新颠覆理念的设计和技术创新,包括组合动力、隐身性能等,以下是它们的一些特点。

SR‐71"黑鸟"是美国开发的一种高空高速侦察机,它采用了组合动力技术,即将涡喷发动机和火箭发动机组合使用。涡喷发动机提供了 SR‐71 在亚声速和低声速飞行时所需的动力,火箭发动机则提供了 SR‐71 在高速和高空飞行时所需的推力。SR‐71"黑鸟"还采用了隐身性能设计，包括如下特点。

（1）采用了特殊的黑色涂层，可以吸收雷达波并降低被探测的概率。

（2）采用了三角翼和锥形机身设计，可以减少雷达反射面积。

（3）采用了超声速飞行，可以快速穿越雷达的探测区域。

这些设计技术的颠覆性质，使 SR‐71"黑鸟"成为当时世界上最先进的侦察机之一，同时也推动了组合动力和隐身技术的发展。

"卡西尼"号是 NASA 和 ESA 合作开发的一种探测器，主要用于对土星及其卫星的探测。它采用了如下全新的设计理念。

（1）采用了多层次复合材料和先进的加工技术，以减轻探测器的质量。

（2）采用了先进的能源系统，包括核动力和太阳能电池板，以确保"卡西尼"号在长时间探测任务中的能源供应。

（3）采用了先进的遥感设备和精确控制系统，以实现对土星及其卫星的高精度探测。

这些全新的设计理念和技术创新，使"卡西尼"号成为当时最先进的探测器之一，同时也推动了探测器设计和制造技术的发展。

SR‐71"黑鸟"和"卡西尼"号通过全新颠覆理念的设计和技术创新，为航空航天领域的技术发展做出了重要的贡献。这些颠覆性的技术引领了学术研究，推动了更多的科学家和工程师探索新的设计理念和技术方案，为航空航天领域的进步开辟了新的道路。

16.2.2　树立理想与信念

最后以叔本华的一句话结束本书的所有内容："我们的任务并不是看到人们没有看到的东西，而是想到人们没有想到但每个人都看到的东西。"叔本华的这句话强调了思考者和观察者在发现新事物和创新方向上的重要作用。

从马斯洛的需求理论来看，人类的需求可以分为五个等级（见图 16‐1）：生理需求、安全需求、社交需求、尊重需求和自我实现需求。这五个层级的需求按照优先级从低到高排列，只有满足了较低层级的需求，才能进一步实现更高层级的需求。

在这个框架下，叔本华所说的"每个人都看到的东西"，可以理解为那些满足了人类基本需求的事物。例如，人类需要食物、水和空气等生理需求，需要居所、工作和收入等安全需求，需要社交互动、友情和爱情等社交需求，需要自尊和认可等尊重需求，以及需要自我实现、追求个人成长和满足自我价值感等自我实现

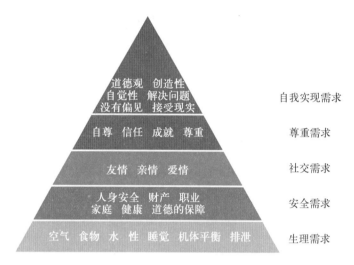

图 16-1　马斯洛需求理论

需求。这些是每个人都可以看到和体验到的基本需求。

　　然而,叔本华强调的"想到人们没有想到的东西",则需要更深入地思考和探索,以发现那些超越了基本需求的更高层次的事物。例如,当基本生理和安全需求得到满足后,人类可能会更关注社会公义、环保和可持续发展、科技创新等问题;当社交和尊重需求得到满足后,人类可能会更关注创新和艺术、哲学和宗教等领域。这些更高层次的需求并不是每个人都可以轻易看到和理解的,需要更深入的思考和探索。

　　叔本华提醒我们,作为思考者和观察者,我们的任务不仅是满足人类的基本需求,而且要从更深入的层次去思考和探索,以发现那些超越基本需求的更高层次的事物,从而推动人类的发展和进步。航空航天作为自然科学专业与工程应用专业,其学科的交叉性更加要求我们通过现象看本质,以更好地为我国乃至人类的航空航天事业添砖加瓦。

参考文献

[1]　胡海岩. 对力学教育的若干思考[J]. 力学与实践,2009,31(1): 70-72.

[2]　佚名. 要当总设计师就要承担更多的事情: 专访运 8 系列飞机总设计师、中航工业陕飞副总经理欧阳绍修[N]. 中国航空报,2010-11-18(8).

[3]　陈黎昶. 杨伟: 中国年轻的飞机总设计师[J]. 航空制造技术,2004(2): 28-29.

[4]　Gambrel P A, Cianci R. Maslow's hierarchy of needs: does it apply in a collectivist culture? [J]. The Journal of Applied Management and Entrepreneurship, 2003, 8(2): 143-161.

附录 A　名 人 小 传

A.1　钱学森

　　1945 年,美国在新墨西哥州的一块距离阿拉莫戈多约 50 英里处遥远而荒凉的土地上,成功地进行了其首次核武器试验,从而成为全世界首个拥有核武器的国家。同年,美国在日本的广岛和长崎分别投下一颗原子弹,促使了第二次世界大战的结束。随后,苏联于 1949 年也研制出了原子弹。在新中国成立初期,由于我国与苏联关系亲近,因此美国为了巩固自己在亚洲的地位,多次对中国进行核威胁。为了应对美国这种肆无忌惮的挑衅和威胁,中国政府也决定制造自己的原子弹。钱学森正是在这一时期回国效力,将中国导弹、原子弹的发射向前推进了至少 20 年。

　　1949 年 10 月 6 日,钱学森夫妇以及十几位中国留学生在美国加州理工学院附近的一个公园庆祝中秋佳节。在交流关于新中国成立的激动人心的消息时,钱学森深感应当回国贡献自己的力量,心中涌现出强烈的愿望,希望为祖国的发展尽一份力。当时,钱学森已是世界顶尖的火箭科学家,是美国屈指可数的杰出人才,他参与了第二次世界大战时期美国高度机密的"曼哈顿计划",该计划涉及导弹核武器的研发工作。次年暮夏,钱学森整理了行李及重达 800 千克的书籍与笔记,装载至驶往中国香港的"威尔逊总统号"美国船只上,随后全家预备通过加拿大太平洋航空公司的班机返国。

　　当时美国正值"麦卡锡主义"的反共浪潮时期,钱学森被无端怀疑是美国共产党人,因此在美国国防部的指示下,美国海关非法扣留了钱学森的行李和书籍,钱学森被限制出境。当时的美国国防海军次长放言:"他知道所有美国导弹工程的秘密,一个钱学森的价值相当于 5 个海军陆战师。宁愿将此人处决,也不能让他返回中国!"出于政治考虑,美方并不希望一位具有极高军事价值的世界顶级火箭专家回到"红色"中国。1950 年 9 月 9 日,美国联邦调查局将钱学森逮捕,并将他关押在特米那岛的拘留所中,对他施以严酷的折磨。同年 10 月至 11

月,钱学森数次出席美国移民局举行的听证会(见图 A-1)。

图 A-1 1950 年 10 月至 11 月,钱学森数次出席美国移民局举行的听证会

回到加州理工学院后,钱学森专注于工程控制论的研究,并在 1954 年发表了著作《工程控制论》,该书在美国以英文出版,内容丰富,字数超过 30 万。钱学森投身于这项研究有多方面原因,一方面,他想展示中国人在工程技术领域的天赋和才华;另一方面,也是为了向美国当局证明他已经改变了先前专注于喷气推进技术的研究方向,以此消除其不让他返回中国的借口。钱学森的夫人蒋英非常理解丈夫的境遇和心情。作为一位出生于中国、曾在德国留学的歌唱家,她放弃了自己的职业生涯,选择留在家中照顾家庭,确保丈夫和孩子的生活得到妥善照料。在这段非常艰难的时间里,由于美国联邦调查局的人员经常无端进入钱学森的办公室和住所,钱学森始终准备着三个轻便的行李箱,以确保能够随时返回中国。直到 1955 年 6 月的一天,钱学森及家人在极短时间内躲过联邦调查局的跟踪,躲进一家咖啡店,在那段极具政治敏感性的时期,钱学森的处境变得尤为复杂。他在一封写在小香烟纸上的信件中(见图 A-2),表达了强烈希望返回祖国的愿望。这封信最初夹在寄给比利时亲戚的家信中,是写给时任全国人大常委会副委员长陈叔通的,请求中国政府协助他回国。这份信件很快转交到了周恩来总理手上,成为后续外交谈判的重要文件。

1955 年 8 月 1 日,中美两国在日内瓦举行了大使级会谈,主要议题之一是两

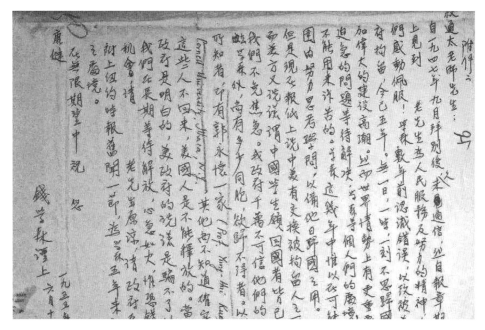

图 A-2 钱学森写在香烟盒上的求救信

国侨民问题。在这次谈判中,中国政府利用钱学森希望返回国内的请求,以及作为交换条件提出释放 11 名被扣押的美国飞行员,展示了双方在人员交换问题上的诚意和坚定立场。这一策略最终促使美国政府松动了立场,同意不再阻挠钱学森等中国留美人员的回国请求。通过这一连串的外交努力和交涉,美国移民局最终不得不放行,允许钱学森离开美国,返回中国。这不仅是钱学森个人命运的转折点,也象征着"冷战"背景下中美之间复杂的外交关系和人权问题的一次重要互动。

1955 年 9 月 17 日,钱学森带着妻子和一双幼小的儿女,登上邮轮,踏上返回祖国的旅途。临开船前,他对报界发表讲话(见图 A-3):"我将

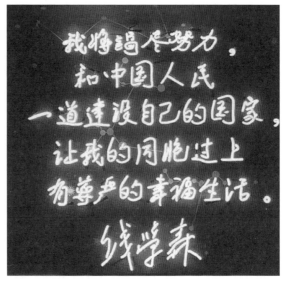

图 A-3 钱学森图书馆中展示的钱学森的铮铮誓言

竭尽努力,和中国人民一道建设自己的国家,让我的同胞过上有尊严的幸福生活。"

回国后(见图 A-4),钱学森受到了党和国家领导人的高度重视与全力支持,他迅速成为中国火箭和空间事业的领军人物。他的归来为中国在这一领域的发展提供了极为珍贵的知识储备和经验指导。钱学森积极投身于中国火箭和空间事业的规划与组建工作,发挥了其在空气动力学、火箭发动机、制导控制、总体结构设计、材料工艺、计算机科学、质量控制和系统工程等领域深厚的专业知识和技术经验。他的工作不仅局限于直接的技术研究与开发,还包括对后辈的教育与培养,为中国培育了一大批火箭和空间技术的专业人才。在钱学森的领导和指导下,中国成功研制了多型导弹、运载火箭以及航天器,为中国航天事业的发展奠定了坚实的基础,并推动了中国在国际航天领域的地位。他为中国的国防科技和航天工业的发展做出了历史性的贡献,使他在中国乃至全世界的航天史上都占有重要的地位。

图 A-4 1955 年钱学森携家眷回国

1956 年,钱学森提出了《建立我国国防航空工业的意见书》,主持撰写了《1956—1967 年科学技术发展远景规划纲要》中的"喷气和火箭技术的建立"部分。同年,钱学森被任命为国防部第五研究院(今为中国航天科技集团公司)的首任院长。该研究院是中国专门负责发展导弹和火箭技术的机构,其成立标志着中国自主航天事业的起步。

1958年,在争取到有限的援助之后,钱学森协助聂荣臻元帅主持和部署了第一枚近程导弹的仿制工作。钱学森作为一位卓越的科学家和工程师,他的工作方式体现了深入实际、直接解决问题的精神。他不满足于仅仅在办公室进行理论研究和决策,而是实地深入研究室、试验站和发射场,与科研人员和工程技术人员并肩作战,了解前线科研和生产的实际情况,帮助解决导弹技术工程中遇到的具体难题。在技术工程的每一个环节,钱学森都能够凭借他的专业知识和丰富经验,提供解决方案和创新思路。他对问题的洞察力和解决问题的能力极大提升了项目的进展速度和成功率,也极大激励和提升了科研团队的士气和技术能力。钱学森的这种实践精神和勇于直面难题的态度,对中国航天科技的早期发展具有重要意义。他不只是在理论上为中国航天事业做出了贡献,更是在实际的技术攻关和工程实践中,起到了至关重要的推动作用。他的工作方法和科学态度对后来的中国科研人员有着深远的影响,例如开办训练班讲授火箭概论,倡导"神仙"会讨论航天课题,集思广益,协同攻关。

钱学森回国后所挂帅组织的开创性工作,也为后来的洲际导弹全程飞行试验、"长征"系列运载火箭的发展、"神舟"系列载人飞船上天遨游,以及众多人造卫星的太空飞翔,开辟了胜利的征程。中国航天的11个"第一",钱学森都发挥了不可替代的关键性作用。如果没有钱学森等老一辈航天人打造的国之重器,就很难有科技强国的中国力量、迈向太空的中国高度。钱学森的工作不仅限于技术层面,他还对中国航天的组织架构、人才培养体系和科学研究方法等多个方面做出了巨大贡献,为中国航天事业奠定了坚实的基础。他的精神和所取得的成就,对于激励和影响后来的科研人员和航天工程师具有重要意义,被视为中国航天事业的重要启蒙者和奠基人。中国航天事业创建60多年来,我国的航天事业从无到有、从小到大、从弱到强,创造了以"两弹一星"、载人航天、探月工程为标志的辉煌成就。钱学森的一生体现了中国人在现代科学技术领域的不懈追求和坚持自主创新的决心,他的故事也成为激励中国人自力更生、勇攀科技高峰的精神象征。随着中国航天事业的蓬勃发展,钱学森的贡献和精神遗产将继续激励着中国航天人探索太空的无限可能。

晚年时钱学森回忆道:"我为什么要走回归祖国这条道路?我认为道理很简单——鸦片战争近百年来,国人强国梦不息,抗争不断。革命先烈为兴邦,为了炎黄子孙的强国梦,献出了宝贵的生命,血沃中华热土。我个人作为炎黄子孙的一员,只能追随先烈的足迹,在千万般艰险中,探索追求,不顾及其他。"

钱学森的一生是充满荣誉的一生,他的贡献在国内外都得到了广泛的认可和尊敬。1979年,他获得美国加州理工学院颁发的"杰出校友奖",这表明即便是在他离开美国多年之后,其在科学界的影响力和贡献仍然被国际学术界所认可。1985年,钱学森成为中国科技进步特等奖的第一个获得者,这是对他在中国科技特别是在航天和导弹技术领域成就的肯定。1989年,他被国际理工研究所授予"小罗克韦尔奖章",这再次证明了他的科技成就具有国际级的影响力。1991年,他被国家授予"杰出贡献科学家"荣誉称号,1999年荣获的"两弹一星功勋奖章"则是对他在中国的核武器和卫星技术发展中所做出的关键贡献的最高表彰。2007年,钱学森被评为"感动中国年度人物",这不仅是对他个人科学成就的认可,更是对他精神价值和道德品质的高度评价,反映了他在国人心中的崇高地位。钱学森的科技成就和他的个人精神对中国乃至全世界都产生了深远的影响。他的事迹和精神将继续激励着一代又一代人,特别是在科学研究和国家发展方面追求卓越和勇于创新的人们。钱学森的名字已经成为中国现代科技发展的一个象征,永远镌刻在中国乃至世界的科技史册上。2009年,钱学森在北京逝世,享年98岁。

A.2　顾诵芬

顾诵芬(见图A-5),1930年生,江苏苏州人,交通大学1951届航空工程系校友;我国著名飞机设计大师、飞机空气动力学家;我国主战机型歼-8、歼-8Ⅱ总设计师,被誉为"歼-8之父"。1991年,顾诵芬当选中国科学院院士;1994年,当选中国工程院院士,是我国航空界唯一的两院院士;主持建立了我国飞机设计体系,组织攻克了一系列航空领域关键技术,为新中国航空工业与国防事业做出了重要贡献。2021年,顾诵芬被授予国家最高科学技术奖。

1930年2月4日,顾诵芬出生于苏州顾氏家族。顾氏家族是苏州当地知名书香世家,康熙皇帝曾御题匾额"江南第一读书人家";母亲一脉,则出自"天下无第二家"的苏州望族潘氏家族,李鸿章曾为潘家题匾"祖孙父子叔侄兄弟翰林之家"。同时,顾氏家族是交大世家,父亲顾廷龙

图A-5　顾诵芬院士工作照

(见图 A-6)为交通部南洋大学(交通大学前身)1924 级机械系校友,曾任上海图书馆馆长;叔父顾廷风亦为交大校友,于 1926—1930 年在交大求学。

图 A-6 顾诵芬的父亲顾廷龙

1937 年,"七七事变"爆发。年仅 7 岁的顾诵芬目睹轰炸机从头顶飞过,"连投下的炸弹都看得一清二楚,玻璃窗被冲击波震得粉碎"。那时,顾诵芬便立志要造中国人自己的飞机,保卫祖国未来领空。1947 年,顾诵芬进入交通大学,工学院航空工程系为其填报的第一志愿(见图 A-7)。当时的交大航空系名师荟萃,系主任是王宏基,著名的教授有曹鹤荪、季文美、杨彭基、许玉赞、姜长英、马明德等。这几位先生大都出身交大,后在交大创办了航空系。大学四年,顾诵芬在此受到了严格的学术训练。

念及母校,院士如是说——

在参加我国的飞机事业中,我之所以能够尽一些力量,饮水思源,不得不感谢交大的老师和同学对我的帮助及交大当时的教学制度给我的训练。

在以后的工作中,我的一个本事就是拉计算尺,速度在同事们中是最快的,这得益于在大学时期的学习。

在交大四年,我接受了良好的教育和很好的熏陶。毕业后,工作还比较顺利,各项工作都能胜任。所以我感到,学校的训练对自己以后的工作用处很大。

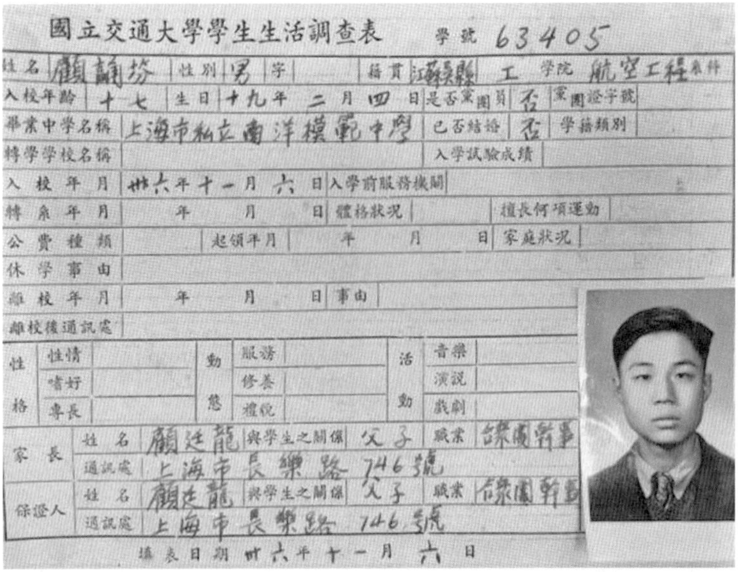

國立交通大學學生生活調查表 學號 63405

姓名 顧誦芬 | 性別 男 | 字 | 籍貫 江蘇吳縣 | 工 學院 航空工程系科

入校年齡 十七 | 生日 十九年 二 月 四 日 | 是否黨團員 否 | 黨團證字號

畢業中學名稱 上海市私立南洋模範中學 | 已否結婚 否 | 學籍類別

轉學學校名稱 | 入學試驗成績

入校年月 卅六年十一月六日 | 入學前服務機關

轉系年月 年 月 日 | 體格狀況 | 擅長何項運動

公費種類 | 起領年月 年 月 日 | 家庭狀況

休學事由

離校年月 年 月 日 | 事由

離校後通訊處

性格：性情 | 嗜好 | 專長

動態：服務 | 修養 | 禮貌

活動：音樂 | 演說 | 戲劇

家長：姓名 顧廷龍 | 與學生之關係 父子 | 職業 合衆圖書館幹事
通訊處 上海市長樂路746號

保證人：姓名 顧廷龍 | 與學生之關係 父子 | 職業 合衆圖書館幹事
通訊處 上海市長樂路746號

填表日期 卅六年十一月六日

图 A－7 顾诵芬入学时的“生活调查表”

> 交大的教育是成功的，一批交大人在我国飞机设计中能做一些工作，应该感谢母校对我们的培养。

1951 年，顾诵芬以优异的成绩毕业离校，毅然投身刚刚创建的新中国航空事业。在国外技术封锁，国内没有先例可循的艰苦条件下，1958 年 7 月 26 日，中国航空工业史上第一架喷气式歼击教练机——歼教－1 实现首飞（见图 A－8）。顾诵芬负责飞机关键性气动设计。他说：“仿制而不自行设计，就等于命根子在人家手里。我们必须设计中国人自己的飞机！”

1958 年，顾诵芬创新完成了初教－6 的气动设计。他设计了机翼翼型配置及垂尾、平尾安排，在国内首次解决了教练机的稳定与安全问题，为几乎是一张白纸的新中国飞机设计事业创建了属于中国人自己的气动设计方法，奠定了我国自行设计先进战斗机的关键性技术基础。

20 世纪 60 年代，为应对我国周边复杂局势变化，空军急需一种高空高速歼击机，为此沈阳飞机设计研究所开始了歼－8 飞机的研制，顾诵芬作为副总设计师负责气动布局设计。1969 年 7 月，歼－8 首飞成功（见图 A－9）。其后，顾诵芬又带领团队接连攻克飞行抖振等一系列技术难题，1979 年底，首飞整整 10 年后，歼－8 飞机正式设计定型。1985 年 7 月，歼－8 全天候型设计定型。从歼－8 到歼－8 全天候型，顾诵芬带领研制团队实现了我国从一代战斗机向二代战斗机的自主跨越。

图 A-8 顾诵芬（右二）与同事在歼教-1前的合影

图 A-9 1969 年 7 月 5 日，歼-8 成功首飞，开创我国自主研制高速歼击机的先河

1981 年，顾诵芬被任命为歼-8Ⅱ型飞机型号总设计师，成为我国航空工业史上首位由国家任命的型号总设计师。时隔 4 年，他即带领团队实现歼-8Ⅱ首飞。速度之快，质量之好，开创了新机研制史的先河。由此，歼-8 系列飞机作为

我国空军的主力战斗机,服役近半个世纪。

　　1986 年以后,顾诵芬先后担任航空工业科技委副主任、中国航空研究院副院长等职,始终关注着国家航空航天技术与装备的发展。在 C919、歼-10、运-20、歼-15 等多个型号研制中担任技术顾问、专家组负责人或成员,为解决设计与研制中的关键性技术难题做出了重要贡献。

　　顾诵芬爱国、爱党、爱家,待人温润谦和,清芬可挹;他专精领域,默默奉献,他的学术造诣、卓著功勋和道德风尚在航空界乃至国防工业领域享有盛誉。他注重航空科技人才的培养。他带领的团队中走出了管德、李明、李天、杨凤田、孙聪等两院院士和耿如光、李玉海、魏金钟、王永恩等一大批航空工业领军人才。

　　2021 年 11 月 3 日,国家科学技术奖励大会在人民大会堂举行,91 岁的顾诵芬院士获得 2020 年度国家最高科学技术奖。同时获奖的还有清华大学的王大中院士。

A.3　陈一坚

　　陈一坚(见图 A-10),1930 年 6 月 21 日出生于福建福州,飞机设计师,"飞豹"歼击轰炸机总设计师,中国工程院院士,中国航空工业集团有限公司科技委顾问。1949 年,陈一坚进入厦门大学航空系(后厦门大学和清华大学航空系合并),1952 年从清华大学航空系毕业,被分配至哈尔滨飞机制造厂工作;1956 年加入中国共产党;1961 年前往国防部第六研究院 601 所机身室工作,担任主任;1964 年调到西安飞机设计研究所;1980 年被航空工业部任命为西安飞机设计研究所副所长兼总设计师;1982 年被国防科工委任命为"飞豹"(歼轰-7)飞机型号总设计师;1986 年担任航空航天工业部飞机设计顾问;1989 年担任北京航空航天大学兼职教授;1999 年当选为中国工程院院士;2000 年获得何梁何利基金科学与技术进步奖;2001 年担任西北工业大学教授、博士生导师。

　　陈一坚在其少年时期曾于福州萃文小学读书。福州沦陷后,他便随父亲搬家至福建省南平县,并在该地的南平中学及福州高级工业职业学校完成了其初中与高中的学业。在抗日战争期间,南平遭受日军战机的频繁轰炸,居民生活困

图 A-10　陈一坚院士工作照

苦,面对空袭无处避难。老百姓由于缺乏科学技术知识,处于极度恐慌之中,甚至在日军空袭时,为防止敌机飞行员听见地面声响,将哭叫的婴儿窒息致死。这一系列悲剧深深刻在了陈一坚幼小的心灵中,激发了他对敌人的深仇大恨与愤懑:"为何敌人能够用飞机轰炸我们? 我们又何以无法拥有飞机来抗衡?"1949年,已在福建师范大学物理系就读的陈一坚得知厦门大学航空系开始招生,毫不犹豫地将所有志愿填写为"航空系",这既反映了他内心深处的"科技救国"理念,也表达了受辱之后汲取力量、发愤图强的爱国情怀。

　　1952年,陈一坚获得清华大学航空系的毕业证书后,被分配至哈尔滨飞机制造厂。在那里,他负责修复在抗美援朝战争前线损伤的飞机,并参与苏联伊尔-28轻型轰炸机的仿制工作。1964年,陈一坚离开沈阳,转至西安重型飞机设计研究所(603所)。在那段时期,他得到了中国第一代杰出飞机设计师徐舜寿先生的悉心关照与协助。陈一坚颇为认同航空科技事业的发展不仅需要广泛的跨学科知识,还须具备对某些学科深入钻研的坚实学识和基础;要想设计出优秀的飞机,必须在前辈的成就上努力创新与提升。在陈一坚的职业实践中,他深刻理解到一个杰出的设计师不仅需要明确设计对象的需求,更应对成功飞机的特点与优点有透彻的掌握,正如"熟读唐诗三百首,不会作诗也会吟"。

　　"中国的蓝天之上必须有中国人自行制造的飞机翱翔"。这一愿景是新中国成立后,所有航空设计专业人员共同的梦想。1966年4月,为了改变外国飞机垄断国内民航的局面,周恩来总理和叶剑英元帅指示以603所的技术骨干为依托,开展运-7飞机的仿制与设计工作。仿制与设计工作不仅是一场技术竞赛,也是展示国家志向与实力的舞台。陈一坚先生对航空工业的贡献远不止于飞机设计本身。他对飞机疲劳这一关键性技术问题的研究尤为突出。他编制了中国第一份飞机疲劳试验大纲,这是对飞机在长期使用中可能遭遇的各种疲劳状况进行系统性分析和预测的重要文档。此外,他还编制了运-7飞机的疲劳试验载荷谱,这为该型飞机的安全性和可靠性提供了科学的测试基础。陈一坚先生的影响力还体现在他的学术成就上。他主持编写的《疲劳手册》为航空工程师及设计师提供了关于材料疲劳性质及其影响因素的详尽资料。此外,他与中国科学院力学研究所的专家合作,编著了《微观断裂力学》一书,这本书在当时是研究材料在微观层面的断裂行为的权威专著,对促进该领域的科学研究和工程应用有着重要影响。通过这些重要的学术与实践贡献,陈一坚先生不仅加深了对飞机疲劳和材料断裂问题的理解,还推动了相关研究领域在中国的发展,成为该领域内有重大影响的专家之一。这些工作不仅为中国航空工业的安全和发展做出了贡献，也为全球航空科技的进步添加了宝贵的知识和经验。在 20 世纪 70 年代末到 80 年代初这个关键历史时期，中国对强大的军事能力有着迫切的需求，以便在和平时期展示国力，同时在必要时能够取得战争的胜利。这一需求催生了包括歼击轰炸机"飞豹"在内的多种军事装备的研发，反映了国家在全面增强国防实力上的战略考量。"飞豹"歼击轰炸机的研制过程非常艰难，但也是中国航空工业迈出自主研发重大武器的关键步骤。在整个研发周期中，陈一坚先生的作用不可或缺。他凭借对飞机设计的深刻洞察、技术声望以及卓越的组织能力，被任命为项目的关键领导角色——603 所的副总师，并在 1980 年 8 月进一步担任 603 所副所长兼总设计师的职务。陈一坚先生的技术领导与管理在"飞豹"的研制过程中发挥了重要作用。他不仅在技术层面做出了关键的决策和指导，而且在组织管理上展现了极大的能力，他的谦逊与善于倾听不同意见的姿态为项目的顺利进行提供了良好的团队氛围。这对陈一坚先生来说不仅是职业生涯中的黄金时间，也是他个人才华得到充分展示的时期，他为中国的航空工业和国防科技的进步做出了不可磨灭的贡献。在"飞豹"项目中，他不仅设计和测试了一款飞机，更是在推动一个国家航空工业自主创新和自力更生的进程中，起到了关键的引领作用。为了"飞豹"，他曾经感情失控，泪下如雨。为了"飞豹"，他迎难而上，百折不挠。"飞豹"的研制确实是中国航空工业在 20 世纪的一项重要成就。这款武器装备在中国当时的情况下研制，意味着它完全依赖国内的技术和工业能力，没有依靠外国的原型机或者直接的外部帮助。这样的自主研发对当时的中国来说是一个巨大挑战，因为它要求国内必须有足够的技术储备和创新能力。采用数十项先进技术的"飞豹"表明了中国在航空工程领域取得的技术进步。这些先进技术包括航电系统、武器系统、发动机技术、气动设计等多个方面。与此同时，机载设备的新研制不仅对设计团队提出挑战，也对整个供应链管理、生产和测试环节提出了更高的要求。

此外，"飞豹"的研发涉及跨部门合作，包括十个部委和数百个厂所，这体现了一个巨大的系统工程所需的组织协调能力。这种广泛的跨领域合作对当时的中国来说是一个全新的尝试，需要克服诸多行政、技术以及协调上的障碍。"飞豹"的成功研发不仅仅是单一的武器系统的成功，更是中国自主创新能力、工业制造水平和项目管理能力的一次重大展示。这一项目的成功实施对提升国内的科技自信、推动后续的技术研究和发展以及整体提升国家防御能力都产生了深远的影响。

在 1981 年国家经济困难、财政紧缩的大环境中，"飞豹"项目经历了从重点型号到"量力而行"项目的转变。这种转变意味着资金减少、进度放缓,甚至项目面临取消的可能。"飞豹"被视为对国家安全至关重要的装备,尤其是对于海军和空军的作战能力,缺少这种类型的飞机会直接影响海上作战的支援能力。陈一坚在这个项目上的情感投入非常深厚,流露出的情感显然非常真挚。他不仅理解国家的经济困难,同时也深切感受到军队对这种装备的迫切需求。在他眼中,"飞豹"不仅是一种武器系统,它关乎军队的战斗力和国家的安全利益。陈一坚及其团队面临的挑战不仅仅是技术性的,还有心理和情感上的。当项目面临经费缩减或取消时,他们不得不努力寻找解决方案,争取项目继续进行的可能性。在此期间,他们需要与政府部门沟通,努力说明他们这个项目的重要性,同时还要在有限的资源下尽可能地推进研发工作。陈一坚的泪水和他的言辞表明了他对国家和军队的责任感,也反映了那个时代科研人员所面临的巨大压力。作为总设计师,他肩负着完成项目的重任,同时也背负着军队和国家的期望。尽管陈一坚和团队遇到了重重困难,但他们显然没有放弃,而是以极大的决心和奉献精神继续推进项目。这种精神对于后来"飞豹"能够成功研制并投入使用起到了关键性的作用。纵使缺少研制经费,仍有工资和办公费用,纸、笔也总是有的,"飞豹"研制团队没有因为缺少研制经费而放弃,而是利用有限的资源,通过方案调整和设计打样,继续推进项目,解决原方案中的重大缺陷,坚持了约一年时间,在其他配套单位已经全部停止研制的情况下,"飞豹"设计图已经一摞摞地摆在案上。"上级说'量力而行',我们在后面加了四个字'有所作为'!"陈一坚说道。正是他们的坚持,让"飞豹"的命运出现转机。1982 年,时任中央军委主席的邓小平批复,"飞豹"重新列入国家重点研制型号,研发工作转入全面详细设计阶段。陈一坚也被国防科工委任命为"飞豹"型号总设计师。

改革开放后,陈一坚前往德国考察空中客车工业公司的前身 MBB 公司。在参观过程中,他目睹了几柜子用于飞机研制的美国技术规范,并随手浏览了其中几本。这些先进的技术规范深深震撼了他:我国长期依照苏联的技术规范与管理模式进行飞机研发,与实现"飞豹"飞机的设计要求相比存在难以想象的差距。在短暂的参观中,陈一坚迅速理解了苏式与美式规范的不同,并决定带领团队转向美国的技术规范。这一转变设立了新的标准,随后各种困难接踵而至。采用美式规范虽使飞机设计的计算更加精确,却也大幅增加了时间成本,必须依赖计算机进行。面对新购买的设计工具无从下手,陈一坚利用其善于自学的能力,购买了大量相关书籍和资料进行自学,包括编程知识。因此,"飞豹"成为国内首批采用计算机辅助设计的飞机之一。1988 年,"飞豹"战机迎来了其首次在蓝天的飞行展示。继而,该战斗机经历了长达10年的试飞阶段,每一次充满紧张与挑战的试飞都促使"飞豹"日益成熟与强健。到了1998年,"飞豹"正式编入部队,这种完全由中国自主设计与研发的歼击轰炸机显著提升了我国军队的地面和海上打击能力以及远程支援能力。它成为当时唯一能够覆盖我国南海区域的国产战斗机型,标志着我国空军力量开启了一个新篇章。现年94岁的陈一坚仍在积极参与大型飞机项目的发展,持续关注新一代"飞豹"的研发与提升,并且在航空人才培养方面贡献着自己的力量。

首代"飞豹"战机的研发周期长达20年,而现代的"新飞豹"从项目启动到装备部队仅需数年时间;以往飞机设计需依靠铅笔与尺子绘制数万份图纸,而现今仅需利用全三维数字化技术即可完成飞机的设计;过去飞机的机翼与机身整合作业需耗费一个月时间,现今这一过程仅需数小时……尽管形式有所变革,但精神传承未曾改变,"飞豹精神"在新一代团队中继续发扬光大。

陈一坚主持参加了多个型号飞机的设计和研制,在中国航空工业的建设和发展中起到了举足轻重的作用。他领导的设计和研发团队摒弃了传统的设计规范体系,引入了许多新技术、新材料以及新设备。这些创新使该型号飞机不仅满足国家对战术技术指标的要求,还成功地推动了多个合作厂所完成研发任务,填补了中国在该机型领域的空白。

A.4　宋文骢

宋文骢(1930.3.26—2016.3.22)(见图A-11),生于云南省昆明市,原籍云南大理,中国工程院院士,一生获得了众多荣誉,包括中国工程院院士、何梁何利基金科学与技术进步奖、航空报国金奖、国防科学技术特等奖以及航空航天月桂奖终身奉献奖等;2009年,他被评为"感动中国"十大人物之一,这是对他在航空领域的贡献及其精神风貌的认可和表彰。宋文骢是中国航空科学技术领域的优秀带头人,曾负责歼-8、歼-7C、歼-10等型号飞机的研制工作,是中国飞机设计战术性能气动布局设计负责人之一。他曾任中国航空工业第一集团公司成都飞机设计研究所首席专家,是中国著名歼-10战斗机的总设计师,被誉为"歼-10之父"。此外,

图A-11　宋文骢院士工作照

宋文骢还建立了中国第一个航空电子系统研究室,这是中国航空电子技术研究的一个重要里程碑。

宋文骢是中国飞机设计领域气动布局战术性能的先驱之一。在20世纪60年代,他在东风113飞行器研发期间创立了专注于战术技术与气动布局的专业组,并作为该组的负责人,领导了飞机设计的基础、战略和前瞻性研究。他在歼-8飞机的作战分析、多项布局参数的研究及总体方案的评审中取得了创新性的成果,并发展了一套关于战术技术评估、气动布局和性能分析的方法论。1982年2月16日,宋文骢在北京举办的新机研制方案评审会上展示了一种新型飞机布局模型,该模型为第三代战斗机歼-10的设计提供了初步概念。2001年,宋文骢发表在《中国工程科学》杂志第8期的研究论文《一种小展弦比高升力飞机的气动布局研究》中提出的气动布局方案,为歼-20隐身战斗机的设计提供了理论基础。

航空电子系统是现代飞机中极其关键的组成部分,涉及飞行控制、导航、雷达和通信等多个方面。1985年,宋文骢负责成立了中国首个专注于航空电子系统的研究室。在他的领导下,团队开创了多个国内首创项目,包括独特的腹部进气道设计、独一无二的水泡式座舱构造,以及中国首个达到国际先进水平的数字式电传飞控系统的铁鸟试验台。此外,他们还设计了国内首个高度集成的航电武器系统动态仿真综合试验台。随着时间的推移,围绕航空电子系统研究,成都飞机设计研究所内部形成了多个关键的专业小组,如航电系统组、动态模拟仿真组和机载软件开发组等,奠定了中国首个全面的航空电子专业体系。接着,成都飞机设计研究所也设立了致力于飞行与质量控制设计试验的研究室。

1986年,宋文骢被国防科学技术工业委员会任命为歼-10战斗机这一国家重点项目的总设计师。在歼-10的研发过程中,他做出了诸多关键性贡献(见图A-12):他推进了灵活应用静安定度的鸭翼布局设计技术,提出了歼-10飞机的整体设计方案,并编制了一系列跨领域和跨部门的设计管理文件与流程。宋文骢还确立了各主要系统的技术完整性总规划,明确了责任分配、研发步骤、主要试验环节及工作内容,并领导团队解决了研发过程中的关键技术问题,确保了歼-10飞机先进技术方案的实施。在试飞阶段,他还主导了试飞数据的分析、故障诊断,并研究确定了解决方案,提出了设计改进的要求。

宋文骢在他的职业生涯中不仅在飞机设计和航空技术领域取得了卓越成就,还活跃在多个学术和政治组织中。他曾任全国武器装备系统工程管理标准化技术委员会第一届委员会委员、航空工业科学技术委员会第一届委员会委员。此外,他担任歼击机综合仿真航空科技重点实验室学术委员会主任,以及中国人

图 A-12　宋文骢院士指导工作

民政治协商会议第七届四川省委员会委员。宋文骢的教育和指导作用也非常显著，他在北京航空航天大学、西北工业大学和南京航空航天大学等多个院校担任兼职教授，同时还是北京航空航天大学高级航空科技人才研修中心多学科专家组的专家。通过这些角色，他对中国的航空教育和工业发展做出了重要贡献。值得一提的是，歼-10 系列的总设计师杨伟，也是宋文骢的学生之一。这表明宋文骢不仅在技术创新上有显著影响，在培养下一代航空工程师方面也发挥了重要作用，通过他的教学和指导，培养了中国航空工业的未来领导者。

附录 B 航空航天小知识

B.1 航天纪念日——中国航天日

中国航天日(Space Day of China)设立的宗旨在于弘扬中国航天的精神,庆祝并纪念中国在航天领域取得的伟大成就。通过中国航天日,我们不仅可以缅怀过去,继承那份不屈不挠的精神,还可以激励全社会,特别是年轻一代,去热爱科学、勇于探索未知领域,并且敢于创新。

2016 年 3 月 8 日,国务院正式批准每年的 4 月 24 日定为中国航天日。中国航天日的创立是为了展示中国一直以来致力于和平利用外太空的长远目标,进一步推广航天精神,普及航天知识,提升全民族在探索和创新方面的热忱。这一纪念日的设定亦旨在传播探索宇宙、推进航天事业、构建航天强国的核心理念,汇聚实现中华民族伟大复兴的航天梦的巨大能量。

选择 4 月 24 日作为中国航天日的原因源于在 1970 年同一日,中国成功发射了首颗人造地球卫星——"东方红一号",标志着中国人在探索宇宙奥秘、和平利用太空以及为人类谋福祉的征途上迈出了重要的一步。设立中国航天日的目的是传播我国秉持和平利用外层空间的坚定原则,积极培育航天精神,推广航天科学知识,激励全民族在探索创新方面的热情,高唱探索宇宙、发展航天事业、打造航天强国的时代主题曲,汇集起实现伟大中国梦与航天梦的磅礴力量。

在正式确定中国航天日之前,该提议已酝酿多时。2007 年 10 月 8 日,中国航天科技集团公司提出,从那年起,把每年的 10 月 8 日定为航天日,以此增进公众对航天的了解和关注,推动中国航天业的快速发展。

2013 年 3 月,在全国政协十二届一次会议期间,一些来自科协界的政协委员建议设立中国航天日,并提交了正式提案。随后,在 2014 年 1 月 4 日,国防科技工业局针对时任中国航天科技集团公司一院党委书记梁小虹提出的关于建立中国航天日的提案举办了专题座谈会,讨论了 3 个可能的日期,并决定正式启动设立该纪念日的程序,上报国务院审批。

终于在 2016 年 3 月 8 日,国务院正式批准了这一提案,同意从 2016 年开始,每年的 4 月 24 日为中国航天日。负责具体实施的部门是工业和信息化部以及国防科技工业局,它们将联合其他相关部门来组织和执行相关工作。设立中国航天日有着重要的意义。

第一,宣扬国家精神。中国航天日的设立旨在深化以爱国主义为核心的中华民族精神,巩固社会主义核心价值观。它鼓励国人尊崇祖国、推崇科学,以增强民族的凝聚力和一致性。

第二,推进航天强国的建设。通过确立中国航天日,为航天界及科技界人士提供专属的纪念日。这不仅鼓舞着航天工作者和全国科技人员以中国航天的发展史作为学习范本,以航天英雄为榜样,更是在航天精神、"两弹一星"精神以及载人航天精神的激励下,致力于科学研究和航天事业,不断攀登科学的新高度,创造辉煌成就。同时,它还促使公众纪念航天人对国家科技进步和国力提升所做的牺牲与贡献,并对祖国的航天未来报以关怀和支持。

第三,激发探索的热情。在庆祝中国航天日的同时,能显著激发青年一代对祖国的热爱和对科学的尊崇,鼓励他们效仿航天工作者坚持自主创新、自强不息、坚韧不拔、勇攀科学高峰的民族精神。这样的探索精神将激励青少年投身科技事业,勤于探索和开发外层空间,为人类进步与社会发展做出贡献,用他们所学的知识服务祖国。2016 年 4 月 24 日,在首个中国航天日到来之际,中共中央总书记、国家主席、中央军委主席习近平做出重要指示,向 60 年来为航天事业发展做出贡献的同志们表示崇高敬意,强调广大航天科技工作者要牢牢抓住战略机遇,坚持创新驱动发展,勇攀科技高峰,谱写中国航天事业新篇章,为服务国家发展大局和增进人类福祉做出更大贡献。

习近平总书记指出,探索浩瀚宇宙,发展航天事业,建设航天强国,是我们不懈追求的航天梦。数代航天工作者不懈努力,铸就了中国航天业的辉煌,特别是"两弹一星"工程、载人航天项目以及对月球的探索等成就,标志着我国在坚持自主自力、创新发展的道路上取得的显著成就,并孕育了丰富而博大的航天精神。通过确立中国航天日,我们旨在缅怀过往、继承这一精神,激起广大人民尤其是年轻一代对科学的尊重、对未知的探索和对创新的勇气,为推动中华民族的伟大复兴——中国梦聚集磅礴动力。

B.2 航空航天奖项——月桂奖和冯如奖

航空航天月桂奖是由航空工业集团发起并主办的航空航天领域行业大奖，创立于 2005 年，是业内最具权威性和影响力的奖项。月桂奖评选活动，旨在表彰航空航天领域在国家科技发展和国防建设中做出突出贡献的单位及个人，并向全社会展现新时代航空航天领域取得的辉煌成就，大力弘扬报国精神。

冯如航空科技精英奖(简称"冯如奖")是为了激励广大航空科技工作者推动航空科技创新、大力弘扬尊重劳动、尊重知识、尊重人才、尊重创造的风尚，由中国航空学会八届二次理事会研究决定设立的，力求将其打造成为全国航空领域最具权威、最有影响的科技精英奖。中国航空学会八届四次常务理事会研究决定从 2011 年开始评选冯如奖，每两年一届。

B.3 "两弹一星精神"

中国在航天领域的成就超过航空领域，这其中离不开"两弹一星精神"。

"两弹一星精神"是指中国自力更生地成功研制核武器、导弹和人造卫星的精神和成果。这一精神和成果被视为中国现代化建设的标志性成就，也是中国航天事业快速发展的重要基础之一。

中国在 20 世纪 50 年代开始研制核武器，成功进行了第一颗原子弹试验(第一弹)，之后又成功进行了氢弹试验(第二弹)。这两项成就都是中国科技史上的里程碑，彰显了中国人民自力更生、艰苦奋斗的精神。

在核武器研制成功之后，中国又将目光投向了航天领域，自主研制了自己的第一颗卫星"东方红一号"并成功发射升空，成为世界上第五个拥有卫星发射能力的国家。之后，又相继成功发射了神舟系列飞船、月球探测器等一系列重要航天器，为中国航天领域的快速发展打下了坚实的基础。

1999 年 9 月，江泽民同志在表彰为研制"两弹一星"做出突出贡献的科技专家大会上，将"两弹一星"精神进一步概括为热爱祖国、无私奉献，自力更生、艰苦奋斗，大力协同、勇于登攀。热爱祖国、无私奉献是创造"两弹一星"伟业的广大建设者和创业者的高贵品质和精神支柱，自力更生、艰苦奋斗是坚强意志和立足基点，大力协同、勇于登攀是科学态度和"两弹一星"事业取得成功的重要保证。研制者自觉地把个人理想与祖国命运、个人志向与民族复兴紧紧联系起来，把爱国之情、报国之志融入建设祖国的伟大事业中，促进了国防事业和科技事业的进步，极大地增强了中国人民的信心，有力推动了社会主义事业的发展。

交通大学的"两弹一星"功臣有钱学森、吴自良、杨嘉墀、王希季、陈能宽和姚桐斌。

B.4 航空航天相关期刊

B.4.1 主要中文期刊

本节挑选了航空航天主要中文期刊,如表 B-1 所示。

表 B-1 航空航天主要中文期刊

序号	期刊	综合影响因子(2023)	主办单位
1	航空材料学报	1.679	中国航空学会;中国航发北京航空材料研究院
2	航空学报	2.203	中国航空学会;北京航空航天大学
3	宇航学报	1.805	中国宇航学会
4	空气动力学学报	0.960	中国空气动力研究与发展中心计算空气动力研究所
5	上海航天	0.848	上海航天技术研究院
6	航空科学技术	1.458	中国航空研究院
7	航空动力学报	0.790	中国航空学会;北京航空航天大学
8	航天控制	0.739	北京航天自动控制研究所
9	飞行力学	0.814	中国飞行试验研究院
10	推进技术	1.067	中国航天科工集团三十一研究所
11	固体火箭技术	0.788	航天动力技术研究院;中国宇航学会
12	动力学与控制学报	0.695	中国力学学会;湖南大学
13	火箭推进	0.537	航天推进技术研究院
14	航空发动机	0.670	中国航发沈阳发动机研究所
15	燃气涡轮试验与研究	0.316	中国航发四川燃气涡轮研究院
16	航空动力	0.570	中国航空发动机研究院

（续表）

序号	期　　刊	综合影响因子(2023)	主　办　单　位
17	民用飞机设计与研究	0.219	中国商用飞机有限责任公司上海飞机设计研究院
18	飞机设计	0.250	中国航空工业第一集团公司沈阳飞机设计研究所

B.4.2　主要外文期刊

本节挑选了航空航天主要外文期刊,如表 B-2 所示。

表 B-2　航空航天主要外文期刊

序号	期　　　刊	影响因子(2023)
1	Annual Review of Astronomy and Astrophysics	26.3
2	Progress in Energy and Combustion Science	32.0
3	Annual Review of Fluid Mechanics	25.4
4	IEEE Transactions on Cybernetics	9.4
5	IEEE Transactions on Neural Networks and Learning Systems	10.2
6	Physical Review Letters	8.1
7	Progress in Aerospace Sciences	11.5
8	IEEE Transactions on Industrial Electronics	7.5
9	Space Science Reviews	9.1
10	Pattern Recognition	7.5
11	Energy	9.0
12	Computer Methods in Applied Mechanics and Engineering	6.9
13	Fuel	6.7
14	IEEE Transactions on Geoscience and Remote Sensing	7.5
15	International Journal of Heat and Mass Transfer	5.0
16	IEEE Transactions on Control Systems Technology	4.9
17	Composite Structures	6.3
18	International Journal of Mechanical Sciences	7.1
19	IEEE/ASME Transactions on Mechatronics	6.1

（续表）

序号	期　　刊	影响因子(2023)
20	Aerospace Science and Technology	5.0
21	Nonlinear Dynamics	5.2
22	Combustion and Flame	5.8
23	IEEE Transactions on Aerospace and Electronic Systems	5.1
24	Propulsion and Power Research	5.4
25	Journal of Fluid Mechanics	3.6
26	Journal of Computational Physics	3.8
27	Physics of Fluids	4.1
28	Chinese Journal of Aeronautics	5.3
29	Acta Astronautica	3.1
30	Advances in Space Research	2.8
31	AIAA Journal	2.1
32	Journal of Guidance，Control，and Dynamics	2.3
33	Journal of Propulsion and Power	1.7
34	Journal of Astronomical Telescopes，Instruments，and Systems	1.7

附录 C 航空航天在其他领域的应用

C.1 农业——太空育种

航天育种，亦称为"太空育种"或"空间诱变育种"，是一种利用太空特殊环境的育种技术。该技术将作物种子或诱变材料通过回收式卫星或高空气球送入外太空，利用那里独特的环境条件诱导种子变异，从而在返回地球后能够培养出新的作物品种。

这项技术是将航天技术、生物技术和传统的农业育种技术相结合的创新农业育种方法。它被认为是当今世界农业科学领域中最前沿的研究主题之一，经过一系列太空农业实验，许多植物和动物生物特性的奥秘已经被解开。

C.1.1 太空育种发展历史

人类从 20 世纪 70 年代起就开始利用航天器把各种植物种子带入太空了，目的是使其在太空环境中产生内部结构和染色体的变化，产生有益的农艺性状的变异，从而选择培育出综合性状优良的农作物新品种。与常规育种相比，太空育种可以加速育种过程，能够提高产量，改善农作物品质，缩短生育期，得到常规育种无法产生的变异，因而它为选育农作物稳产、高产的优良品种开辟了一个新途径。比如，利用太空环境进行诱变育种的实验能够培育出产量更高、质量更优和更具抗病性的青椒新品种。这种通过太空诱变技术改良的青椒，其产量可提升 25％，维生素 C 的含量增加了 15％～20％，且对疾病的抵抗力提高，病害发生率可降低 55％，同时口感也得到改善。

自 1987 年起，中国已经多次运用国产返航式卫星和"神舟"号飞船，将农业种子与微生物送往 200～400 km 高的太空轨道。在太空中，利用宇宙射线、变化的磁场和微重力等独有的环境条件对种子和微生物产生影响，引发种子发生无法在地球环境中实现的变异。这些变异后的种子经过筛选，孕育出具有卓越改变特征的新型农作物品种。已搭载升空的植物种子有小麦、大麦、水稻、大豆、玉米、高粱、棉花、芝麻、红小豆、油菜、甜菜、辣椒、番茄、白莲、西瓜、绿菜花、茄子、百合、黄瓜、青椒、药物、花卉和烟草等数十类作物、数百个品种。

这些试验极大地促进了优质新品种的培育，对提升农作物的产量与品质产生了显著影响。其中，一些搭载实验已经达到国际领先水平。

C.1.2　农业卫星"实践八号"

为使太空育种产业化，扩大培育优良品种的范围，中国农业部门利用返回式卫星技术，发射了专用于农业的卫星"实践八号"（见图 C-1），使我国的太空育种工作再上一个新的台阶。

图 C-1　"实践八号"育种卫星

2006 年 9 月 9 日，中国的"长征二号"C 型火箭成功发射了"实践八号"育种卫星进入太空。该卫星的轨道设有 63°的倾角，近地点高度为 180 km，远地点则为 460 km。经过 15 天的在轨运行，卫星最终在四川遂宁地区被回收。"实践八号"是全球首颗专门用于农业科技和太空育种的卫星。卫星全长 5 144 mm，最大直径达到 2 200 mm，基于返回式卫星平台设计，由返回舱和仪器舱两部分构成，其中返回舱包括回收舱和制动舱，仪器舱则由服务舱和密封舱组成。此外，"实践八号"的系统设计还包括结构、控制（包含姿态控制和轨道控制）、追踪、遥测、遥控、天线、程序控制、电源、总体电路、热控制及返回等 11 个分系统。

"实践八号"携带了包含谷物、棉花、油料作物、蔬菜、林木、果树和花卉等 9 个大类的 2 000 多份农作物种子和微生物菌种,总约 215 kg,并将其带入 200～400 km 高的太空,进行太空环境诱变的飞行试验。这次试验涉及 152 种生物,包括 133 种植物、16 种微生物和 3 种动物,主要目的是执行太空育种试验和研究,从而揭示太空育种的规律。此外,卫星还装备了多个装置用于监测太空环境中的辐射、微重力、地磁场等因素,进行诱变育种的比较研究,收集数据以便探索地面设备模拟太空环境的可能性,以及研究各种太空环境因素对生物的影响和作用机制。

在设计和制造"实践八号"时,考虑到有效载荷包含活的种子,特别重视温度控制和防水性能。无论是在卫星升空阶段、太空运行期间还是返回进入大气层的过程中,舱内温度均控制在 15～26 ℃。针对种子载荷,"实践八号"设计了特制的支架,以固定这些种子样本;在防水设计方面,采用了一种特殊的透气而不透水的材料,确保卫星回到地面时,即便是降落到水中,种子也能在短时间内避免因浸水而损坏。

C.1.3　太空植物生长试验

在多年的轨道运行期间,"天宫二号"执行了大量的空间科学和应用试验。在这些试验中,特别值得一提的是我国首个高等植物在太空中完成从种子生长到再次结出种子的完整生命周期的长期培养试验。这一成就在发展空间植物培养技术和为人类在空间中的长期生存提供支持方面迈出了重要一步。2016 年 9 月 15 日,随着"天宫二号"的发射,一个由中国科学院上海技术物理研究所制作的微型培养箱也被送入太空。培养箱内种有代表性的粮食作物——水稻,以及代表性的绿叶植物——拟南芥。科研人员通过地面遥控系统成功地进行了对太空培养箱内植物的温度控制和浇水,促进了拟南芥和水稻的生长、开花以及结果。这标志着我国在太空中首次实现了植物生命全周期的成功培养。如图 C-2 所示是我国首次在"天宫二号"上完成植物生长全过程试验,在中国科学院植物生理生态研究所实验室里拍摄的拟南芥,用于与"天宫二号"上种植的同一品种拟南芥进行对比研究。

通过将太空中培养的水稻和拟南芥与地面上种植的同类植物进行比较(见图 C-3),研究人员观察到了若干引人注目的现象。例如,太空中缺乏地球的重力导向,导致植物的方向感受到干扰,其根系的定向生长受到明显阻碍。同样,在太空条件下水分难以有效地重新渗透进土壤。然而,值得注意的是,在微重力的太空环境中,水稻显示出了显著提高的蒸腾作用。这一发现未来可能在空间水资源的净化处理或是空间药物制备领域得到应用。

图 C-2　2018 年我国首次在"天宫二号"上完成植物生长全过程试验

图 C-3　中国科学院植物生理生态研究所郑慧琼研究员(左)和
　　　　学生在实验室研究拟南芥

研究揭示,在太空环境下,尽管植物花期推迟且生长速度减慢,但它们的衰老过程减缓,生命周期得到显著延长。例如,在模拟的太空"长日"光照条件下,拟南芥比地面上的同类植物多存活了 65 天。而当从"短日"条件转换到"长日"条件时,太空中的拟南芥寿命比地面上的同类植物增加了惊人的 456 天。此外,在太空条件下水稻的前两片叶子衰老的过程也比地面植株更缓慢。

C.1.4 太空育种成果丰硕

经过科研人员 20 多年的辛勤培育,中国太空育种的成果已初见成效。涉及的生物品种包括粮食作物、经济作物、蔬菜、花卉及药材、林木果树、动物、微生物等,经过卫星搭载处理后,返回地面的种质资源经过科技人员的精心选育,性状不断稳定,获得了品质优良的生物品种,有相当一部分太空育种材料通过了相关部门和专家审定。中国目前已培育出的太空蔬菜有太空苦瓜、太空黄瓜、太空青椒、太空西红柿、太空茄子、太空南瓜、太空大豆等(见图 C-4)。

图 C-4 杨凌农高会上展出的太空育种成果

走入河北邯郸的轩宇农业科技园宛如探索另一个星球:这里的巨型南瓜质量达到了惊人的 100~150 kg,体积是常规南瓜的 20 倍;而长达 1.5~1.6 m 的丝瓜在藤上垂挂,使普通的 50~60 cm 长的丝瓜相形见绌,仿佛是"小矮人"。这些外形独特的蔬菜其实是太空变种蔬菜。这些蔬菜起初是普通的种子,它们随航天器进入太空,在那里经历了失重和缺氧等特殊条件,导致内部结构变化。当这些种子返回地球后,农业专家通过筛选和培养,最终育成了目前这些引人注目的太空蔬菜,如图 C-5 所示。

图 C-5　太空蔬菜摆上百姓餐桌

通过太空育种,中国的科技工作者成功培育了一系列具有新的突变特性和优越农艺性状的新品种。以水稻为例,通过卫星搭载的育种实验,水稻种子展现出在株高、分蘖能力、穗型、粒型以及生长周期等方面的性状变异。通过精心选育和试种,已经开发出增产 20% 的高产优质系列,亩产量可达 400~600 kg,有些品种的产量甚至达到 750 kg,并且蛋白质含量提高了 8%~20%。在小麦领域,研究人员已经成功培育出矮秆、早熟、高产的品种,这些品种能够抵抗倒伏和疾病,减少相应损失,并且能将生长周期缩短约 10 天。对于谷类植物,太空环境处理的种子引发了多样的变异,比如粗长的穗、独特的穗型(如鸡爪形和球形)、不育型等,为谷类植物新品种的培育提供了可能。在青椒方面,经过多年的培育,青椒品种不仅成熟早、具有抗病性,而且单果可达 350~500 g,亩产量有望翻一番。

C.2　导航定位——北斗系统

C.2.1　北斗系统的建设

早在 20 世纪 60 年代,我国就开始了关于卫星导航与定位的研究。1994年,我国正式启动北斗卫星导航系统建设;30 多年来,我国不断探索适合国情的卫星导航系统发展道路,并逐步形成了"三步走"发展战略:2000 年年底,建成北斗一号系统,为国内提供服务;2012 年年底,建成北斗二号系统,为亚太地区提供服务;2020 年,建成北斗三号系统,向全球提供服务。

2020 年 6 月 23 日 9 时 43 分,随着一声震耳欲聋的巨大轰鸣,"长征"火箭冲破云层,尾部拖着光芒四射的火焰,成功地将北斗三号系统的最后一颗全球组网卫星送入太空(见图 C-6)。大约 30 min 后,该卫星顺利到达了其预定的轨道。

图 C-6　北斗三号最后一颗全球组网卫星在西昌卫星发射中心发射升空

C.2.2　为什么建设北斗系统

想必有很多人会提出这个疑问:既然成熟的全球定位系统(GPS)已经运作超过 30 年,并且以非常低廉和高效的方式实现了商业化,为何还需投入巨资去建立我国自己的北斗系统呢?

实际上,GPS 首先是一个由美国空军运营的军事卫星导航系统,它持续维护着 32 颗在轨运作的卫星。该系统主要提供两类信号:军用和民用。显然,军用信号提供的定位精度(利用载波相位可达毫米级)与民用单频信号的定位精度(美国解除信号干扰之后可达分米级)不在同一水平上。

GPS 自问世以来,在军事历史上留下了深刻的足迹,为战争引入了"外科手术式打击"这个新术语。这一术语起源于 1991 年的海湾战争,在那次冲突中,精密制导的武器首次显现其威力。一个极端的例子是,过去需要数十架轰炸机和数百吨炸弹才能摧毁的目标,如今仅需两枚远距离发射的导弹即可完成,第二枚导弹甚至可以穿过第一枚导弹在大坝中造成的缺口。在随后的战争中,类似的精准打击层出不穷。目前,美军几乎所有的移动装备和武器系统,包括士兵,都装备了 GPS 定位模块。

GPS 的民用价值也同样巨大。我们在日常生活中广泛使用的定位服务,如地图导航、共享单车/打车服务等,都依赖于 GPS。大型电网、金融交易、电信通信等重要基础设施,都需要利用 GPS 提供的精准授时。在科学领域,许多涉及地球重力场、磁场、板块运动、大气、海洋、冰川和自然灾害研究的卫星,都需要利用 GPS 来实现精确的轨道定位。在大型基础设施建设方面,如高速铁路、大型桥梁和机场建设,GPS 的精确定位功能也是必不可少的。在新兴技术,如自动驾驶和精准农业方面,GPS 同样发挥着关键作用。

在早期,GPS 对所有民用信号施加了干扰。但为了应对俄罗斯/苏联的格洛纳斯(GLONASS)系统所带来的挑战,美国在 2000 年 5 月 2 日去除了对民用信号的干扰,从此民用信号的定位精度得到了显著提高,如图 C-7 所示。

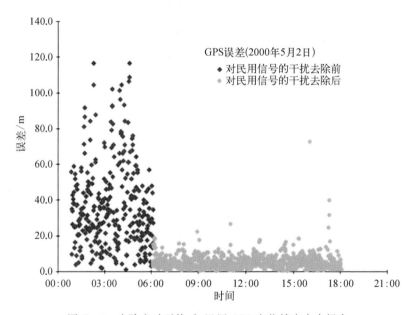

图 C-7   去除主动干扰后,民用 GPS 定位精度大大提高

作为管理者,中断 GPS 信号、制造信号干扰或散播错误的定位信息,都是可操作的。对民用服务而言,这种干扰已经是严重的威胁,对军事用途来说,其后果更是灾难性的。以 1999 年的印巴卡吉尔战争为例,美国曾切断了战区的 GPS 信号,导致依赖该系统的装备失效,给双方带来了极大的损失。这次事件促使印度完全放弃了之前依赖于 GPS 的区域性卫星导航系统的计划,转而决定自主开

发一套独立系统。

欧盟也有类似的考量,即便中国曾提出合作的建议,但由于核心技术的限制,中国仍选择自行发展。这引发了一个问题:中国是否应该完全依赖欧洲的伽利略系统?考虑到印度已经投入使用自己的系统,中国是否也应当建设一套属于自己的系统?

因此,在过去 20 多年中,中国航天业勇于克服重重困难,自行开辟道路,从试验阶段起步,逐步发展了区域主动定位(2004 年)、区域被动定位(2012 年)以及全球被动定位服务(2020 年)。这些分别对应北斗一代、二代和三代系统的发展历程,中国通过这一过程,逐渐掌握了独立自主的核心导航技术,为自己构筑了一条具有中国特色的卫星导航系统发展道路。

C.2.3　北斗的特点

在我国后发制人的优势下,就航天技术累积和导航系统技术发展而言,我们采纳了一条与其他导航系统截然不同的发展路线。

1) 复合轨道系统

其他三个主要的全球卫星定位系统均使用距离地面大约 20 000 km 的中圆轨道,但北斗系统独辟蹊径,结合了三种不同的轨道类型。具体来说,它包括 27 颗位于距离地面 21 500 km 的中圆轨道上的卫星,这些卫星平均分配在三个不同的轨道面上,它们的轨道倾角为 55°;此外,5 颗卫星固定在距离地面 35 800 km 的地球静止轨道上,而另外 3 颗卫星则位于地球同步轨道上,同样大约在 35 800 km 的高度,保持着相似的 55°倾角。GPS 与北斗系统的对比如图 C-8 所示。

图 C-8　GPS 卫星导航系统(左)和北斗卫星导航系统(右)的对比

　　这种设计带来多个优势：定位卫星系统通常要求接收机同时接收到至少 4 颗卫星的信号。27 颗中圆轨道上的卫星构成了北斗系统的中坚力量,它们围绕地球的轨道周期大约为 12 h,这确保了可以稳定覆盖全球任何地方,在任何时间任何地点至少能观测到 6 颗以上的卫星,满足了常规定位系统的需要。此外,55°的轨道倾角设计,有效增强了对地球中低纬度区,即人口密集区域的卫星信号覆盖。

　　北斗系统中的地球静止轨道和倾斜同步轨道卫星特别为中国乃至整个亚太地区定制,提供了专属服务。例如,日本的准天顶系统就包含了若干倾斜同步轨道的卫星,旨在提升 GPS 在日本的定位精度。中国的北斗系统从一开始就考虑到为亚太地区提供专属服务。这两种高轨道卫星的轨道周期与地球自转周期完全同步,这意味着在赤道上空的 5 颗卫星相对于地面是静止的,而其他 3 颗卫星则因其特定倾角沿一个固定周期的轨迹移动,其轨迹投影始终覆盖亚太地区及赤道附近区域,这增强了系统的抗遮挡能力。这样,北斗系统能够在亚太区域实现至少 12 颗卫星的持续可见性,显著提高了该区域内的定位精度。结合地面辅助站点的建设,北斗系统能够提供分米乃至厘米级的高精度定位服务。通过卫星轨迹的地面投影图,我们可以直观看到北斗系统为亚太区域提供的专属服务（见图 C-9）：倾斜同步轨道卫星形成的 8 字形轨迹呈蓝色,地球静止轨道卫星

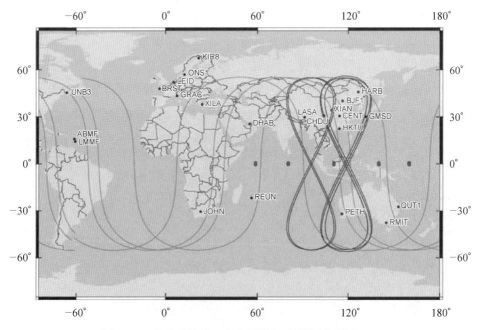

图 C-9　北斗系统的亚太专属服务（见附图中彩图 19）

位置显示为红点,而全球服务的中圆轨道卫星(未完全标示)则以绿色表示。

2)三种工作频率

电离层会对电磁波的传播造成影响,对卫星导航定位准确性构成主要威胁,采取措施消除这种影响至关重要。电磁波在电离层中的延迟效应与频率有关,利用双频信号可以建立校正电离层延迟的模型,极大地减少这种干扰,从而显著提高定位精度。而三频信号则能够进一步构建更为复杂的模型,以校正电离层的更高阶效应。

多频信号的发送不仅意味着能够区别不同的服务(如军事或民用),而且它们的抗干扰性也相应增强,进一步加强了定位的可靠性。在进行极高精度定位时,如厘米甚至毫米级别,这种多频信号发送还极大地有利于载波相位模糊度的解算。正是基于这些优点,现有的双频 GPS 系统也在发展为三频系统。在这方面,北斗系统借助其后发优势显著领先。

3)短报文系统

北斗系统的一项特色功能是其短报文通信服务,它允许卫星与地面用户间进行双向通信。与其他三大全球导航系统仅提供单向服务不同,北斗系统使接收机能够接收来自卫星的信息,同时也能向卫星发送信息。这项服务尤其重要,因为在像海洋或偏远山区这样的地方,常常没有手机信号覆盖,而北斗系统的高轨道卫星能够确保在紧急情况下与地面进行即时通信。这一功能对军事应用来说尤其宝贵,因为它可以在关键时候提供关键通信支持。

除了双向通信功能,北斗系统的某些卫星还装备了国际 Cospas-Sarsat 系统的搜救有效载荷。在紧急情况下,这使北斗卫星能参与到全球的搜救行动中,提供及时的救援服务。这不仅强化了北斗系统的功能,也展示了其在国际应急救援领域的合作和贡献。

4)星间链路通信

导航卫星系统的维护需要包括地面监控站、主控站和注入站在内的多种设施,这些设施的分布需满足全球定位系统的特定要求,导致运营成本上升。例如,GPS 系统设有 5 个监控站、1 个主控站和 3 个注入站,这些设施大多分布在全球的美国领土或军事基地上,每年的运维费用相当高昂。

北斗系统面临全球建站的安全和成本问题,因此需要充分利用其特有优势。北斗的高中轨道卫星配置使卫星间可以实现互联互通,避免了相互孤立的问题。这意味着北斗系统仅需在中国国内设立主控、监控和注入站点。此外,高轨卫星还能通过星间链路与系统中的其他卫星相连,这种链接不仅有助于测距,提升轨道精度,还能增强系统的自主通信能力,从而显著提高整体的抗干扰性能。通过这种方式,北斗能够有效降低运营成本,同时提高系统性能和安全性。

C.2.4　北斗能服务的用户

对需要天地通信的短报文服务而言,数量取决于卫星容量,这个数字目前尚不确定,但肯定会逐渐提升,满足用户需求。实际上需要此功能的用户极其有限,对于绝大部分仅需知道自身位置信息的用户,北斗卫星定位的理论使用数量上限就是:没有数量上限,无数个。

北斗三代的基本功能是一种无源定位系统,每一颗导航卫星的本质就是告诉用户这么一个事情:现在几点了(时间 t_0),我在哪里(x_0,y_0,z_0)。当接收器捕捉到来自卫星的信号时,它将对比本地时间与卫星传输的时间标签之间的差异。这个时间偏差经过与光速相乘,便能计算出接收器与卫星之间的实际距离(另一种测量方法是计算信号波长的数量)。由于卫星的轨道位置由科学家精确控制,其精度可达厘米级别;而卫星上的原子钟极为准确,可能数千万年才会出现一秒的误差,因此我们可以认为卫星提供的信息是无误差的。

因此,只需要确定 4 个关键参数:地球表面的三维坐标值 x、y、z 以及时钟偏差(由于用户设备的石英钟无法与原子钟的精确度相媲美,因此必须将此误差视为未知数进行求解)。通过观测 4 颗卫星,就能建立起 4 个方程来计算这 4 个未知数(见图 C-10)。随着北斗系统的完善,在亚太区域至少能确保有 12 颗卫星运行,卫星数量越多,定位的准确度也相应提高。

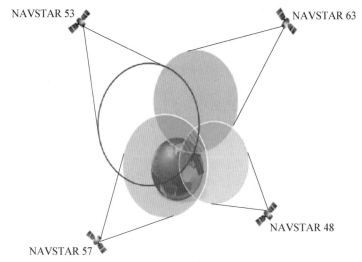

图 C-10　卫星定位原理:用户只需接收到 4 颗卫星信号,即可精确确定自身位置和时间

对于卫星来说,其任务始终单一:向地面发送信号,不断告知其所在位置和当前时间。卫星本身无须参与任何辅助计算。用户端如果能接收到信号,就可以进行独立计算,而无须与卫星进行直接交流或消耗其任何能量。因此,从理论上讲,卫星支持无限数量的用户。

C.3　医学

C.3.1　耳温计

航天科技在现代医学中的应用更令人瞩目,譬如耳温计(见图 C-11)。以前,在人们生病时测量体温必须使用传统的水银温度计,这不仅费时,而且难以辨认,给用户带来了不便。然而,1991 年,借助红外线技术进行耳温测量的耳温计解决了这一难题。这种革新性的产品不仅节省了大量时间,还缓解了美国医院护士短缺的问题。这一新产品是由 NASA 与 Diatek公司合作研制的。该技术最初用于测量遥远星体和行星的温度,现在则应用于人体温的监测。通过测量耳膜散发的能量,耳温计能够在不到 2 s 的时间内准确测量体温。

图 C-11　耳温计

C.3.2　胰岛素自动泵

不间断输送微量胰岛素的自动泵使人们摆脱了每天都要打针的痛苦。这种略显专业的设备,是很多糖尿病患者的福音。它既能纠正静脉输注胰岛素引起低血糖的缺点,又弥补了多次多种胰岛素注入的不足。最初它是基于 NASA 为"海盗"火星探测器研发的卫星零件。

C.3.3　重症监护病房

当前,全球许多大型医院都配备了重症监护病房,这是航天科技应用之一的重要成就。这些病房中的高级设备最初是在 20 世纪 60 年代开发的,用以监测在太空中的宇航员的健康状况。此外,通过研究宇航员在强烈辐射环境下的生理反应,并探索如何保护他们的血液不受辐射伤害,科学家发现了治疗白血病、贫血等血液病的新方法。

C.3.4　防划痕眼镜

太阳镜的弹性金属边框以及镀膜镜片是为了防止航天员的眼睛被强光灼伤而发明的。1972 年,美国食品药品监督管理局引导生产商转向使用塑料材料而非玻璃来生产眼镜。塑料的成本低廉,其对紫外线和光线的吸收能力更强,同时也不易碎裂。然而,塑料眼镜存在一个明显的缺点,那就是它们容易被刮花,这些划痕可能损害佩戴者的视觉。为了解决这个问题,一家美国太阳镜制造商获得了 NASA 技术的授权,并应用了一种特别的塑料涂层。这种创新使太阳眼镜的抗刮擦能力得到显著提升,比普通眼镜强了 10 倍不止。

C.4　衣食住行

陶瓷牙套、人造心脏、安全气囊和奥运比赛专用泳衣,这些东西有什么共同点呢? 答案是:它们都源于太空。

所有这些发明以及此外的数百件发明都是为耗资数十亿美元的太空计划所研发的副产品。那些计划在 60 多年前尤里·加加林成为首位进入太空的宇航员时正如火如荼地展开。其中许多副产品都是因美国、苏联和欧洲工程师对新材料的需求而诞生——这些材料要能执行新任务,或是经受住极端温度、宇宙射线和超重或零重力状态。根据 NASA 的一份名单,共有 700 多项在太空探索中所取得的成果应用于人们的日常生活。这些创新技术最初并未设计用于地球的日常生活,然而,它们最终转化为造福人类的工具,与我们的穿着、饮食、居住和交通方式息息相关。

C.4.1　航天造福之——衣

往往,产品看上去都与发明它所依据的技术沾不上边。当泳衣制造商速比涛着手制造一种能提高泳速的泳衣时,它找到了 NASA 兰利研究中心专门研究摩擦和阻力的专家。结果在 2008 年 2 月推出的 LZR 系列产品很快成为游泳运动员中风靡的必备品:在 6 个月后举行的北京奥运会上,每 10 名游泳金牌得主中就有 9 人穿这种泳衣。

其他源于太空计划的运动品还包括含有缓冲材料的运动鞋——这种材料是 NASA 为航天服设计的。在美国的"阿波罗"计划中,宇航员所穿的月球靴中嵌入了一种特制的鞋垫,这种鞋垫不仅为他们在月球上步行提供了额外的支撑和弹性,还具备良好的透气性能。自从尼尔·阿姆斯特朗踏上月球以来,众多运动鞋制造商纷纷采用这一技术,在鞋底内置弹性垫层,这一创新很快在市场上获得了热烈的反响。

如今广受年轻父母欢迎的婴儿尿布,以及成年人在某些特定场合使用的成人尿布,其实得益于航天技术的进步。回溯人类首位"太空人"尤里·加加林在执行任务期间遭遇尿急的尴尬场面。在 20 世纪 80 年代,一位名叫唐鑫源的华裔工程师在 NASA 工作时对太空服进行了改良,引入了具有高吸水性能的高分子材料,制成吸水纸尿布,有效解决了航天员的这一尴尬问题。随后,这种材料被应用于婴儿尿布的生产,并迅速在全球范围内流行起来。

C.4.2　航天造福之——食

方便面中的风干蔬菜配料同样源自太空技术。为了确保宇航员在遨游太空时仍能摄取到新鲜蔬菜中的维生素和其他营养素,NASA 开发出了一种蔬菜脱水的技术。这项技术可以有效移除蔬菜内的水分,制作出类似于大家所熟知的方便面蔬菜包中的干燥蔬菜片。其对保持食物营养和便利性的影响是显而易见的。并不只限于方便面,在我们的日常饮食中,有许多通过太空培育程序种植的水果和蔬菜也同样走进了我们的生活。

C.4.3　航天造福之——住

1) 太阳能

最早,太阳能电池被用于为人造卫星提供电力(见图 C - 12),如今,它已经成为一个清洁能源的新兴产业,悄然改变着我们的生活。

图 C-12　人造卫星供电太阳能电池

在太空中,卫星、飞船和空间站需要持续获得能源,太阳能技术显然成为一个理想的选择。国际空间站就配备了长度超过 70 m 的太阳能电池板,这些设备采用稳定、高效的太阳能电池技术,同时也推动了地球上太阳能的广泛应用。

2）水过滤器

太空航行中的宇航员需要携带无菌的水资源；若水资源被细菌污染，则可能导致宇航员生病，这会给任务带来重大的麻烦。针对这个问题，美国在 20 世纪 50 年代初期研发出了水净化技术。随后，为了确保清洁水在更严酷的环境下也能保持更长久的纯净状态，NASA 进一步优化了水过滤技术。细看水过滤器，会发现其中装有大量的活性炭，这是过滤技术中的关键组分。

3）烟雾探测器

常言道，无风不起浪。20 世纪 70 年代，为了设计太空实验室，NASA 的工程师也必须考虑火灾的风险，并需要提前告知以便采取相应的措施。因此，NASA 与美国霍尼韦尔公司合作，为太空实验室开发了第一个烟雾探测器。这种烟雾探测器后来被广泛应用在民用领域，极大地提高了人们生活的安全与便利。

4）记忆海绵

被称为"记忆海绵"或"太空海绵"（见图 C-13）的材料，最初是由 NASA 开发的，旨在为宇航员的太空之旅提供支撑与保护的垫材。这种材料革命性地集成了吸震、减压和慢回弹特性，能够依据人体的曲线和温度自适应地调整形状，有效分散身体各部位的压力。随着技术进步，记忆海绵的应用已经扩展到医疗床垫，并且在家庭床上用品中也得到了广泛采用。如今，它在全球范围内被普遍使用，为人们的睡眠和休息提供了前所未有的舒适度。

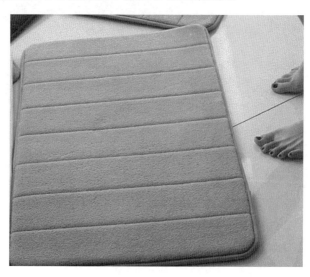

图 C-13　记忆海绵

C.4.4　航天造福之——行

航天科技的技术变革对于我们现今的生活至关重要,而便携式计算机则是其中的杰出例证之一。在美国进行登月计划时,需要一种小型便携式计算机系统来监控太空任务,因此便携式计算机的雏形应运而生。尽管即使没有登月计划,信息技术等高科技领域也会得到发展,但其发展速度可能会远远落后于现今。美国和其他国家为发展航天科技投入了大量资源,而由此催生的计算机技术的高度发展已经足以回报这些投入的成本。

附图 彩 图

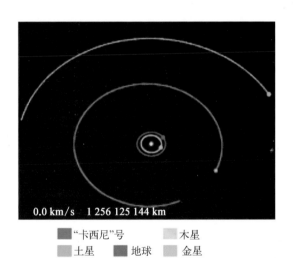

0.0 km/s 1 256 125 144 km

■ "卡西尼"号   ■ 木星
■ 土星   ■ 地球   ■ 金星

2次金星引力加速—1次地球引力加速—1次木星引力加速

彩图1 "卡西尼"号探测器轨迹模拟(1997.10.15—2008.5.4)
（见正文中图1-12）

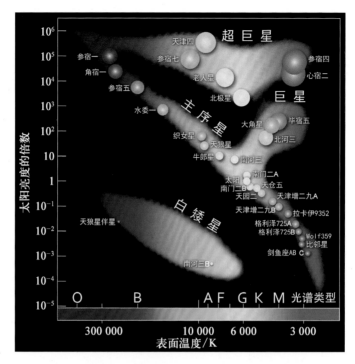

彩图 2　赫罗图（见正文中图 4 - 15）

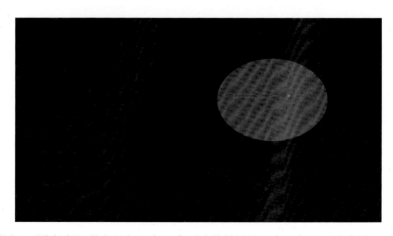

彩图 3　"旅行者"1 号在距离地球 64 亿千米外拍摄的地球照片（见正文中图 4 - 18）

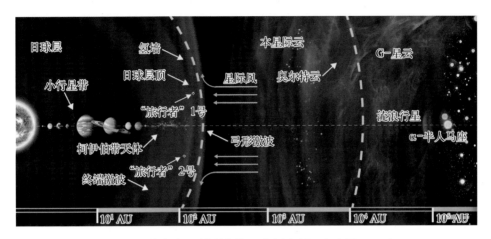

彩图4 "旅行者"2号所在位置示意图(见正文中图4-19)

注:图中AU为天文单位。

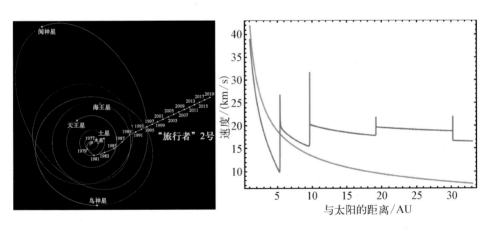

彩图5 "旅行者"2号飞行路径以及速度随其与太阳距离的变化(见正文中图5-5)

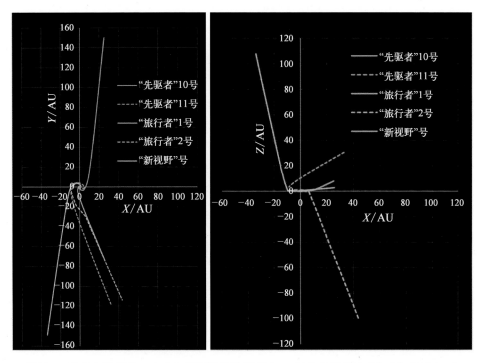

彩图 6　飞离太阳系的 5 个太空探测器从发射到 2030 年的飞行轨迹(见正文中图 5 - 8)

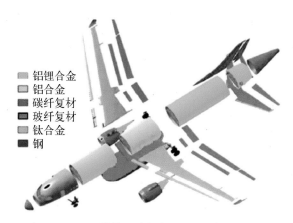

彩图 7　C919 结构设计方案(见正文中图 7 - 12)

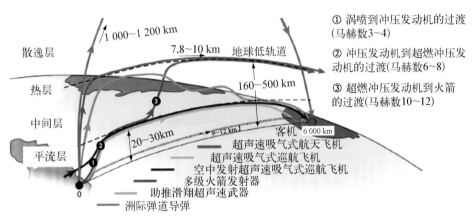

① 涡喷到冲压发动机的过渡(马赫数3~4)

② 冲压发动机到超燃冲压发动机的过渡(马赫数6~8)

③ 超燃冲压发动机到火箭的过渡(马赫数10~12)

散逸层

热层

中间层

平流层

1 000~1 200 km

7.8~10 km 地球低轨道

160~500 km

20~30km 9~12 km 客机

6 000 km

超声速吸气式航天飞机

超声速吸气式巡航飞机

空中发射超声速吸气式巡航飞机

多级火箭发射器

助推滑翔超声速武器

洲际弹道导弹

(a) 应用场景

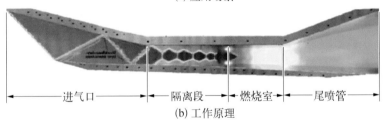

进气口 隔离段 燃烧室 尾喷管

(b) 工作原理

彩图 8 冲压发动机的应用场景及工作原理(见正文中图 8-8)

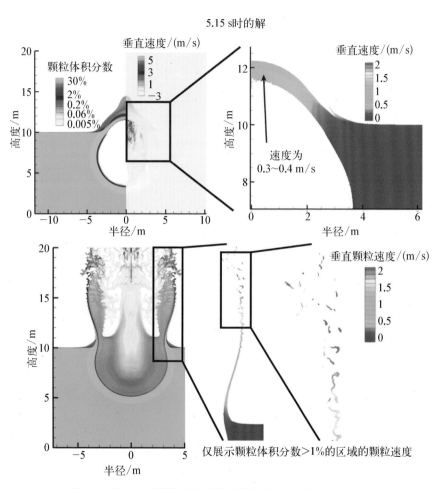

彩图 9 彗星地下爆炸喷射颗粒团模拟图(见正文中图 9-12)

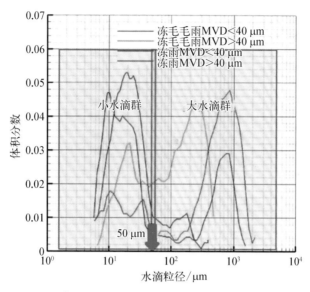

彩图 10 过冷大水滴粒径-体积分数(见正文中图 10-5)

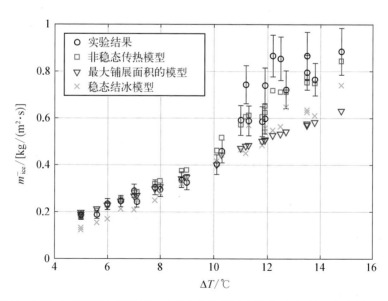

彩图 11 过冷大水滴撞击异常结冰速率与传统结冰理论的对比(见正文中图 11-21)

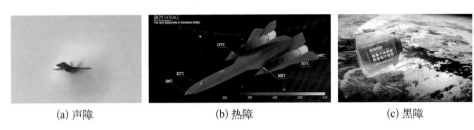

(a) 声障　　　　　　　　　　　(b) 热障　　　　　　　　　　　(c) 黑障

彩图 12　高超声速飞行需要跨越的"三座大山"——声障、热障、黑障（见正文中图 13-11）

彩图 13　鸟类翅膀上的前缘涡（见正文中图 15-1）

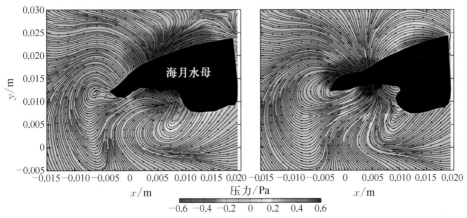

(a) 在推进游泳动作的两个瞬间,压力等高线和流动线(身体左半部分用黑色形状表示)

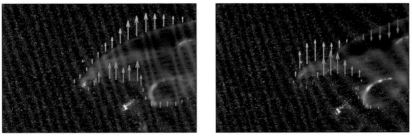

(b) 局部流体压力导致的前向拉力(青色箭头)、后向拉力(蓝色箭头)、前向推力(洋红色箭头)和后向推力(红色箭头)的空间分布(箭头长度与局部压力大小成正比,方向表示流体压力作用于动物身体的方向)

彩图 14　海月水母直线游动过程中的压力动态分析(见正文中图 15-5)

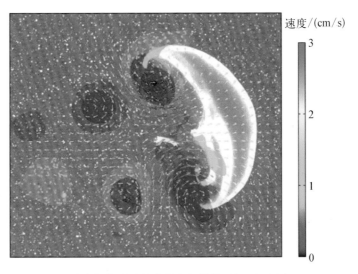

彩图 15　水母推进过程中的流场结构(见正文中图 15-6)

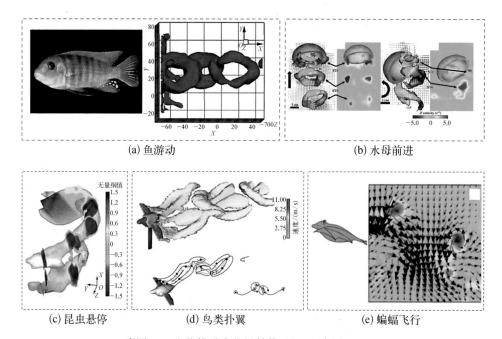

(a) 鱼游动　　　　　　　　　　　　　　　(b) 水母前进

(c) 昆虫悬停　　　　　(d) 鸟类扑翼　　　　　(e) 蝙蝠飞行

彩图 16　生物推进中的涡结构(见正文中图 15-9)

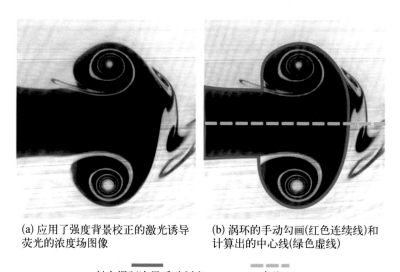

(a) 应用了强度背景校正的激光诱导　　　(b) 涡环的手动勾画(红色连续线)和
荧光的浓度场图像　　　　　　　　　　计算出的中心线(绿色虚线)

射血涡环边界手动划定　　　　　　　中线

彩图 17　射血涡环的席卷夹带作用(见正文中图 15-13)

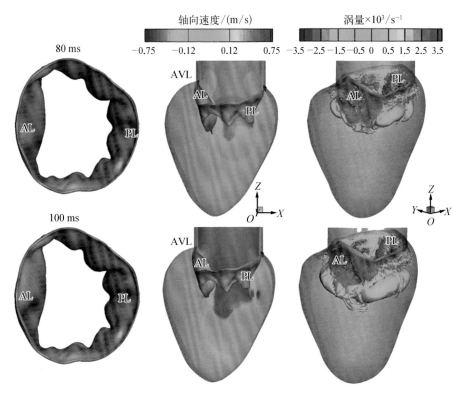

彩图 18 二尖瓣与射血涡环的协同关系(见正文中图 15 - 14)

注：图中 AVL 为右心房向量导联；AL 为前侧导联；PL 为后侧导联。

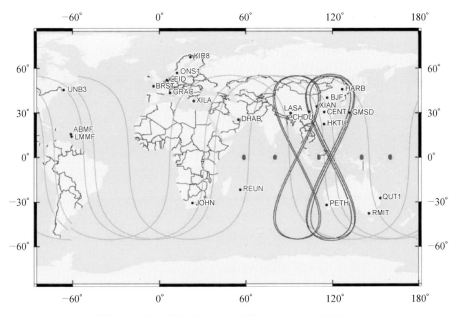

彩图 19 北斗系统的亚太专属服务(见正文中图 C - 9)